ANSYS 仿真分析系列丛书

ANSYS Fluent 流体数值计算方法与实例

王海彦 刘永刚 等 编著

中国铁道出版社有限公司

2023年·北京

内 容 简 介

本书基于 ANSYS Fluent 软件介绍工程流体数值计算的理论基础与实现方法，内容包括 CFD 技术的基本概念和理论基础知识、建模方法以及 CFD 分析方法，涉及湍流、传热、动网格、多相流、旋转机械流动分析等内容，并提供一系列典型例题的建模和计算过程。本书的一个写作特点是基于 ANSYS Workbench 中的 Fluent 分析流程来组织相关内容，系统介绍了建立分析流程、几何建模、网格划分、Fluent 求解及后处理等过程，结合算例对相关的集成组件的使用方法和操作要点进行了全面的讲解。

本书适合于作为工科专业高年级本科生或研究生学习 CFD 课程或 Fluent 软件的参考书，也可以供从事 CFD 分析的技术人员学习 CFD 技术或 Fluent 软件时参考。

图书在版编目(CIP)数据

ANSYS Fluent 流体数值计算方法与实例/王海彦等编著．
—北京：中国铁道出版社，2015.10（2023.1重印）
（ANSYS 仿真分析系列丛书）
ISBN 978-7-113-20903-2

Ⅰ.①A… Ⅱ.①王… Ⅲ.①工程力学－流体力学－有限元分析－应用软件 Ⅳ.①TB126-39

中国版本图书馆 CIP 数据核字(2015)第 203818 号

ANSYS 仿真分析系列丛书

书　　名：	ANSYS Fluent 流体数值计算方法与实例
作　　者：	王海彦　刘永刚　等

策　　划：	陈小刚		
责任编辑：	陶赛赛	编辑部电话：	010-51873065
编辑助理：	黎　琳		
封面设计：	崔　欣		
责任校对：	王　杰		
责任印制：	樊启鹏		

出版发行：	中国铁道出版社(100054，北京市西城区右安门西街8号)
网　　址：	http://www.tdpress.com
印　　刷：	北京九州迅驰传媒文化有限公司
版　　次：	2015年10月第1版　2023年1月第2次印刷
开　　本：	787 mm×1 092 mm　1/16　印张：20.75　字数：610 千
书　　号：	ISBN 978-7-113-20903-2
定　　价：	49.00 元

版权所有　侵权必究

凡购买铁道版图书，如有印制质量问题，请与本社读者服务部联系调换。电话：(010)51873174
打击盗版举报电话：(010) 63549461

前　言

本书基于 ANSYS Fluent 软件系统介绍了工程流体数值计算的实现方法，内容包括 CFD 技术的基本概念和理论基础知识、建模方法、Fluent 计算模型及求解方法，涉及湍流、传热、动网格、多相流、旋转机械流动分析等分析模型或技术，各章还提供了一系列典型计算例题，给出具体的建模、计算、后处理过程。本书的一大特点是围绕 ANSYS Workbench 中基于 Fluent 的流体分析流程来组织相关内容，系统介绍了创建分析流程、几何模型及处理、网格划分、物理模型、分析选项设置、迭代求解以及计算结果后处理相关的各集成组件程序的使用方法和操作要点。本书中所有的例题都是基于 Workbench 平台上的标准流程进行操作，前处理的几何建模及划分网格方面都统一采用 ANSYS DM 模块及 ANSYS Mesh 模块；分析设置及求解在 Fluent 界面中进行；后处理则统一采用 CFD-Post 后处理器，部分例题也结合采用了 Fluent 软件自带的后处理功能。

本书各章的内容安排如下：

第 1 章介绍流体力学的主要基本概念和方程、CFD 分析的一般流程、常用的 CFD 分析算法的原理等，其中重点介绍了有限体积法，在此基础上对 Fluent 求解器采用的几种算法进行了简要的介绍。第 2 章介绍了 Fluent 软件的功能、Workbench 环境的技术特点及基本使用以及在 Workbench 中基于 ANSYS Fluent 进行 CFD 分析的流程。第 3 章介绍了 CFD 几何建模以及模型处理工具 ANSYS DM 的建模及模型处理方法。第 4 章介绍了基于 ANSYS Mesh 的 CFD 分析网格划分技术，包括网格参数控制及划分方法、质量评价等内容，还介绍了与后续分析边界条件设定相关的 Named Selection 功能。第 5 章介绍了 Fluent 流体分析软件界面的基本使用、物理模型及求解控制方法。第 6 章介绍了 Fluent 的两种后处理方法，即：Fluent 自带后处理功能以及 CFD-Post 专用后处理组件。第 7 章为一般流动模拟问题举例，结合圆柱绕流问题介绍了一般流动问题的分析方法和要点。第 8 章为流动及换热分析实例，给出了一个冷热水混合弯管流动的例题。第 9 章为动网格技术应用例题，结合例题介绍了 Profile 的使用。第 10 章为多相流动数值模拟例题，涉及 VOF 及 Mixture 等常用的多相流分析模型的使用方法及 UDF 技术的使用。第 11 章介绍了旋转机械流动分析中的两种方法：MRF 方法及滑移网格方法，并给出了二维、三维分析的具体算例。

本书可作为工科专业高年级本科生或研究生学习 CFD 课程或 Fluent 软件的参考书，也可以供从事 CFD 分析的相关专业的工程技术人员学习 CFD 技术或 Fluent 软件时参考。

本书由王海彦、刘永刚等编著，参与本书例题测试和文字处理工作的还有胡凡金、李冬、王睿、熊令芳、张永刚、夏峰等，是大家的共同努力和辛苦工作，才使本书得以顺利编写完成。此外，还要感谢中国铁道出版社陈小刚编辑对本书的支持和帮助。

由于 CFD 技术涉及面广，加上成书仓促以及作者认识水平的不足，本书的不当和错误之处在所难免，恳请读者批评指正。与本书相关的技术问题咨询或讨论，欢迎发邮件至邮箱：consult_cfd@126.com。

作者
2015 年 3 月

目　　录

第1章　CFD 分析的基本概念和原理 ··· 1
　1.1　CFD 技术及其发展应用概述 ··· 1
　1.2　流动的基本概念和方程 ··· 5
　1.3　CFD 算法的基本原理及常用算法简介 ··· 15

第2章　ANSYS Fluent 功能简介及分析流程 ··· 19
　2.1　ANSYS Fluent 软件功能简介 ·· 19
　2.2　ANSYS Workbench 环境及 CFD 分析流程 ···································· 23

第3章　CFD 分析几何建模技术 ·· 31
　3.1　ANSYS DM 的功能、界面及基本使用 ··· 31
　3.2　DM 几何模型的创建、导入与编辑修复 ·· 35
　3.3　命名选择集、几何分析工具及参数化建模 ···································· 56

第4章　CFD 网格划分技术 ·· 60
　4.1　ANSYS Mesh 的操作界面及基本使用 ·· 60
　4.2　划分方法选项、网格划分及质量检查 ··· 63
　4.3　Mesh 参数化及 Named Selections 的使用 ······································ 74

第5章　Fluent 流体分析界面及使用 ··· 77
　5.1　Fluent 软件的启动器及操作界面 ··· 77
　5.2　Fluent 的物理设置选项 ··· 81
　5.3　Fluent 的求解控制选项 ··· 105

第6章　Fluent 计算结果的后处理 ·· 113
　6.1　Fluent 自带后处理功能的使用 ·· 113
　6.2　CFD-Post 后处理器的使用 ·· 127

第7章　流动模拟例题：黏性流体的圆柱绕流 ·· 137
　7.1　问题描述 ·· 137
　7.2　创建分析模型 ··· 138
　7.3　求解及后处理 ··· 144

第 8 章 流动及传热模拟例题：混合弯管 ············ 162

8.1 问题描述 ············ 162
8.2 建立分析模型 ············ 162
8.3 求解及后处理 ············ 173

第 9 章 动网格技术例题：球阀 ············ 194

9.1 问题描述 ············ 194
9.2 创建分析模型 ············ 195
9.3 求解及后处理 ············ 200

第 10 章 多相流的数值模拟例题 ············ 227

10.1 VOF 模型应用例题：打印机喷墨过程模拟 ············ 227
10.2 Mixture 模型应用案例：气穴现象 ············ 252

第 11 章 MRF 及 SMM 技术应用 ············ 276

11.1 运动域流动问题分析的方法 ············ 276
11.2 二维搅拌器流场的数值模拟 ············ 278
11.3 三维双层搅拌设备流场的数值模拟 ············ 299

参考文献 ············ 325

第 1 章　CFD 分析的基本概念和原理

本章介绍 CFD(计算流体力学)技术的背景知识,包括流体力学的基本概念、方程以及算法等,是读者正确应用 ANSYS Fluent 等 CFD 程序进行工程流体计算所必备的基础知识。其中,第 1 节介绍 CFD 技术的发展现状及优势、工程应用领域及一般分析流程;第 2 节介绍流体特性及流动分类的基本概念、流体力学的各种控制方程及边界条件;第 3 节介绍目前求解流体力学方程常用的几种 CFD 算法,对 Fluent 软件的各种算法也做了初步的介绍。

1.1　CFD 技术及其发展应用概述

1.1.1　CFD 技术的发展现状及优势

CFD 即 Computational Fluid Dynamics 的英文缩写,即:计算流体力学。CFD 是近代流体力学、数值计算方法和计算机技术相结合的产物。作为一门新兴的学科,计算流体力学在 20 世纪 70 年代以来获得迅猛发展,它主要通过数值手段来分析自然界和工程中的各种流体的流动传热及相关的物理化学现象,通过计算流体系统控制微分方程的数值解,给出流体系统质量传递、动量传递、能量传递以及化学反应的近似规律。目前,在流体力学学科体系中,计算流体力学已经与理论流体力学、实验流体力学呈现出三足鼎立的局面,成为流体力学领域不可或缺的研究手段和重要分支学科。

近年来,随着计算机的运算、存储能力的大幅提升和 CFD 软件的逐步发展成熟,CFD 技术为人们提供了一种全新的流体力学研究途径,在科学研究和工程技术中产生了巨大而深远的影响,成为当前流体力学领域的一个很有潜力的发展方向。现在,CFD 分析基本上都是借助于大型 CFD 软件来实现的。CFD 领域在国际上用户较多的软件包括 ANSYS Fluent、ANSYS CFX、Star-CD、PHOENICS、FIDAP、NUMECA 等等。这些 CFD 软件求解的流体系统方程包括关于质量、能量、动量、组分以及自定义标量的微分方程组,其计算结果可以有效地预报流动、传热、传质、燃烧、多相流动和反应等过程的特征,为工业设计及方案优化提供依据。

与高性能的流体实验装置(如风洞、水洞等)相比,CFD 软件及硬件的投资并不大,而且 CFD 技术还具有如下的一系列独特优势。

1. 可显著降低研究成本

CFD 在很大程度上可以减少耗资巨大的流体力学实验,节省研发时间以及人力物力成本,加快研发的进度,经济效益十分显著。对于无法替代的实验研究,前期进行初步的 CFD 模拟,可以更有针对性地进行实验设计,或对实验测试方案等提供理论指导。

2. 具有较大的灵活性和自由度

在 CFD 软件中,改变各种物理和化学因素或改变操作环境条件(如边界条件等)都比在实验室中改变这些条件方便得多,具有更大的灵活性和自由度。

3. 比实验得到的信息更加细致全面

CFD 分析可以给出比实验测量更加细致和全面的信息，可以提供各个时刻全场的分布细节以及发展变化过程，从而有效地增加研究的深度和广度。

4. 能模拟无法进行实验的情况

CFD 分析还能够对实验设计难度大或不可能进行实验的系统，比如体量非常大的体系、各种危险条件下（如：高温、有毒环境下）的系统等。此外，通过 CFD 技术还可以模拟人体器官中的各种流动问题，如：血液流动等。

5. 便于进行参数化分析和方案优化

基于 CFD 软件还可以对所研究的流动系统进行全参数化的分析，进行参数敏感性分析，在参数的合理变化范围中寻求最优化的设计方案。

以上这些优势，使得 CFD 技术被日益广泛地应用于各种工业以及非工业领域，逐渐显现出其巨大的威力和应用价值，有力地推动了相关领域研究理念和设计方法的变革。

1.1.2 CFD 技术应用领域

当前，CFD 技术应用十分广泛，本节简单介绍一些 CFD 技术的相关应用领域及涉及到的相关应用方向。

1. 飞行器及车辆的外气动分析

CFD 技术的发展极大地促进了各种飞行器、汽车、高速铁路列车的外气动分析。基于 CFD 技术开展外气动分析，有助于设计更加合理的外形，进而有效地改善外气动性能，降低空气的阻力。近年来，随着 CFD 软件网格生成及计算效率的提高，外气动分析的时间也显著缩短。以轿车的外气动分析和车型设计为例，在 20 世纪 90 年代以前，一个新的车型设计大约需要几个月的时间，而目前使用 CFD 软件，可以在一周到两周的时间内完成一个新车型的网格划分、流场分析以及造型优化工作。

2. 船舶水动力分析

船舶的水动力性能由绕船的流场特性而决定，从理论上讲通过求解描述流场特性的流体动力学方程就能对相应的水动力性能做出预报。然而，由于自由面的存在、船体几何形状复杂、附体较多，导致自由面水波、流体分离、旋涡等现象的出现，使得流场中的流动结构很复杂，即使有了描述流动过程的微分方程式也不可能得到解析解。在此背景下，CFD 是船舶水动力性能设计的一个有力工具。基于 CFD 分析可以预报各类船舶在静水中航行时的阻力和推进性能。船舶 CFD 技术的长远目标，是代替船模试验，为船舶水动力性能设计提供一个全雷诺数的数值模拟工具。基于 CFD 模拟各种风、浪、流等环境载荷的作用，预报实尺度的船舶在海浪中的航行性能。

3. 发动机的内部流场及温度场分析

通过 CFD 软件的动网格技术，可以对发动机内部以及配气机构中的流动循环过程进行瞬态模拟。此外，还可以对发动机热管理系统进行流动以及散热过程的模拟，以优化冷却风扇的设计，使得发动机可以在最佳温度下工作，减少其磨损，又达到节省燃油的目的。

4. 旋转机械的内部流动分析

CFD 技术可以准确地研究旋转机械各类相关流动问题，可用于模拟泵、台扇、吹风机、用于冷却的轴流风扇等各种机器的工作流场。基于 CFD 技术可以方便地考虑叶片的转速、形状或者安装方向改变引起的流场变化,为设计中改善叶片设计和设备工作性能提供依据。

5. 电子设备散热系统的设计和分析

电子产品的散热性能是其重要的工作性能指标,通过 CFD 技术可以进行电子产品的散热分析,预测产品的热工作性能,进而合理安排电子产品的扩展设备及热源布局,优化散热系统设计及带风扇产品的风道配置,提高产品的热可靠性。

6. 燃烧及化学反应过程模拟

基于 Fluent 等 CFD 软件,可以模拟锅炉、内燃机、航天发动机以及火灾过程的燃烧现象,与燃烧相关的模型包括有限化学反应速率模型、非预混燃烧模型、预混燃烧模型、部分预混燃烧模型、PDF 输运方程模型等。有限化学反应速率模型适合于模拟化学组分的混合、输运及反应问题;非预混模型适合于模拟湍流扩散火焰反应且接近化学平衡的系统,可计算各组分的浓度;预混模型适合于模拟完全预先混合的系统,可预测火焰前缘的位置;部分预混模型可用于模拟变化等值比率的预混火焰情况;PDF 模型可以模拟湍流和化学反应之间的相互作用,被认为是目前较为精确的模拟湍流燃烧的方法。

7. 污染物的排放和扩散模拟

通过 CFD 技术可以模拟各种污染物在大气和水体中的扩散和传播过程。常见的污染物包括有害气体(二氧化硫、NO_x 等)、固体颗粒污染物等。CFD 分析可以给出各种污染物的扩散速度、范围、污染区域的污染物浓度等环境参数。现阶段,CFD 在环保领域的一个重点应用领域是在电力环保领域。火电厂的脱硫设施、脱硝设施以及除尘设施都需要满足行业性的排放标准。设计单位需要针对这些系统的流场分布情况进行系统的分析和优化设计。借助 ANSYS Fluent 等 CFD 软件,可以有效地模拟和预报相关的温度场、压力场、速度场以及浓度场,可以对上述环保减排系统的优化设计及改造提供有价值的理论指导。

8. 混合、分离、聚合等化工过程分析

由于化工过程中经常出现流体,因此流体力学研究一直是化工过程中的重要内容。相对于实验研究而言,CFD 在化工过程中的应用具有信息完备、不受模型尺寸和工作条件限制、计算速度快等优势,获得日益广泛的应用。基于 Fluent 等 CFD 软件丰富的多相流、传热、燃烧以及化学反应模型,可以模拟流化床、搅拌设备、萃取设备、填料设备、燃料喷嘴、干燥设备、分离设备等化工设备中的各种混合、分离、聚合等流动及化学反应过程。

9. 建筑物外部风环境及室内通风分析

基于 CFD 技术,可以对建筑物外部风环境以及室内通风环境进行模拟,计算出与居住环境相关的风速、温度等参数的分布。基于 CFD 技术可以模拟建筑物迎风面的阻塞、建筑上表面及侧表面的流体分离、下风向的尾流漩涡,可以模拟相邻建筑物对流场的影响,比如建筑物之间形成的强风区,可以模拟建筑物附近风速骤变等不稳定现象,改善建筑风环境,避免形成不舒适的风环境。如果在流场中加入污染源,则可以模拟污染物排放及扩散现象,对环境质量做出评价。基于 CFD 技术,还可以对复杂不规则体型的建筑或构筑物进行不同方向的绕流分析,确定其表面风压的最不利分布,作为设计依据。

10. 生物医学领域的应用

CFD 在生物医学领域也显示出很大的应用价值,如用于模拟人体上呼吸道气流、颅内液体流动、血液在血管中的流动、心脏辅助泵等。CFD 分析结果可以为制订治疗方案提供有力的理论支撑。

综上所述，CFD技术正在越来越多的领域中获得日益深入和广泛的应用，这些应用有力地促进了相关领域的发展进步。在大量的工业和科学研究部门中，CFD正在或已经成为一种不可或缺的重要的分析计算手段，并展现出十分广阔的发展前景。

1.1.3 CFD分析的一般过程

尽管CFD技术被用于分析大量不同行业和领域的问题，这些问题的背景、性质、控制条件千差万别，但是基于CFD计算软件进行CFD分析的基本过程却是一致的，都包括三个阶段，即：前处理阶段、求解阶段以及后处理阶段。概括来说，前处理阶段的任务是建立分析模型，求解阶段的任务是进行仿真计算，后处理阶段的任务则是进行计算结果的分析和处理。本节对三个阶段的具体任务和主要的工作环节进行简要的说明。

1. 前处理阶段

前处理阶段的任务是建立CFD分析的数学模型。以ANSYS Fluent为例，这一阶段的工作内容主要包括：建立流场区域的几何模型、几何域的离散化（划分网格）、流动问题定义及求解设置（设置定解条件、流体模型参数以及求解参数）。前处理阶段的最终输出物是CFD求解器可以读取的分析数据文件，此文件中包括了按照CFD软件所规定的格式写入的流动问题的全部相关信息。下面对前处理阶段的各环节作简要的介绍。

(1) 建立几何模型

流体区域的几何模型一般通过专业的三维设计软件得到，也可通过与CFD求解器相配套的几何前处理工具(如：ANSYS DM)来创建或抽取。在ANSYS DM中，内流场区域的几何模型可通过几何抽取的方式得到，外流场区域的几何模型可通过创建包围体的方式创建。

(2) 进行流场网格的划分

这一工作环节的任务是对流场区域几何模型进行离散化，得到CFD计算所需的网格。目前，Fluent软件通常采用ANSYS Mesh进行网格划分。3D分析常见的网格形状包括四面体网格、六面体网格以及棱柱体网格等。2D分析中则常用三角形、四边形的网格。

在网格划分过程中，要特别注意所采用的网格密度要能够模拟重要区域的流动特征。常见的流动特征包括：漩涡的形成、边界层的存在、流速和压力显著变化的区域以及分离区的出现等。网格划分对CFD模拟精度有重要影响。由于沿固体表面存在边界层，边界层内的速度梯度大，所以表面附近垂直于表面方向的网格必须加密。当物体表面附近的网格太粗糙时，就可能无法预测其表面的流动分离。有的情况下，在分析之前无法准确地预知流动特征出现的位置，这种情况下可以采用所谓的自适应网格技术来修正网格以获取精确解答。

(3) 流动问题定义与求解选项设置

在流动问题定义及求解设置环节，主要任务是指定流动问题的边界条件，指定与CFD分析相关的流体模型及参数，指定数值计算方法的选项和参数。流动的边界条件是流动方程的定解条件，需要按照流动的实际情况进行指定，常见边界条件在下一节中有详细的说明。在流体参数及模型方面，除基本的材料特性(如：密度、黏性系数、比热等)以外，还需要选择有关的计算模型，如：湍流模型、多相流模型、辐射模型、燃烧模型等等，用户还需要为所选择的计算模型指定相关的参数。此外，用户还需要指定求解算法、求解控制参数以及与计算结果输出格式有关的控制参数。

通过这一环节的操作，实际上已经定义了一个完整的待求的流体力学问题。此环节操作的结果体现为一个可以被 CFD 求解器所读取的分析数据文件,此文件中包括了待求解流动问题的全部信息。

2. 求解

求解阶段的任务是通过线性方程组求解器求解离散的流体控制方程。目前常用的求解算法包括有限体积法、有限差分法、有限单元法等。这些求解器的共同特点是借助简单的近似函数来表示待求的流动变量,将这一假设的近似关系代入连续型控制方程,形成离散的线性方程组,之后求解此线性方程组得到流动的解答。基于 Fluent 等商用 CFD 软件进行分析时,数值求解的细节对用户是隐藏的,程序将按照用户指定的数值模型、算法和计算参数,完成与之相对应的计算分析任务。三维的 CFD 计算过程通常会耗用大量的计算资源和机时,建议采用 Fluent 等 CFD 程序的并行版本进行计算,可以显著地降低计算时间,考虑更多的模型细节,提高分析的效率和精度。

3. 后处理

后处理阶段的任务是对 CFD 计算的结果进行直观的图形显示、数据的提取分析以及相关导出量的计算。CFD 分析可以提供的结果项十分丰富,在后处理过程中常见的计算结果通常包括微分方程的残差、流场的压力、速度、温度、流(通)量、力、力矩、多相流动的体积分数等等。通过后处理工具,结合流动的基本概念和工程经验,分析计算结果的正确性及合理性。由于在 CFD 分析中不可避免地会作一些简化,或使用一些物理模型,因此对计算结果进行后处理分析是必须的。如果分析结果不正确,则需要修正前面采用的有关模型或参数,重新进行分析。

ANSYS Fluent 软件后处理的相关操作方法将在本书的第 6 章中进行详细介绍。

1.2 流动的基本概念和方程

1.2.1 流体的特性及流动分类

流体运动的过程和现象是十分复杂的,CFD 软件的计算结果应当尽可能与实际流动过程和现象相一致。由于实际的流动问题总是充满复杂性和不确定性,因此对流体的各种力学特性及流动分类作必要的了解,是正确使用 CFD 软件对流动问题进行成功数值模拟的前提。本节介绍流体的各种力学特性、流动的一般分类以及流动的若干基本概念。如果对这部分内容已经比较了解,则可跳过本节。

1. 流体及其基本特性

流体是液体以及气体的总称,它们虽然也属于连续介质,但同时具有和固体截然不同的物理力学性质。流体的基本特性包括连续性、流动性、惯性、黏性、可压缩性、热膨胀性以及表面张力特性等。下面对这些特性进行介绍。

(1) 流体的连续性

流体是由一系列流体微团组成的。流体微团,也称为流体质点,是由足够数量的分子所组成的,连续地充满其所占据的空间,流体微团彼此间无任何间隙,这一假设被称为流体的连续性。

基于流体是连续介质的基本观点,其质量分布、运动参数的分布、内应力的分布都是连续的。于是,流体的物性和运动参数物理量均可被表示为连续的函数。因此,大量的数学方法特别是微分方程方法可以被应用到流体力学的研究中来。

(2)流体的流动性

流体质点是由大量的、不间断地作热运动而且无固定平衡位置的分子所组成。在流体中,由于各质点之间的内聚力极小,不能承受拉力,静止流体也不能承受剪切力。因此,流体具有较大的流动性,不能形成固定的边界和形状,其形状取决于限制它的固体边界。当流体受到任何微小剪切应力作用时会连续地发生变形。受到剪切应力的作用而发生连续变形的流体被称之为运动流体,不受剪切应力的流体就不发生变形,称之为静止流体。总而言之,流体中存在切应力是流体处于流动状态的充分必要条件。充分认识流体的这一基本特征,研究流体处于静止或运动状态的力学规律,才能很好地把流体按人们的意愿进行输送和利用,为人们的日常生活和生产服务。

(3)流体的黏性

流体在运动时由于内摩擦力(剪切应力)的作用,使其具有抵抗相对变形(运动)的性质,称为流体的黏滞性,简称黏性。流体的黏性可通过简单的实验来验证。

如图1-1所示的扭丝下悬挂一个圆筒,圆筒外放置一个能绕竖直轴旋转的同心圆筒容器。在内、外圆筒体缝隙中充以某种液体(流体)。当外筒以某个固定角速度匀速转动时,内圆筒和扭丝也随之同方向转动,且能够平衡在一定的扭转角度上;当外筒停止转动时,内圆筒和扭丝也回到初始位置。由这个实验可知,当流体在外力作用下层间出现相对运动时,会随之产生阻抗液体层间相对运动的内摩擦力。这种在存在着相对运动的流体层间产生内摩擦力的性质即流体的黏性。黏性的作用表现为阻碍流体内部的相对滑动,但黏性只能延缓而不会消除这种相对滑动,这是黏性的主要特征。黏性流体流动过程中,必须克服黏性引起的内摩擦阻力,因此要不断消耗运动流体所具有的能量。还需要注意的一点是,只有在流体流动时才会表现出黏性,在静止的流体中不会呈现出黏性。

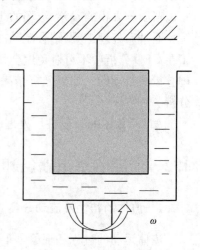

图1-1 流体的黏性实验

流体的黏性特性还体现在很多常见的流动现象中。比如,观察流动的河流上漂浮的小颗粒物时,在靠近河岸边的漂浮物比在中心河面的漂浮物在单位时间漂移的距离小得多,且靠近岸边的流动有旋转。流体在管道中的流动中也有类似的现象,用流速仪可测得流体管道中某一断面的流速分布,流体沿管道直径方向分成很多流层,各层的流速不同,管轴心的流速最大,向着管壁的方向逐渐减小,直至管壁处的流速最小,几乎为零,流速按某种曲线规律连续变化。管道中的流速之所以有这种分布规律,正是由于在相邻流体层间的接触面上产生了阻碍流层相对运动的内摩擦力,这是流体黏性特性的体现。此外,绕流现象也表明流体具有黏性,流体流过固体障碍物的表面时,固体会减缓流体的流动,流体流过固体后方部位时,流体流动方向不再与固体表面平行,而是会旋转,并且形成涡,与固体的表面相分离。

(4)流体的惯性

流体和其他固体物质一样都具有惯性,即牛顿第一定律。流体的惯性即流体维持其原有

第1章 CFD分析的基本概念和原理

运动状态的特性。通常来说，流体惯性的大小可通过质量来度量，质量大的流体，其惯性也大，反之亦然。

(5) 流体的可压缩性和热膨胀性

一般地，流体的密度通常随温度和压力的变化而变化，因此流体的密度通常不是固定的数值。在实际工程中，液体的密度和重度随温度和压力的变化而变化的数值不大，可视为一个固定的值；而气体的密度和重度随温度和压力的变化而变化的数值较大，设计计算中通常不能被视为固定值。当流体的压力增大时，其体积缩小而密度增大的性质，称为流体的可压缩性。流体的温度升高时，其体积增大而密度减小的特性称为流体的热膨胀性。

液体的可压缩性和热膨胀性都很小。例如，从 1 个大气压增加到 100 个大气压时，每增加 1 个大气压，水的体积只缩小 0.05‰；在 10~20 ℃ 的范围内，温度每增加 1 ℃，水的体积只增加 0.15‰；在 90~100 ℃ 的范围内，温度每增加 1 ℃，水的体积也只增加 0.7‰。因此，在很多工程技术领域中，可以把液体的压缩性和热膨胀性忽略不计。但是，在研究有压管路中的水击现象和热水供热系统时，就要考虑水的压缩性和热膨胀性。

气体与液体的情况有很大不同，一般具有显著的压缩性和热膨胀性。但是，在流速较低（远低于音速）的情况下，气体压力与温度变化不大时，密度的变化也很小，这时可以把气体近似看成是不可压缩流体。供热通风工程中大部分问题就是属于这种情况，如果通风机中的空气的流速较低，压强的变化也不大时，可被视为不可压缩流体。在标准状态下，当气体的流速为 102 m/s($Ma=0.3$)时，不考虑压缩性所引起的计算相关误差仅为 2.3%，这在工程上是允许的。在其他情况下，温度和压强的变化对气体密度的影响很大，气体的压缩性和热膨胀性必须加以考虑。在温度不过低，压强不过高的条件下，气体的密度、压力和温度三者之间的关系可通过气体状态方程来表达。

(6) 流体的表面张力特性

表面张力是液体特有的一种力学特性，我们经常看到水滴悬挂在水龙头出口、水银在平滑表面成球状滚动等现象，液体的表面有欲成球形的收缩趋势，引起这种收缩趋势的力即液体的表面张力。表面张力是由于液体分子之间存在吸引力而引起的，其作用的结果是使得液体表面看起来像一张均匀受力的弹性膜。处于液体表面附近的分子，由于气体分子对它的作用力远小于相应距离另一侧液体分子的作用力，这部分分子受到的合力将其拉向液体内部。受这种作用力最大的是自由液面上的分子，随着离开自由液面的距离的增加，内部液体分子受到的作用力逐渐减少，远离自由液面的液体分子，其周围分子所施加的力彼此平衡。表面张力不仅在液体表面上，在液体与固体的接触周界面上也有张力。由于表面张力的作用，如果把两端开口的玻璃管竖在液体中，液体会在细管中上升或下降一定高度，这种现象被称作毛细现象。表面张力的数值是很小的，一般计算中不予考虑。但是当流体自由表面的边界尺寸非常小，如通过很细的玻璃管、很狭窄的缝隙等情况，必须计及表面张力特性的影响。

2. 常用的流体参数及其意义

流体的以上各种特性可通过一系列物性参数来表示，下面介绍几个常用的流体物性参数。

(1) 流体的压力

流体在密闭状态下能承受较大的压力称为流体的压力。一般所指的流体压力是作用于流体单位面积上的压力，用 p 表示，其单位与压强单位一致，如式(1-1)所示：

$$p=\lim_{\Delta A \to 0}\frac{\Delta P}{\Delta A}=\frac{\mathrm{d}P}{\mathrm{d}A} \tag{1-1}$$

流体压力如果以绝对真空为零点计算,则称为绝对压力。流体压力如果以大气压强 p_a 为零点计算的压力称为相对压力。在实际工程中,更常用的是相对压力。相对压力可以是正值,也可以是负值。当绝对压力大于大气压力时,相对压力为正值,即正压,可用压力表测出,又被称为表压;当绝对压力小于大气压时,则相对压力为负值,即负压,这时该流体处于真空状态,通常用真空度(大气压与绝对压力之差值)来表示流体的真空程度。真空度是某一点的绝对压力不足一个大气压的数值,可通过真空表测出。某点的真空度愈大,说明它的绝对压力愈小。真空度的最大数值为一个大气压,即绝对压力为零,处于完全真空状态;真空度的最小值为零,即在一个大气压下。

在 Fluent 中进行 CFD 分析时,可能会遇到各种不同的压力。如:静压(static pressure)、动压(dynamic pressure)以及总压(total pressure),这几个压力之间的关系如式(1-2)所示:

$$总压=静压+动压 \tag{1-2}$$

总压又称为滞止压力,即速度为 0 时的压力,此时动压为 0。此外,还有操作压力(operating pressure)和表压(gauge pressure)两个压力,它们之间的关系如式(1-3)所示:

$$绝对压力=操作压力+表压 \tag{1-3}$$

在 Fluent 中,操作压力的缺省值就是一个大气压。

(2) 流体的速度

流体的速度是指流体在单位时间内流动所通过的位移。流场的速度通常用三个分量 u、v、w 来描述。任一时刻流体的速度在空间上是连续分布的,如果 t 时刻空间内存在这样的一条曲线,在该曲线上任何一点上的切线与该点处流体质点的速度方向相同,则称这条曲线为时刻 t 流场的流线。流线一般不相交,是光滑的曲线或直线,其形状与固体边界的形状有关。断面小处,流速大、流线密;断面大处,流速小,流线稀疏。

流体运动时,由于流体黏性的影响,过流断面上的流速不等且一般不易确定,为便于分析和计算,在实际工程中通常采用过流断面上各质点流速的平均值即平均流速。平均流速通过过流断面的流量应等于实际流速通过该断面的流量,这是得到平均流速的假定条件。在单位时间内流体通过过流断面的体积或质量称为流量。一般流量指的是体积流量,但也可用质量流量来表示。

压力与速度又被称为基本流场参数,流体力学中一般采用欧拉法描述,即把这些基本流场参数表示为空间坐标与时间的函数的形式,如式(1-4)所示:

$$\begin{cases} p=p(x,y,z,t) \\ u=u(x,y,z,t) \\ v=v(x,y,z,t) \\ w=w(x,y,z,t) \end{cases} \tag{1-4}$$

(3) 流体的黏性系数

流体的黏性系数可通过牛顿内摩擦实验来加以说明。如图 1-2 所示,两块水平放置的平行平板,间距为 h,两平板间充以某种液体,假定上板以匀速度 u 水平向右平动,下板保持静止不动。由实验可知,各流体层之间都有相对运动,产生内摩擦力。若要维持该摩擦力,必须在上板施加与内摩擦力 F

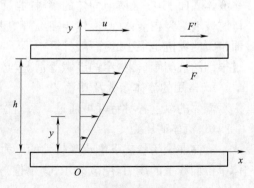

图 1-2 平行板之间的流动

大小相等而方向相反的力 F'。

流体黏滞性的大小,通常用动力黏滞性系数 μ 或运动黏滞性系数 ν 来反映,它们是与流体类型有关的系数。黏滞性大的流体,μ 和 ν 的值也大。同时,流体的黏滞性还与流体的温度和所受压力有关,受温度影响大,受压力影响小。实验证明,水的黏滞性随温度的增高而减小,而空气的黏滞性却随温度的增高而增大。根据牛顿内摩擦定律,内摩擦力的大小可用式(1-5)表示:

$$F = \mu A \frac{\mathrm{d}u}{\mathrm{d}y} \tag{1-5}$$

式中　F——流体的内摩擦力;

　　　μ——流体的动力黏性系数;

　　　A——层间的接触面积;

　　$\mathrm{d}u/\mathrm{d}y$——流体的速度梯度。

流体黏性内摩擦应力则表示为式(1-6):

$$\tau = \mu \frac{\mathrm{d}u}{\mathrm{d}y} \tag{1-6}$$

由上式可知,当流体的速度梯度 $\mathrm{d}u/\mathrm{d}y=0$ 时,即流体处于相对静止或静止状态时,流体中不存在剪切应力。

流体的动力黏性系数 μ 与运动黏性系数 ν 有如式(1-7)所示关系:

$$\mu = \rho\nu \tag{1-7}$$

在各种流体中,满足上述牛顿内摩擦定律的流体称为牛顿流体,牛顿流体的剪切应力和垂直剪切平面的的速度梯度呈正比。常见的流体,例如水以及空气,在地表的正常环境下,其特性都很接近牛顿流体。不满足牛顿内摩擦定律的流体,即:流体的剪切应力和垂直剪切平面的速度梯度不呈正比的流体,统称非牛顿流体。在搅动非牛顿流体时,会在流体表面产生一个"凹洞",此"凹洞"在一小段时间后会慢慢消失。这种特性出现在像布丁、太白粉水悬浊液以及大部分有长分子链的流体中。搅拌非牛顿流体会使其黏度降低。非牛顿流体有很多种,无法通过某一个特定的公式来对其黏性特性加以定义。

(4)流体的密度

对一般的流体而言,在流体中任意取一体积为 ΔV 的微元,其质量为 Δm。微元体积 ΔV 应该是使物理量统计平均值与分子随机运动无关的最小微元 ΔV_l,并将该微元定义为流体质点,该微元的平均密度定义为流体的密度,如式(1-8)所示:

$$\rho = \lim_{\Delta V \to \Delta V_l} \frac{\Delta m}{\Delta V} \tag{1-8}$$

对于均质流体,单位体积的质量称为流体的密度。单位体积的流体所受的重力称为流体的重力密度,简称为流体的重度。此外流体质量与同体积 4 ℃下纯水的质量之比,称为流体的比重,是一个无量纲的数。

(5)流体的导热系数

在计算流动传热问题时,必须为流体定义导热系数。流体的导热系数单位为 W/(m·K),反映了单位时间内单位距离两侧表面温差 1 ℃条件下通过单位面积的热量。液体分金属液体和非金属液体,前者导热系数较高,后者较低。在非金属液体中,水的导热系数最大,除去水和甘油外,绝大多数液体的导热系数随温度升高而略有减小。一般来说,溶液的导热系数低于纯液体的导热系数。气体的导热系数随温度升高而增大。在通常的压力范围内,其导热系数随压力变化很小,因此工程计算中常可忽略压力对气体导热系数的影响。气体的导热系数一般很小,对导热不利,但有利于保温。在 ANSYS Fluent 中,导热系数可以是各向同性或各向异性,也可以指定为与温度相关的函数形式。

(6)流体的比热容

在计算中考虑能量方程时需要指定流体的比热容(specific heat capacity),比热容简称比热(specific heat),是表示物质热性质的物理量,其物理意义是单位质量物体改变单位温度时吸收或释放的热量。比热单位是 J/(kg·K)。比热与物质的状态有关。在 Fluent 中采用定压比热容 C_p,即压强不变条件下温度随体积改变时的热容,C_p 可以是常量,也可以是随温度变化。对于燃烧过程的模拟,建议采用与温度相关的比热。

(7)流体的体积压缩系数

流体的体积压缩系数是指在一定温度下,单位压力增量产生的体积相对减少率,通过式(1-9)定义:

$$\alpha_p = -\frac{dV/V}{dp} = -\frac{1}{V}\frac{dV}{dp} \tag{1-9}$$

式中,体积压缩系数的单位为 m^2/N。

(8)流体的体积弹性模量

体积弹性模量为体积压缩系数的倒数,其单位为 N/m^2,通过式(1-10)表示:

$$E_V = \frac{1}{\alpha_p} = -\frac{dp}{dV/V} = -V\frac{dp}{dV} \tag{1-10}$$

(9)流体的体积膨胀系数

流体热膨胀性可通过体积膨胀系数来表示。流体热膨胀系数的意义是当压强保持不变时,单位温升所引起的体积变化率,单位是 1/K,用式(1-11)表示:

$$\alpha_T = \frac{dV/V}{dT} \tag{1-11}$$

(10)液体的表面张力系数

如假想液体自由表面上取一条线将其分开,则表面张力将使得两边彼此吸引,表面张力的作用方向与此线相垂直,其大小与分界线的长度成正比,用式(1-12)表示:

$$f = \sigma l \tag{1-12}$$

式中,比例系数 σ 为表面张力系数,单位是 N/m。

3. 流动的分类

根据标准的不同,流动可以有不同的分类,常见的分类有如下几种。

(1)按流动的维度分类

流动根据其在空间的变化特性,可以分为一维流动、二维流动和三维流动,分别是指流体速度沿一个、两个或三个空间坐标变化的流动。

(2)稳态流动与非稳态流动

如果流场的物理量(流速、压力等)仅随位置变化而不随时间变化,则称此流动为稳态的流动(steady)或定常流动。如果流场的任何一个物理量不仅与位置有关还随时间变化,则称此流动为非稳态的流动(unsteady)或非定常流动。

(3)可压缩流动与不可压缩流动

前已述及,流体流动过程中密度随着压力、温度等的改变而发生改变的特性称为压缩性,真实的流体或多或少都是具有可压缩性的。由于一般情况下液体及低速流动气体的压缩性很小,因此可以近似看做是不可压缩的。不可压缩流动的密度为定值。

(4) 理想流体与黏性流体

工程中的实际流体都是具有黏性的,因此,实际流体又称黏性流体。与黏性流体相对的是理想流体,可忽略理想流体的黏性效应,它是人们为研究流体的运动和状态而引入的一个理想化模型,又被称为无黏流体,无黏流体对于剪切变形没有任何抵抗能力。

(5) 层流与湍流

1883 年,英国物理学家雷诺开展了著名的雷诺实验。实验中采用细针管向玻璃水管中缓慢注射红色细流以对流动进行示踪,再通过阀门控制玻璃管内水的流速,当流速较低时,管内红色液体与水分层流动,且互不掺混,这种流动状态称为层流;当逐渐加大管内流速,红色示踪细流开始发生横向的漂移和波折,流动不再是层流状态,这种流动现象称为转捩;继续增加流速,红色的液体逐渐呈现出不规则的流动,表明管内的流体在总体向前流动的同时还存在横向的脉动,这种流动称为湍流。

实际上,一般的流动大多包含湍流。湍流流场中任一流体质点的流动通常具有一个相对的稳定方向,在这个方向的均匀流动之上又有一个附加的震荡湍流分量。在日常生活中,层流和湍流现象几乎随处可见。当自来水由水龙头缓慢地流出时,水流是光顺且有序的流出,各股水流的流动速度的大小和方向也基本一致,这时的流动状态是层流;当提高流速,水流会变得无序且杂乱,从微观角度来看,水分子的流动方向已经很不一致了,流动状态变为湍流。类似的情况发生在开车时,如果加速,车后的湍流度会增加进而造成阻力的增加。

流体转变成湍流状态的难易度很大程度取决于其自身的黏度;流体本身黏度越大,转变成湍流状态越不容易。层流和湍流可通过一个无量纲数雷诺数来加以区分,雷诺数可理解为流体惯性力和黏滞力之比,其表达式如式(1-13)所示:

$$Re=\frac{\rho d u}{\mu} \tag{1-13}$$

式中　ρ ——流体密度;

d ——管道直径(对非管道流动,取相关的等效尺度);

u ——流速;

μ ——动力黏度系数。

用 Re 数判别流动:

① 当 $Re<2\,000$ 时,流动为层流。层流状态下,黏性力的影响显著,扰动受黏性阻尼作用而衰减。

② 当 $2\,000<Re<4\,000$ 时,流动为过渡流。过渡流为一种不确定状态,可能为层流也可能为湍流,与外界干扰有关,如流道的截面或方向的改变以及外部振动等都容易导致湍流的发生。

③ 当 $Re>4\,000$ 时,流动为湍流。湍流状态下,惯性力的影响显著,惯性力对扰动的放大作用远超过黏性阻尼作用。

(6) 有旋流动与有势流动

流体微团的旋转角速度不等于零的流动称为有旋流动,流体微团的旋转角速度等于零的流动称为无旋流动。当流体作无旋流动时,总有速度势函数存在,因此无旋流动又被称为有势流动。

(7) 单相流动与多相流动

单相流动是指均匀的液体或气体的流动。当流动中存在多相流体的混合流动时，称流动为多相流。多相流分为两相流和三相流两种，两相流更为常见。两相或多相流是在化工生产中为完成相际传质和反应过程而形成的普遍的黏性流体流动形式。有相变时的传热、塔设备中的气体吸收、液体精馏、液体萃取以及搅拌槽或鼓泡塔中的化学反应过程等，都涉及多相流。自然界及其他工程领域中多相流也广泛存在，例如：雨、雪、云、雾等现象，生物体中的血液循环，环境工程中烟尘在大气中的扩散等都是多相流的实例。按照组分的不同，多相流可以分为气液两相流、气固两相流、液固两相流、液液两相流（两种不能均匀混合的液体一起流动）以及气液固三相流、液液固三相流（两种不能均匀混合的液体和固体颗粒一起流动）。在多相流动中，连续介质的相称为连续相；不连续介质的相称为分散相（或非连续相、颗粒相等）。

在多相流问题的研究中，如果把多相流中的各相都分别看成连续介质，不同相在数学上被看作互相穿插的连续统一体，由于一相的体积不能被其他相占据，因此引入相体积分数（phase volume fraction）的概念。相体积分数是空间和时间的连续函数，且在同一空间位置同一时间各相体积分数之和为1。通过各相的体积分数描述其分布，导出各相的守恒方程并引入本构关系使方程组封闭，这种模型通常称为多流体模型（对于两相流的情况则称为双流体模型）。多流体模型对各相连续介质的数学描述及处理方法均采用 Euler 方法，因此属 Euler-Euler 型模型。

而在由流体（气体或液体）和离散相（液滴、气泡或尘粒）组成的弥散多相流体系中，将流体相视为连续介质，离散相视作离散介质处理，这种模型称为离散颗粒群轨迹模型或离散相模型（Discrete Phase Model，简称 DPM）。其中，连续相的数学描述采用欧拉方法，求解时均由 N-S 方程得到速度等参量；离散相采用拉格朗日方法描述，通过对大量质点的运动方程进行积分运算得到其运动轨迹。因此，这种模型属欧拉—拉格朗日型模型，或称为拉格朗日离散相模型。离散相与连续相可以交换动量、质量和能量，即可实现双向耦合求解。如果只考虑单个颗粒在已确定流场的连续相流体中的受力和运动，即单向耦合求解，则模型称为颗粒动力学模型。

ANSYS Fluent 程序包含了三种欧拉—欧拉型多相流模型，即：VOF（Volume of Fluid）模型、混合（mixture）模型和欧拉模型。此外，Fluent 程序还提供一种欧拉—拉格朗日型多相流模型，即离散相（DPM）模型。

理解本节所介绍的流动的有关基本概念，是在 CFD 计算中正确选择计算模型、设置计算参数的前提，也是成功进行 CFD 数值模拟的必要基础知识。

1.2.2 流体运动的控制方程

本节介绍流体力学的主要控制方程。一般来说，流体力学的控制方程包括：连续性方程、动量方程、本构方程、能量方程以及状态方程等。

根据质量守恒条件，流体在三维空间中流动的质量连续性方程如式(1-14)：

$$\frac{\partial \rho}{\partial t}+\frac{\partial(\rho u)}{\partial x}+\frac{\partial(\rho v)}{\partial y}+\frac{\partial(\rho w)}{\partial z}=0 \quad (1-14)$$

对不可压缩流体，连续性方程可简化为式(1-15)：

$$\frac{\partial u}{\partial x}+\frac{\partial v}{\partial y}+\frac{\partial w}{\partial z}=0 \quad (1-15)$$

第1章 CFD分析的基本概念和原理

根据牛顿第二定律,可得微元流体的动量微分方程如式(1-16):

$$\begin{cases} \rho \dfrac{\mathrm{d}u}{\mathrm{d}t} = -\dfrac{\partial p}{\partial x} + \dfrac{\partial \tau_{xx}}{\partial x} + \dfrac{\partial \tau_{yx}}{\partial y} + \dfrac{\partial \tau_{zx}}{\partial z} + \rho f_x \\ \rho \dfrac{\mathrm{d}v}{\mathrm{d}t} = -\dfrac{\partial p}{\partial y} + \dfrac{\partial \tau_{xy}}{\partial x} + \dfrac{\partial \tau_{yy}}{\partial y} + \dfrac{\partial \tau_{zy}}{\partial z} + \rho f_y \\ \rho \dfrac{\mathrm{d}w}{\mathrm{d}t} = -\dfrac{\partial p}{\partial z} + \dfrac{\partial \tau_{xz}}{\partial x} + \dfrac{\partial \tau_{yz}}{\partial y} + \dfrac{\partial \tau_{zz}}{\partial z} + \rho f_z \end{cases} \quad (1\text{-}16)$$

对于牛顿流体,附加法向压力、切应力与速度之间的物理方程如式(1-17)和式(1-18):

$$\tau_{xx} = 2\mu \frac{\partial u}{\partial x}, \quad \tau_{yy} = 2\mu \frac{\partial v}{\partial y}, \quad \tau_{zz} = 2\mu \frac{\partial w}{\partial z} \quad (1\text{-}17)$$

$$\begin{cases} \tau_{xy} = \tau_{yx} = \mu\left(\dfrac{\partial u}{\partial y} + \dfrac{\partial v}{\partial x}\right) \\ \tau_{xz} = \tau_{zx} = \mu\left(\dfrac{\partial u}{\partial z} + \dfrac{\partial w}{\partial x}\right) \\ \tau_{yz} = \tau_{zy} = \mu\left(\dfrac{\partial v}{\partial z} + \dfrac{\partial w}{\partial y}\right) \end{cases} \quad (1\text{-}18)$$

上述物理方程代入动量微分方程,可得到不可压缩黏性流体的运动微分方程,即N-S方程如式(1-19):

$$\begin{cases} \rho \dfrac{\mathrm{d}u}{\mathrm{d}t} = -\dfrac{\partial p}{\partial x} + \mu\left(\dfrac{\partial^2 u}{\partial x^2} + \dfrac{\partial^2 u}{\partial y^2} + \dfrac{\partial^2 u}{\partial z^2}\right) + \rho f_x \\ \rho \dfrac{\mathrm{d}v}{\mathrm{d}t} = -\dfrac{\partial p}{\partial y} + \mu\left(\dfrac{\partial^2 v}{\partial x^2} + \dfrac{\partial^2 v}{\partial y^2} + \dfrac{\partial^2 v}{\partial z^2}\right) + \rho f_y \\ \rho \dfrac{\mathrm{d}w}{\mathrm{d}t} = -\dfrac{\partial p}{\partial z} + \mu\left(\dfrac{\partial^2 w}{\partial x^2} + \dfrac{\partial^2 w}{\partial y^2} + \dfrac{\partial^2 w}{\partial z^2}\right) + \rho f_z \end{cases} \quad (1\text{-}19)$$

对于不可压缩黏性流体(不考虑传热),上述以速度作为基本未知量的动量N-S方程,结合连续性方程,原则上可以求解三个速度分量以及压力等共计四个未知量,这些方程构成不可压缩纯流动问题的封闭性。

可压缩流体的密度与温度、压力等相关,需要在分析引入状态方程和能量方程。以密度和温度为状态变量的状态方程如式(1-20):

$$\begin{cases} p = p(\rho, T) \\ e = e(\rho, T) \end{cases} \quad (1\text{-}20)$$

基于热力学第一定律建立流体微元体的能量方程如式(1-21):

$$\rho \frac{\mathrm{d}e}{\mathrm{d}t} = -p\,\mathrm{div}\,u + \mathrm{div}(k\,\mathrm{grad}\,T) + \Phi + S_e \quad (1\text{-}21)$$

式中　S_e——能量源项(包括化学反应热生成等);

　　　Φ——黏性耗散函数。

Φ由式(1-22)给出:

$$\Phi = \mu\left[2\left(\frac{\partial u}{\partial x}\right)^2 + 2\left(\frac{\partial v}{\partial y}\right)^2 + 2\left(\frac{\partial w}{\partial z}\right)^2 + \left(\frac{\partial u}{\partial y} + \frac{\partial v}{\partial x}\right)^2 + \left(\frac{\partial u}{\partial z} + \frac{\partial w}{\partial x}\right)^2 + \left(\frac{\partial v}{\partial z} + \frac{\partial w}{\partial y}\right)^2\right] \quad (1\text{-}22)$$

对于可压缩牛顿流体,其基本未知量包括压力、三个速度分量、密度、温度、内能共计7个,与之相对应也一共有7个方程,即:可压缩流动的连续性方程、以速度分量表示的可压缩黏性流体动量方程组(还需要计入流体的第二黏度)、两个状态方程、能量方程,问题也是封闭的。

对于湍流问题,在高雷诺数情况下,其最小湍动尺度仍然远远大于分子平均自由程,因此流体在湍流时依然被视作连续介质。理论上来说,N-S 方程也是描述湍流流场的基本方程,湍流场中任意位置的速度、压强、密度等瞬时值都必须满足该方程,但是湍流在空间和时间上的变化过快,基于 N-S 方程的直接数值模拟的计算量十分巨大,因此目前这种方法仅仅用于湍流的理论研究领域中。在工程湍流计算中,由于计算量的限制,网格划分的一般都较大,单元体不能满足流体微元假设,因此发展了一系列实用的湍流计算模型来反映小尺度涡的影响。常用的湍流模型及参数将在第 5 章中详细介绍,此处不再详细展开。

1.2.3　流动问题的边界条件

要求解流体流动的上述各方程,需要明确流动问题的定解条件,定解条件包括两类:初始条件和边界条件。在 Fluent 中非定常流动的初始条件指定可通过求解初始化功能实现,本节重点介绍与流动相关的各类边界条件。

边界条件需要根据实际的流动情况进行设置,在 CFD 分析中需要用户指定边界位置处的速度、压力、湍流变量等物理量的取值。下面介绍常见的流动边界条件类型。

1. 入口边界

入口边界条件用于在流动的入口处指定各流动变量的值,常见入口边界有如下几种。

(1)速度入口边界

这种入口边界条件适用于不可压缩流动,可设置速度为负值以表示出口,但是要注意保证流量的平衡。

(2)压力入口边界

压力入口边界条件能适用于不可压缩流以及可压缩流,需指定表压、入口流动方向等,可以用于模拟 Free 面。

(3)质量入口边界

质量入口边界一般用于可压缩流动,也可用于不可压缩流动,需定义质量流率或质量流量,入口流动方向等。

2. 出口边界

出口边界条件最好选择在远离壁面形状突变(比如:障碍物)的位置,因为这些位置处流动已经得到充分发展,流动的方向不再变化。出口边界的处理方式有下面两种方式:

(1)压力出口边界,适用于不可压缩流以及可压缩流,此边界需要指定出口处的环境压力。

(2)流出边界的处理,即 Fluent 中的 outflow 边界。这种边界通过内部区域的值向边界传递信息且保持流量平衡,不指定任何速度压力信息,在边界面上所有参数的梯度为零。这种处理方式适合于不可压缩流动,常可以对流动方向给出较好的预测,但不适合于分析有回流的问题。

3. 壁面边界

壁面边界是有界流动中的常见边界。流动区域的固体表面就是壁面边界。壁面边界可以是静止的也可以是移动的。对于层流的情形,在壁面边界上的流动速度与壁面速度相等;对于湍流情形,靠近壁面处的速度变化情况较为复杂,CFD 软件中通用的做法是引入壁面函数来描述壁面的影响。

4. 平面对称边界

平面对称边界条件可用于分析模型的简化,可显著降低计算规模。平面对称边界不需要指定任何参数,在对称面上,法向速度为零,所有变量的法向通量为零。

5. 轴对称边界

轴对称边界,用于模拟二维轴对称问题,也不需要输入任何参数。

6. 周期性循环边界

周期性边界同样用于模型简化,可模拟所计算的物理几何模型以及期待的流动具有周期性重复的情况。利用周期性循环边界建模时可只保留周期性的部分,可显著降低求解规模。两种形式的周期性边界如下:

(1) 周期性平移边界

周期性平移边界是指在平移方向上,两个边界面上对应点的流场变量值相等。只需创建一个平动周期范围的流场分析模型。

(2) 周期性旋转边界

周期性旋转边界是指在旋转方向上,两个边界面上对应点的流场变量值相等,常用于旋转机械流场分析中。

除了上述常用边界条件类型外,Fluent 还提供了入烟口、进气\排气风扇、一般风扇、压力远场、排气、集中散热器、多孔介质压降等特殊用途的边界条件类型,相关的参数可参考 Fluent User's Guide 的 Cell Zone and Boundary Conditions 内容。

1.3 CFD 算法的基本原理及常用算法简介

第 1.2 节中描述流动的方程都是连续的偏微分方程,在大部分情况下不可能得到其解析解,在计算流体力学(CFD)中,通过数值方法对这些方程进行计算近似解。常用的 CFD 算法包括有限单元法、有限差分法以及有限体积法三种。目前,有限体积法是主流 CFD 软件所采用的算法。

有限差分法通过用相邻点的差分代替微分、差商代替微商(导数),把连续的偏微分方程转化为离散的代数方程,再求解这些代数方程以得到流动问题的数值解。有限差分法是早期的 CFD 计算方法,其缺点是难以适应复杂的流场几何形状。

有限单元法多用于结构力学问题的求解。该方法计算流场时,首先将计算域离散为一系列子域单元,在每一个单元上假定流场变量按照一种简单形式的函数变化,且通过节点上的数值进行插值即可得到元内任意点的值。通过变分原理或加权余量方法,建立与原微分方程的等效积分形式,进而建立离散系统的控制方程(线性方程组或者常微分方程组),求解这些离散系统的控制方程得到流动问题的数值解答。

有限体积法是目前 Fluent 等主流 CFD 软件所采用的计算方法。和有限差分法不同的是,有限体积法的网格定义了控制体的边界,而不是计算节点。有限体积法的计算节点定义在小控制体内部。有限体积法将计算区域划分为一系列控制体积,并使每个网格点周围有一个控制体积;通过对待解的微分方程在控制体积上积分,得出关于流场变量的离散代数方程。求解这些代数方程即可得到流动问题的数值解答。为了求出控制体积的积分,必须假定函数值在网格点之间的变化规律,即假设函数值的分段分布剖面。

下面来简要介绍一下有限体积法的基本原理。

实际上，前面介绍的流体力学的各基本方程可以表示如式(1-23)：

$$\frac{\partial(\rho\phi)}{\partial t}+\mathrm{div}(\rho\phi\boldsymbol{u})=\mathrm{div}(\Gamma\mathrm{grad}\phi)+S_\phi \tag{1-23}$$

其物理意义为：物理量 ϕ 随时间的变化率＋ϕ 由于对流引起的净减少率＝ϕ 由于扩散引起的净增加率＋ϕ 由内源引起的净产生率。

在把求解域离散为一系列控制体积后，在每个控制体积上对流动方程进行积分，对两个散度项（即：对流项和扩散项）通过高斯定理转换为面积分的通量形式，则控制方程可以改写如式(1-24)：

$$\frac{\partial}{\partial t}\int_V \rho\phi\mathrm{d}V+\int_A \boldsymbol{n}\cdot(\rho\phi\boldsymbol{u})\mathrm{d}A=\int_A \boldsymbol{n}\cdot(\Gamma\mathrm{grad}\phi)\mathrm{d}A+\int_V S_\phi\mathrm{d}V \tag{1-24}$$

对稳态问题，时间相关项为 0，控制方程简化如式(1-25)：

$$\int_A \boldsymbol{n}\cdot(\rho\phi\boldsymbol{u})\mathrm{d}A=\int_A \boldsymbol{n}\cdot(\Gamma\mathrm{grad}\phi)\mathrm{d}A+\int_V S_\phi\mathrm{d}V \tag{1-25}$$

对瞬态问题，还需对时间从 t 时刻到 $t+\Delta t$ 时刻进行积分，控制方程如式(1-26)：

$$\int_{\Delta t}\frac{\partial}{\partial t}\int_V \rho\phi\mathrm{d}V+\iint_{\Delta t\,A}\boldsymbol{n}\cdot(\rho\phi\boldsymbol{u})\mathrm{d}A=\iint_{\Delta t\,A}\boldsymbol{n}\cdot(\Gamma\mathrm{grad}\phi)\mathrm{d}A+\iint_{\Delta t\,V}S_\phi\mathrm{d}V \tag{1-26}$$

以上在控制体及其各表面上的积分，经过近似并对源项作线性化处理，最终表示为以控制体积中心处点及其各相邻网格点处变量值的离散化的代数方程组，其一般形式如式(1-27)：

$$\alpha_P\phi_P=\alpha_W\phi_W+\alpha_E\phi_E+\alpha_S\phi_S+\alpha_N\phi_N+\alpha_B\phi_B+\alpha_T\phi_T+b \tag{1-27}$$

或简写为式(1-28)：

$$\alpha_P\phi_P=\sum\alpha_n\phi_n+b \tag{1-28}$$

其中，P 点为积分控制体积中心点。

对于三维问题，W、E、S、N、B、T 依次为与 P 点相邻的左、右、前、后、下、上等 6 个点；下标 n 表示 P 相邻的各点，求和表示对各相邻点的量进行求和。对二维问题，只有 W、E、S、N 四个相邻点；对一维问题，仅有 W、E 两个相邻点。

在大多数情况下，上述离散方程是非线性的，其系数依赖于场变量 ϕ。另一方面，各场变量对其他场变量离散方程的系数也有影响，即通常不同的场变量（如：压力、速度、密度等）之间又存在耦合的关系。这种离散方程一般通过迭代的方法，结合边界条件加以求解。在某个迭代步，离散方程的系数根据场变量的当前估计值计算，解算当前步得到场变量的新的估计值。一般情况下，随着迭代的进行，离散方程的余项误差越来越小，即逐步达到收敛。然而，迭代过程也有发散的可能，如震荡发散使得场变量计算值偏离真实解。

为了更有效地避免和减少发散，常采用欠松弛方法以控制场变量的增量。欠松弛方法是在当前迭代步中计算出解并加以调整，以使下一次迭代中用到的解不至于和当前迭代开始时的值相差过大。下面对这种欠松弛方法做简单的说明。

上述关于场变量的离散方程可以改写为式(1-29)：

$$\phi_P=\phi_{P_0}+\left(\frac{\sum\alpha_n\phi_n+b}{\alpha_P}-\phi_{P_0}\right)=\phi_{P_0}+\Delta\phi_P \tag{1-29}$$

其中的 ϕ_{P_0} 为 ϕ_P 在上一步的估计值，圆括号中为 ϕ_P 在当前迭代步的增量。欠松弛方法是在当前迭代增量上乘以一个介于 0 和 1 之间的欠松弛因子 ω，以减小迭代步之间的场变量增量,如果欠松弛因子 ω 越靠近 0,场变量的增量越小。引入欠松弛因子后式(1-29)改写为式(1-30):

$$\phi_P = \phi_{P_0} + \omega\left(\frac{\sum a_n\phi_n + b}{a_P} - \phi_{P_0}\right) = \phi_{P_0} + \omega\Delta\phi_P \qquad (1\text{-}30)$$

在迭代计算中,上式可进一步改写为式(1-31):

$$\frac{a_P\phi_P}{\omega} = (\sum a_n\phi_n + b) + \frac{1-\omega}{\omega}a_P\phi_{P_0} \qquad (1\text{-}31)$$

欠松弛方法不仅可应用于基本场变量,还可用于温度、密度、浓度、湍流参数甚至源项等。对不同的变量,可以采用不相等的欠松弛因子。对于速度场而言,欠松弛因子一般在 0.5～0.9 范围内;对于压力场而言,欠松弛因子一般在 0.1～0.3 的范围;对于 $k\text{-}\varepsilon$ 模型的湍流变量而言,一般应比速度场更加松弛,即采用更小的值。改变松弛因子和时间步长,经常是一种试探性的过程,也就是说最合理的取值往往是需要通过试验才能寻找到。

Fluent 软件提供了一系列离散方程的解算方法,这些方法可以归为两大类:基于压力的算法(Pressure Based Solver,以下简称 PBS)、基于密度的方法(Density Based Solver,以下简称 DBS)。

Fluent 中的 PBS 方法又包括两类:一类是分离 PBS 算法,另一类是耦合 PBS 算法。分离算法首先求解三个方向的动量方程,再通过质量连续性方程来修正压力,最后再依次求解其他的标量方程,即:能量方程、组分方程、湍流方程及其他输运方程等。耦合 PBS 算法则是首先同时求解动量方程和质量连续性方程,然后再依次求解能量方程、组分方程、湍流方程及其他输运方程等标量方程。

PBS 分离求解器适用于大部分的流动问题求解,可处理各种低速不可压缩流动以及高速可压缩流动问题。分离式 PBS 算法与耦合算法相比对内存的需求更少。PBS 耦合求解器也适用于大部分的流动问题,其计算性能优于 PBS 分离算法,达到收敛所需的迭代次数也大大少于分离式算法,但对内存的需求比 PBS 分离算法高出一倍左右,这是因为采用耦合算法求解时,离散系统的动量方程和基于压力的质量连续性方程信息必须同时进行存储。

Fluent 软件提供了如下五种 PBS 算法,即:

(1)SIMPLE 算法

SIMPLE 算法全称为 Semi-Implicit Method for Pressure-Linked Equations,是一种稳健的 CFD 算法,也是 Fluent 程序采用的缺省算法。

(2)Coupled 算法

此算法为基于压力的耦合求解器,比分离求解器收敛更快,但内存储的要求更高。

(3)SIMPLEC 算法

即 SIMPLE-Consistent 算法,对一般的简单问题(如层流问题的计算)比 SIMPLE 算法收敛更快。

(4)PISO 算法

PISO 算法全称为 Pressure-Implicit with Splitting of Operators,常用于非定常流动问题或网格形状较差模型的计算。

(5)FSM 算法

FSM 算法全称为 Fractional Step Method,该算法仅用于非稳态流动问题。

以上几种算法中，SIMPLE 算法、SIMPLEC 算法、PISO 算法以及 Fractional Step 算法是基于压力的分离式算法，而 Coupled 算法为基于压力的耦合式算法。

分离式算法中的一个重要参数是欠松弛因子（Under-Relaxation Factors），引入亚松弛因子有助于改善迭代过程的稳定性。最后得到的收敛解与所设置的亚松弛因子无关，但达到收敛所用的迭代次数与亚松弛因子有关。一般而言，Fluent 缺省的亚松弛因子设置适用于分析大部分的流动问题，用户可以根据需要来减小亚松弛因子，而最佳的设置往往是通过经验获得的。

对于基于压力的耦合求解器而言，控制收敛的两个重要选项是伪瞬态（Pseudo-transient）以及库朗数（Courant Number）。伪瞬态选项可在 Solution Method 设置面板上选择耦合算法后勾选，伪时间步可以由速度和域尺寸自动计算，也可以由用户来指定。对自动计算伪时间步选项，可通过 Time Step Scaling Factor 对伪时间步进行缩放。对包含有较大的 Aspect Ratio 单元格的网格计算模型，伪瞬态选项有助于获得更好的收敛性。流动的库朗数则在 Solution Controls 分支的设置面板上加以设置。库朗数的缺省值为 200，对于复杂问题（比如：多相流、燃烧等），可减小至 10~50。

Fluent 中基于密度的算法（即 DBS 算法）适合于分析在动量及密度、能量或其他标量参数中存在强耦合的情况。DBS 方法首先耦合求解动量方程、质量连续方程、能量方程以及组分方程，然后再计算湍流方程和其他的输运方程。DBS 方法也包括两类：耦合隐式 DBS 方法和耦合显式 DBS 方法。DBS 耦合隐式算法因其没有对时间步的严格限制而比 DBS 耦合显式算法更常用。DBS 耦合隐式算法适用的问题包括带有燃烧的高速可压缩流动、超音速流动、激波问题等。DBS 耦合显式方法适用的问题包括高马赫数冲击波的传播、激波管问题等。

在 DBS 求解中，会自动包含伪瞬态选项（即使对于稳态问题），通过 Courant Number 来控制时间步长。DBS 耦合显式算法稳定性要求的 Courant Number 必须小于 2；DBS 耦合隐式算法在理论上不存在满足稳定性要求的 Courant Number 限制条件，缺省值为 5，外气动问题通常取 100~1 000。

用户在进行 CFD 分析时，可根据问题的特点选择适合的求解器及算法类型。本章重点介绍各种求解器的基本概念和特点，本节提到的与求解器相关的各种选项及其具体的设置方法等内容将在本书的第 5 章中详细介绍。

第 2 章　ANSYS Fluent 功能简介及分析流程

本章首先对 ANSYS Fluent 软件的建模、计算及后处理等功能进行了系统的介绍,随后介绍了 ANSYS Workbench 集成分析环境及其技术特点,最后介绍在 Workbench 中基于 Fluent 的 CFD 分析流程及其搭建方法。

2.1　ANSYS Fluent 软件功能简介

ANSYS Fluent 是全球范围内应用最为广泛的 CFD 软件,可完成各种复杂流体流动、传热和化学反应的数值模拟。Fluent 采用 C 语言编写,提供真正意义的动态内存分配算法、有效的数据结构以及灵活的求解控制方法。ANSYS Fluent 的 C/S 架构(客户机/服务器体系架构)可以充分利用客户端桌面工作站以及强大的计算服务器两端的硬件环境,保证程序在不同类型的硬件环境或操作系统之间均能高效地执行并灵活地进行交互控制。针对各种类型工程问题的 CFD 分析,ANSYS Fluent 软件提供了强大的前处理、求解以及后处理功能。基于这些功能,用户可以对各种复杂流动过程进行高效率的建模、精确的求解计算,并对计算结果进行查看和进一步的分析。

1. 前处理方面的功能

前处理方面的功能主要是指创建 CFD 分析模型方面的功能,包括几何造型以及网格划分两个方面。

(1)几何造型功能

建立设计模型是在产品研发过程中进行 CFD 仿真的第一步,也是一个耗费时间较多的环节。有待分析的流体域几何模型既可以通过点、线、面、体等体素具体描述出几何形状,也可以适当的使用体积包围、抽取等功能加以快速创建。

通过各种 3D 辅助设计系统(比如:UG、Pro/E、Catia 等)能直接创建流体区域的几何模型并导入 Fluent 软件。此外,ANSYS 提拱了专业的仿真几何处理模块 ANSYS Design Modeler (简称 ANSYS DM),可直接用于流场域几何模型的生成,也可对导入的 3D 设计系统创建的模型进行修补和简化等处理工作。ANSYS DM 集成于 ANSYS Workbench 环境中,可与其他相关的模块组件实现模型数据及参数的共享。DM 作为仿真分析专用几何工具软件,除了建模功能之外,还具备许多模型处理能力,比如:删除分析中不必要的细节特征、创建体的包围形成外流场区域几何模型、体积抽取形成内流场区域几何模型等。

(2)网格划分功能

网格划分程序的作用是对流动的几何域进行离散化。目前,ANSYS Fluent 软件网格划分主要是通过集成于 ANSYS Workbench 环境中的 ANSYS Mesh 模块实现,此模块集成了来自于 GAMBIT、TGrid、ICEM CFD、ANSYS Prep/Post 等一系列模块的网格划分功能,可以为流场分析、结构分析、电磁场分析等多种求解器输出计算网格。基于 ANSYS Mesh，能够对流场区域进行四面体、六面体、棱柱体形式的网格划分，还提供了 Mesh Metric 功能对所形成的网格进行质量评价。

2. Fluent 求解器核心功能

Fluent 求解器功能强大，主要体现在材料库、丰富的湍流模拟方法、传热模拟、多相流模型、燃烧及化学反应模拟、边界条件处理、稳健的算法、并行计算功能以及计算控制功能等方面，下面对 Fluent 的核心计算能力和可扩展功能进行简要介绍。

(1) 广泛的材料类型

Fluent 支持 6 种类型的材料，即 fluids（流体）、solids（固体）、mixtures（混合物）、combusting-particles（燃烧微粒）、droplet-particles（液滴微粒）以及 inert-particles（惰性微粒），后 3 种类型主要用于模拟多相流动中的离散相。

Fluent 提供了一个接近 700 种材料的材料库，包含各种自然界中常见的物质。材料库中的每一种材料都包含了缺省的物理属性值，用户可以由材料库直接拷贝所需的材料到分析项目中。Fluent 提供的材料库包含在 path /Fluent. Inc/fluentXX. X/cortex/lib/propdb. scm 文件中，path 为 Fluent 的安装路径，XX. X 为版本号，比如：14.5、15.0 等。除了直接调用材料库之外，用户可以自定义材料或材料库，以扩充程序的应用范围。

Fluent 材料定义相关的内容，可参考本书第 5 章内容以及后续章节的分析例题。

(2) 丰富的湍流模型

Fluent 提供了种类丰富的湍流模型，几乎同步反映着现阶段湍流数值模拟的最新水平。目前在 Fluent 程序中可选择的湍流模型包括 Spalart-Allmaras 模型、几种常见的 k-ε 模型（标准 k-ε、RNG k-ε 以及 Realizable k-ε）、标准及 SST(Shear Stress Transport)k-ω 模型、V2F 模型、RSM 模型(Reynolds Stress Model，雷诺应力模型)、SAS 模型(Scale-Adaptive Simulation Model，尺度自适应模拟)、DES 模型(Detached Eddy Simulation，分离涡模拟)、LES 模型(Large Eddy Simulation，大涡模拟)、ELES 模型(Embedded Large Eddy Simulation，植入大涡模拟)等。在转捩模型方面，Fluent 提供了 k-kl-ω 转捩模型、基于 SST 的转捩模型等一系列实用模型。此外，壁面方程和壁面处理选项使用户能够更精确地模拟壁面附近的湍流流动。这些丰富的模型和选项，使得 Fluent 软件几乎可以对任意条件下的湍流进行有效的模拟。

常用湍流模型相关的参数设置请参照本书第 5 章的相关内容。

(3) 动网格技术

Fluent 软件的动网格技术可用于模拟各种复杂运动机构中的流动，比如内燃机气缸活塞及配气机构、各类阀门等，以及模拟船只通过波浪、火箭发射等过程中的流动。动网格模拟技术可以与 Fluent 的很多其他模型结合使用，可用的模型包括：喷雾模型、燃烧模型、多相流、自由表面、不可压流动、大涡模拟、化学反应模型等。滑移网格和多参考系模型则可用于模拟搅拌器、水泵等透平机械中的周期性流动。

(4) 传热模拟功能

Fluent 软件是一个可适应各种分析需求的成熟的传热模拟软件。Fluent 可以处理各种对流、导热和辐射问题，包括流体固体界面的共轭传热问题。在辐射计算方面，Fluent 提供了一系列辐射模型，如：Rosseland 辐射模型、P1 辐射模型、离散传播模型(Discrete Transfer，简

第 2 章 ANSYS Fluent 功能简介及分析流程

称 DTRM)、表面辐射模型(Surface to Surface,简称 S2S)以及离散坐标辐射模型(Discrete Ordinates,简称 DO)。此外,还可以模拟熔解、凝固、蒸发、液化等相变过程和问题。

(5) 多相流模型

Fluent 提供 3 种 Euler-Euler 型多相流模型,即 VOF(Volume of Fluid)模型、混合(mixture)模型和 Euler 模型。Fluent 提供 1 种 Euler-Lagrange 型多相流模型,即分散相(DPM)模型。应用 Fluent 提供的多相流模型,可模拟各种多组分混合流动(任意的固体、液体和气体组合)、颗粒流动、燃料喷雾、流动物质界面预测等流动问题。与其他 Fluent 模型结合还可分析各种化工设备中的多相传热、传质与反应流动。

(6) 燃烧及化学反应模拟

Fluent 可以模拟多种与反应物输运同时发生的化学反应过程。Fluent 中可以模拟的反应可以是发生在容器中的容积反应(Volumetric Reaction),也可以在壁面上发生的壁面反应(Wall Surface Reaction),或者是在微粒表面上发生的微粒表面反应(Particle Surface Reactions)。此外,Fluent 还提供了反应通道模型(Reacting Channel Model),可用于模拟燃料重组器、裂解炉等长而窄的通道中的化学反应过程,同时考虑与流动、传热的耦合。

结合 Fluent 的多相流模型,湍流模型以及有限速率反应模型、预混燃烧模型、非预混燃烧模型、部分预混燃烧模型等燃烧模型,可模拟各种燃烧过程,如气体、煤或液体燃料的燃烧,从而预测 NO_x、SO_x 等污染物的形成和扩散过程。

(7) 丰富的边界条件类型

Fluent 软件提供了非常全面的流动边界类型,能定义各种复杂流动问题的边界。常见的边界类型及其特点和适用范围的描述列于表 2-1 中。

表 2-1　Fluent 中常用边界条件类型(按字母序号排列)

边界类型	特点及其适用范围
axis	轴对称问题的轴线,用于二维轴对称流动分析
exhaust-fan	外部排气扇,需要为其指定压力跳跃及环境压力
inlet-vent	进风口边界,需指定损失系数、流动方向、环境(入口处)压力以及温度
intake-fan	外部进气扇边界,需要为其指定压力跳跃、流动方向、环境压力及温度
mass flow inlet	质量流量入口条件,可用于不可压缩以及可压缩流动,此边界条件需要指定质量流率或入口的质量流量分布。指定质量流量允许压力的变化,这与压力入口条件不同,在压力入口边界总压是固定的而质量流量是变化的
outflow	流出边界条件,此边界条件用于模拟流出速度以及压力细节在求解之前未知的问题。此边界条件上,用户不需要指定任何的参数(除需要模拟辐射传热、颗粒离散相以及分离质量流动之外),ANSYS Fluent 由流场内部外推到边界信息
outlet-vent	排风口边界,需指定损失系数、环境压力及温度
periodic	周期性边界,可模拟旋转周期性或平移周期性流动
pressure-far-field	压力远场边界,用于模拟无穷远处的自由流动条件,需指定 Mach 数和静态条件,常被称为特征边界条件,因其使用特征信息(Riemann 不变量)来确定边界处的流动变量
pressure inlet	压力入口边界,此边界需指定入口处的压力以及其他标量参数。可用于不可压缩及可压缩流动。可用于已知入口压力而未知入口速度的情况,还可用于指定外流或无约束流动的自由边界
pressure outlet	压力出口边界,此边界条件需要指定静压(表压),对有回流的情况还需指定相关的参数

续上表

边界类型	特点及其适用范围
symmetry	对称边界条件,用于模拟对称流动,还可用于模拟黏性流动中的零剪切滑移壁面。对称边界上不需要定义任何参数,但必须正确定义对称边界的位置
velocity inlet	速度入口边界,需指定进口的速度以及其他相关的标量参数
wall	壁面边界条件用于隔离固体和流体域。在黏性流动中,缺省采用无滑移壁面边界,但用户可指定切向速度分量(基于壁面边界的平移和转动),或通过指定剪切来模拟滑移壁面

(8)稳健的算法

ANSYS Fluent 软件提供了两种类型的数值求解算法,即:基于压力的求解器和基于密度的求解器。基于压力的求解器原本是针对低速、不可压缩流开发,而基于密度的求解器则是针对高速、可压缩流动开发。不过近年来两种算法都被不断地扩展和重构,使其可以突破原来的限制,被用于求解更为广泛领域的流动问题。Fluent 软件中基于压力的求解器和基于密度的求解器集成在同一个操作界面中,使得 Fluent 对于不同类型的流动问题的计算都具备很好的适用性、收敛性以及精度。

(9)并行计算功能

Fluent 软件的高级并行处理算法能充分利用同一网络内的多台计算机,或一台有多内核处理器的计算机。

Fluent 的自动分区技术可以自动保证各 CPU 的负载平衡,同时在计算中自动根据 CPU 负荷来重新分配计算任务。Fluent 并行求解的效率也很高,双 CPU 的并行效率高达 1.8~1.98,四个 CPU 的并行效率可达 3.6,因而大大缩短了计算时间。在 14.0 版本后,并行计算性能得以大幅提升。经测试,解算超过 1.3 亿网格的问题时,采用多于 3 000 个核心的并行计算,仍能保持良好的加速比。

(10)UDF 功能

UDF 全称为 User Defined Functions,即:Fluent 用户自定义函数。UDF 程序用 C 语言编写,可以动态连接到 Fluent 求解器上以扩展求解器功能、自定义流动形式和参数以满足特定用户的特殊需要。UDF 的典型应用包括:定制边界条件,定义材料属性,定义表面和体积反应率,定义源项,定义标量输运方程中的源项扩散率函数,或者对 Fluent 的流动模型(如:离散相模型,多相混合物模型,辐射模型)等进行改进。

基于上述功能以及其他专用功能,ANSYS Fluent 可以求解十分广泛的流动问题,目前可以求解的主要流动问题类型包括但不限于如下所列举的一系列问题:

- ✓ 2D 平面、2D 轴对称、有漩涡的 2D 轴对称(旋转对称)以及 3D 流动
- ✓ 在各种四边形、三角形、六面体、四面体、三棱柱、金字塔、多面体以及混合单元网格中的流动
- ✓ 稳态以及瞬态流动
- ✓ 不可压缩流动以及可压缩流动,各种流速范围(亚音速、跨音速、超音速以及特超声速)的流动
- ✓ 无黏性流动、层流以及湍流
- ✓ 牛顿流体以及非牛顿流体的流动
- ✓ 理想气体以及实际气体流动

- ✓ 各种流动传热问题,包括强迫对流、自然对流以及混合对流,流体与固体之间的共轭传热以及辐射问题
- ✓ 化学组分混合与反应,包括匀质以及非匀质燃烧模型以及表面沉积反应模型
- ✓ 包含气—液、气—固或液—固的自由表面以及多相流动问题
- ✓ 计算离散相(颗粒、液滴、气泡)的拉格朗日轨迹,包含与连续相和喷雾模型的结合
- ✓ 空化模型模拟
- ✓ 熔解/凝固等相变问题
- ✓ 各向异性渗透多孔介质流动,可包含惯性阻力、固体热传导以及多孔表面压力跳跃等条件
- ✓ 风扇、泵、散热器以及热交换器等集中参数模型
- ✓ 预测流动引起的噪声问题(基于声学模型)
- ✓ 混合平面模型模拟转子与定子相互作用、转矩变换器以及相似的具有质量守恒与涡量守恒选项的透平机械应用问题
- ✓ 模拟移动或变形的网格域(基于动网格模型)
- ✓ 质量、动量、热以及化学成分的体积生成问题

此外,Fluent 还提供了很多附加模块,用于一些特殊流动问题的模拟,如:磁流体力学模块(MHD模块)、连续纤维模块、燃料电池模块、人口平衡模块等等。

3. Fluent 软件的后处理功能

在计算结束后,通过后处理功能对结果数据进行提取、列表、图形、动画展现以及进一步的计算分析等操作。目前,Fluent 软件本身及 ANSYS 提供的 CFD 专用后处理器 CFD Post 都提供了强大的数据可视化后处理功能,可以很方便地实现等值线图绘制、矢量图绘制、流线图绘制、迹线图绘制、动画显示、XY 曲线图绘制、FFT 分析、流量计算、体积积分、表面积分、Case 比较等。ANSYS CFD-Post 较之 Fluent 自带后处理器,具有更多高级的后处理功能,比如:可以比较同一模型采用不同分析选项设置获得仿真结果的差异,可得到更为全面的表格、图像等。

2.2 ANSYS Workbench 环境及 CFD 分析流程

在 ANSYS 12.0 版本之后,Fluent 计算软件完全融入到 ANSYS 的集成仿真环境 ANSYS Workbench Environment,成为 ANSYS 工程仿真整体解决方案框架的重要组成部分。在 ANSYS Workbench 中,基于 Fluent 的 CFD 分析可通过预置的分析系统或由相关的组件来联合完成。本节首先介绍 Workbench 环境及其技术特点,然后介绍在 Workbench 中应用 Fluent 进行 CFD 分析的基本流程。

2.2.1 Workbench 技术特点及操作界面

Workbench 是 ANSYS 开发的协同仿真分析平台,其上可集成各种与仿真分析任务相关的工程数据库、建模工具、网格工具、求解器以及后处理器等组件程序,同时提供参数管理和设计优化功能。Workbench 还能够实现与 CAD 设计系统的参数共享及双向参数传递。

启动 ANSYS Workbench 之后,进入如图 2-1 所示的工作界面。Workbench 界面很简洁,

由菜单栏、工具按钮栏、左侧的"Toolbox"、中间的"Project Schematic"、底部的状态信息栏等几部分组成，此处对各部分进行简单介绍。

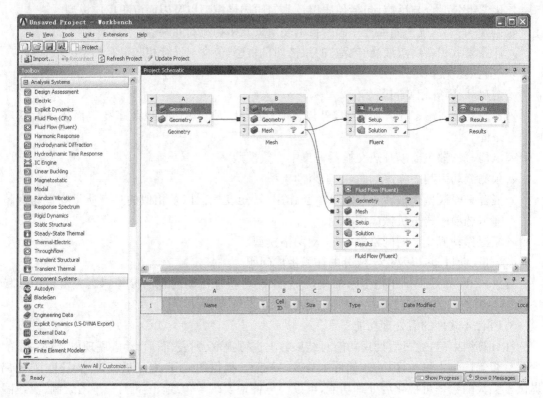

图 2-1　ANSYS Workbench 的仿真环境界面

1. 菜单栏

菜单栏包括 File、View、Tools、Units、Extensions 以及 Help 等项目。

File 菜单的作用是进行 Workbench 系统的文件控制操作。File＞New 菜单项用于新建一个 Workbench 分析项目；File＞Open 菜单项用于打开保存过的 Workbench 项目文件（*.wbpj）；File＞Save 菜单项用于保存 Workbench 项目文件；File＞Save as 菜单项用于另存为 Workbench 项目文件；File＞Import 菜单项用于导入 ANSYS 11.0 版本之前的分析项目文件或相关模型数据文件，如 Fluent 的网格文件；File＞Archive 菜单项用于将当前分析项目形成档案文件（*.wbpz）；File＞Restore Archive 菜单项用于恢复档案文件。

View 菜单的作用是进行 Workbench 工作视图控制。View＞Compact Mode 菜单项用于将 Workbench 工作视图以紧凑方式显示，仅显示标题栏，鼠标指向标题栏时仅显示 Project Schematic，前述视图采用紧凑视图后如图 2-2 所示；在紧凑模式下，选择 Workbench 右侧倒三角按钮，在其中选择 Restore Full Mode 即可恢复到完整模式。View＞Files 菜单项用于显示项目文件列表；View＞Properties 用于显示属性视图；View＞Reset Workspace 用于重置工作区布局到缺省设置；View＞Reset Window Layout 用于重置工作区布局到最初设置。

Tools 菜单包含一系列项目工具和设置选项。Tools＞Refresh Project 菜单项用于刷新项目中所有处于待刷新状态的单元格；Tools＞Update Project 菜单项用于更新项目中所有处

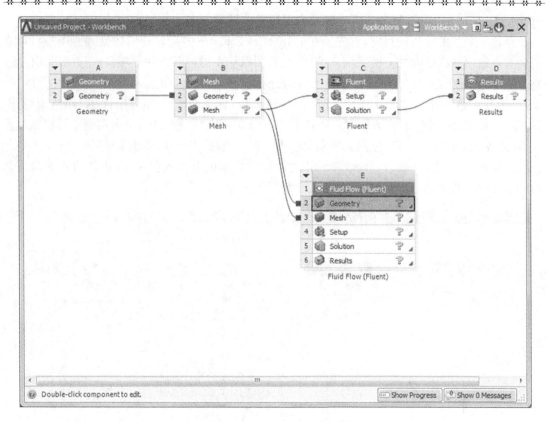

图 2-2 Workbench 紧凑视图

于待更新状态的单元格;Tools> License Preferences 菜单项用于打开 License Preferences 设置对话框;Tools> Launch Remote Solve Manager 菜单项用于启动 Remote Solve Manager (RSM)界面;Tools>Options 菜单项用于打开 Workbench 选项设置界面,在此界面下可以对 Workbench 环境及各组件进行基本选项设置。

Units 菜单用于设置项目单位系统。Units> Display Values as Defined 选项用于指定数值显示单位制为数据源应用中指定的单位;Units>Display Values in Project Units 选项用于指定数值按 Workbench 项目中指定的单位系统显示;Units> Unit Systems 菜单项用于打开 Units Systems 对话框,在其中选择哪些单位系统在菜单列表中显示。

Help 菜单用于打开在线帮助。

2. 工具栏

工具栏位于菜单栏下面,主要功能包括新建、打开、保存、另存为、导入、刷新、更新等常用操作。

3. 仿真工具箱

仿真工具箱位于 Workbench 界面左侧,包括分析系统(Analysis Systems)、组件系统(Component Systems)、用户系统(Custom Systems)、设计探索及优化(Design Exploration)等 Workbench 集成的各种分析系统与组件。

4. 项目流程图解区

即"Project Schematic"视图区域,这部分也是 Workbench 分析项目管理的核心部分。在

Project Schematic 区域，整个分析项目的流程清晰地显示出来。

开始一个新的分析项目时，首先要在 Project Schematic 中搭建分析的流程。用户可以在仿真工具箱中选择所需的分析系统或组件，然后用鼠标左键将其拖动至项目流程的适当位置，通过基本的系统或组件组合即可形成所需的分析流程。如图 2-3 所示为一个项目的分析流程，上排为一系列组件组成的 Fluent 流体分析流程，此流程包含几何组件 A、网格组件 B、Fluent 组件 C、后处理组件 D；E 为一个基于 Fluent 的 CFD 分析系统，是由左侧工具箱拖放至 B3 单元格上形成，E2 和 E3 分别共享来自于 B2 和 B3 的数据。图示项目流程中，有一系列的连线以及方块、圆点；连线表示两个单元格之间存在数据的共享或传递，其中连线右端为方块的表示数据的共享，连线右端为原点的表示数据的传递。

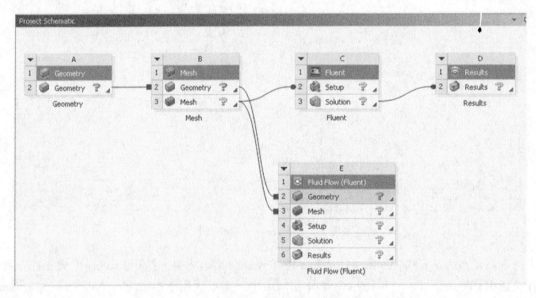

图 2-3 Project Schematic 中的分析流程

图示流程的每个单元格（不包括每个系统的标题格 A1、E1 等）都对应着一个集成在 Workbench 中的组件应用程序，比如：A2 单元格代表着一个几何组件，可以是 3D 的 CAD 软件或 ANSYS DM，B3 单元格则对应于 ANSYS Mesh 组件等。双击这些单元格，或选中某个单元格后在其右键菜单中选择 Edit，即可启动此单元格所代表的组件，进入相关的组件程序操作界面中进行相关的操作。

Workbench 的 Project Schematic 中，每一个单元格右边都有一个状态标志，表示此单元格的当前状态，如：绿色对号表示此单元格所对应的组件已经完成更新，问号则表示相应组件缺少输入数据。Workbench 中的项目流程总是从上到下、从左到右执行，如果前面的组件有变化，后面的组件需要进行刷新（Refresh）或更新（Update）。Refresh 和 Update 的区别在于，Refresh 仅仅是将前面单元格（组件）的变化传入当前单元格（组件）而不进行实质性操作，比如几何改变传递到网格划分组件中但并不对新的几何模型进行网格划分，而 Update 则是接受前面组件的改变并执行当前单元格对应组件的操作。比如：Mesh 组件读取之前的 Geometry 组件改变并对新的几何模型重新进行网格划分。通过 Workbench 界面工具栏的"Refresh Project"按钮，可刷新整个分析流程中全部待刷新的单元格；通过 Workbench 界面工具栏的 Update Project 可更新整个分析项目流程中全部待更新的单元格。用户也可以选择单个单元格,借助于右键菜单对其进行个别的刷新或更新操作。

5. 状态信息栏

状态信息位于整个界面的最下方,对操作状态进行说明。还可通过右下方的 Show Progress 和 Show Messages 显示当前工作的进度和输出信息。

6. 单元格属性

Workbench 实际上是一个集成了很多程序模块的系统平台,这一平台上集成了两种类型的应用组件,一种是在 Workbench 环境中的本地应用程序,这类程序完全集成在 Workbench 窗口中,如 Project Schematic;另一种则是像 DM、ANSYS Mesh、Fluent 等类型的组件程序,这类应用程序的操作界面独立与 Workbench 界面,Workbench 的作用仅仅是整合了这些程序的数据,使得这些数据能够在项目流程各组件中共享或传递,因此这类程序又称为数据整合应用程序。选择 View>Properties 菜单时,可以显示数据整合应用程序组件的属性设置栏。比如,选择图 2-3 中的 C2(Setup)单元格,显示相关的属性如图 2-4 所示。

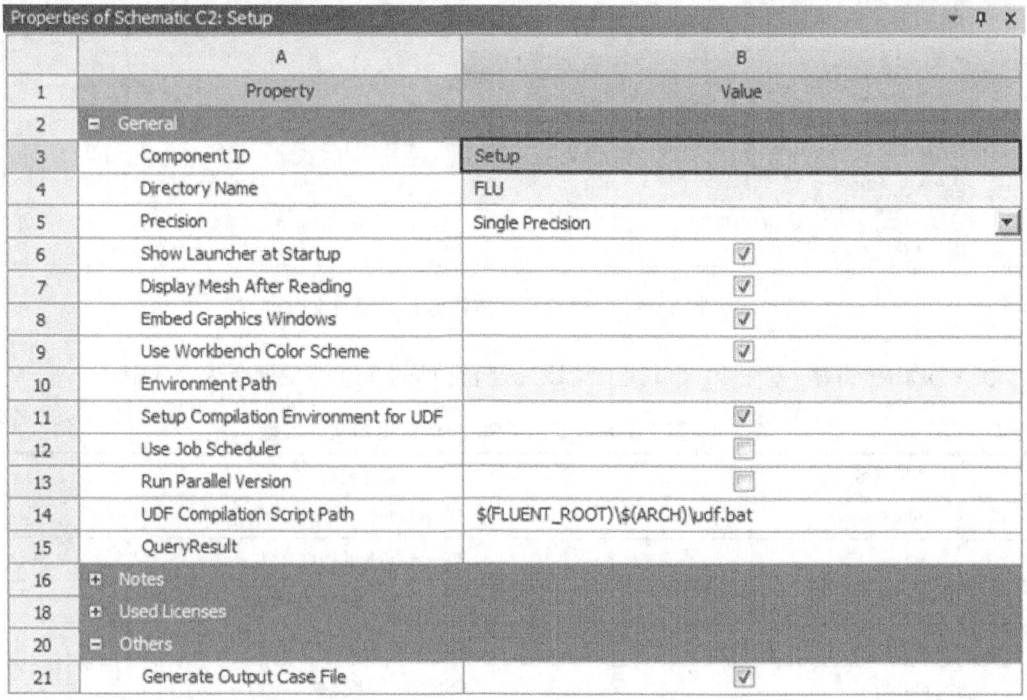

图 2-4 定义单元格属性

7. 参数管理界面

Workbench 还提供了强大的参数化建模和分析功能,只要分析项目流程中任何一个组件中指定了参数,在项目图解视图中就会出现一个"Parameter Set"条,双击"Parameter Set"条会进入参数管理界面,能够对各种输入参数(Input Parameters)、输出参数(Output Parameters)进行管理,同时提供了"Table of Design Point"表,能够改变设计参数形成一系列 Design Point,每一个 Design Point 实际可以理解为一个设计方案。可以通过 Workbench 工具栏的"Update All Design Points"按钮自动批量计算所有设计点输出参数结果,这实际上相当于在后台执行了多次结构有限元计算。

8. 文件列表

Workbench 可以对集成于其中的各组件在建模分析过程中形成的文件进行统一管理。在保存项目时，除了形成一个后缀名为 wbpj 的项目文件外，还会形成一个与项目名称同名的目录，其中包含项目各组件形成的全部有关文件，建议由 Workbench 来管理此目录，而不需要手工改动此目录。如需查看有关的文件信息，可选择 Workbench 的 View>Files 菜单项，这样在项目图解视图的下方会出现如图 2-5 所示的"Files"列表。在该列表中，所有的文件及其所属的组件单元格、文件的大小、类型、修改时间、所在目录位置均详细列出。选择某个文件，通过鼠标右键菜单，可以打开包含此文件的目录。

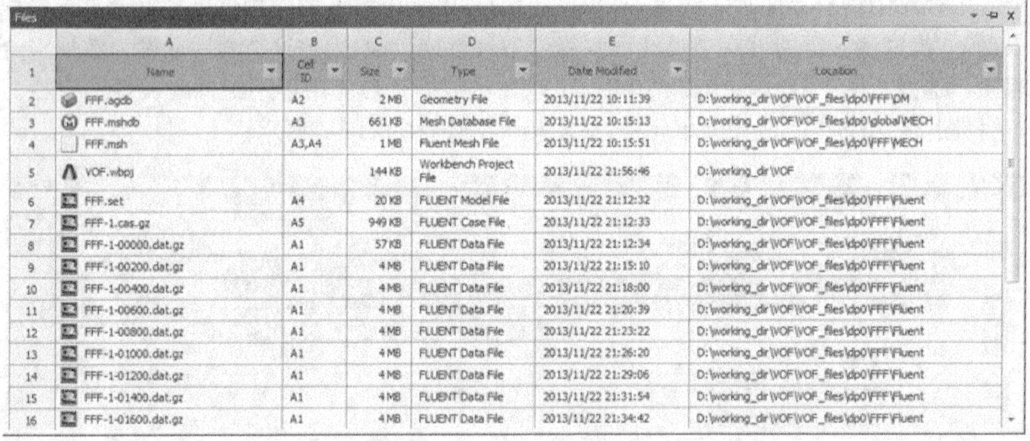

	A	B	C	D	E	F
1	Name	Cell ID	Size	Type	Date Modified	Location
2	FFF.agdb	A2	2 MB	Geometry File	2013/11/22 10:11:39	D:\working_dir\VOF\VOF_files\dp0\FFF\DM
3	FFF.mshdb	A3	661 KB	Mesh Database File	2013/11/22 10:15:13	D:\working_dir\VOF\VOF_files\dp0\global\MECH
4	FFF.msh	A3,A4	1 MB	Fluent Mesh File	2013/11/22 10:15:51	D:\working_dir\VOF\VOF_files\dp0\FFF\MECH
5	VOF.wbpj		144 KB	Workbench Project File	2013/11/22 21:56:46	D:\working_dir\VOF
6	FFF.set	A4	20 KB	FLUENT Model File	2013/11/22 21:12:32	D:\working_dir\VOF\VOF_files\dp0\FFF\Fluent
7	FFF-1.cas.gz	A5	949 KB	FLUENT Case File	2013/11/22 21:12:33	D:\working_dir\VOF\VOF_files\dp0\FFF\Fluent
8	FFF-1-00000.dat.gz	A1	57 KB	FLUENT Data File	2013/11/22 21:12:34	D:\working_dir\VOF\VOF_files\dp0\FFF\Fluent
9	FFF-1-00200.dat.gz	A1	4 MB	FLUENT Data File	2013/11/22 21:15:10	D:\working_dir\VOF\VOF_files\dp0\FFF\Fluent
10	FFF-1-00400.dat.gz	A1	4 MB	FLUENT Data File	2013/11/22 21:18:00	D:\working_dir\VOF\VOF_files\dp0\FFF\Fluent
11	FFF-1-00600.dat.gz	A1	4 MB	FLUENT Data File	2013/11/22 21:20:39	D:\working_dir\VOF\VOF_files\dp0\FFF\Fluent
12	FFF-1-00800.dat.gz	A1	4 MB	FLUENT Data File	2013/11/22 21:23:22	D:\working_dir\VOF\VOF_files\dp0\FFF\Fluent
13	FFF-1-01000.dat.gz	A1	4 MB	FLUENT Data File	2013/11/22 21:26:20	D:\working_dir\VOF\VOF_files\dp0\FFF\Fluent
14	FFF-1-01200.dat.gz	A1	4 MB	FLUENT Data File	2013/11/22 21:29:06	D:\working_dir\VOF\VOF_files\dp0\FFF\Fluent
15	FFF-1-01400.dat.gz	A1	4 MB	FLUENT Data File	2013/11/22 21:31:54	D:\working_dir\VOF\VOF_files\dp0\FFF\Fluent
16	FFF-1-01600.dat.gz	A1	4 MB	FLUENT Data File	2013/11/22 21:34:42	D:\working_dir\VOF\VOF_files\dp0\FFF\Fluent

图 2-5　Workbench 中 Fluent 流体分析的项目文件列表

在 Workbench 中，基于 Fluent 进行 CFD 分析常见的文件类型列于表 2-2 中。

表 2-2　基于 Fluent 进行 CFD 分析常见的文件类型

文件扩展名	文件类型
wbpj	Workbench 的项目文件
wbpz	Workbench 的档案文件
agdb	DM 的几何模型文件
msh	Fluent 的网格文件
mshdb	ANSYS Mesh 数据库文件
cas	Fluent 的 case 文件
dat	Fluent 的结果文件

2.2.2　Workbench 中的 CFD 分析流程

前已述及，完成一个 CFD 分析大致需要经历几何建模、网格划分、物理设置、求解、后处理等几个环节。Workbench 带有简单拖放操作的项目图解功能使用户能够十分方便地搭建分析系统，从标准的流动分析系统到复杂的耦合分析系统。在 ANSYS Workbench 平台上，来源于不同仿真学科的应用程序能够共享数据，如：几何模型和网格模型。ANSYS CFD-Post 软件可以用于比较不同数学模型的计算结果并进行数据分析。在 Workbench 中使用 Fluent 进行一般流体分析时,可直接使用工具箱中预置的 Fluid Flow(Fluent)仿真分析系统,也可通过仿真分析组件组合的方式来搭建 CFD 分析系统。此外,用户在 Workbench 中还可以评估多个设计点,或比较不同的设计方案。

1. 使用预置的 Fluid Flow(Fluent)仿真分析系统

在 Workbench 环境下,可以直接选择左侧工具箱 Analysis System 中的 Fluid Flow(Fluent)系统,双击或用鼠标将其拖至 Project Schematic 中,如图 2-6 所示。

由图 2-6 可知,此系统包含 Geometry(几何组件)、Mesh(网格划分组件)、Setup(物理定义)、Solution (CFD 分析求解)以及 Results(后处理)等组件。

2. 利用仿真组件搭建 CFD 分析系统

由于 Workbench 中的 Fluent CFD 分析系统由一系列组件所构成,因此也可以通过组件来搭建 CFD 流程,比如:可在 Workbench 左侧工具箱的 Component System 中选择一个 Mesh 组件,将其拖放至 Project Schematic 中;然后在 Workbench 工具箱中选择 Fluent 组件,将其拖放至 Project Schematic 窗口 Mesh 组件的 Mesh 单元格上;最后在 Workbench 工具箱中选择 Results 组件,将其拖放至 Project Schematic 窗口 Fluent 组件的 Solution 单元格上。经过这些步骤就形成了如图 2-7 所示的 Fluent 流体分析流程。

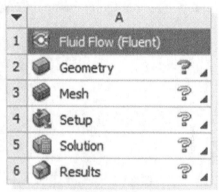

图 2-6 Fluent 流体分析系统

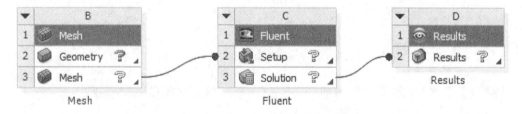

图 2-7 组件组成的 CFD 分析流程

在 Workbench 中,上述由 Component 系统组成的分析流程和 Analysis System 是等效的,只是把一个完整的系统拆成几个相互连接的组件而已。

3. 参数化的 CFD 分析

如果在分析流程的任何一个组件程序中定义了参数,则 Workbench 项目图解窗口中会出现一个 Parameter Set Bar。如图 2-8 所示。

双击 Parameter Set 条,即可启动 Workbench 的参数管理界面,如图 2-9 所示。参数管理界面的 Outline of All Parameters 区域列出了分析中的输入参数、输出参数及导出参数。Table of Design Points 区域为设计点列表,包括当前设计点(Current)以及其他用户指定的设计点,此列表中包括每个设计点的所有输入以及输出参数,每个设计点占据列表的一行。用户可以输入多组设计参数(定义多个设计点),然后通过右键菜单 Update Selected Design Points 更新所有设计点以进行参数化分析。

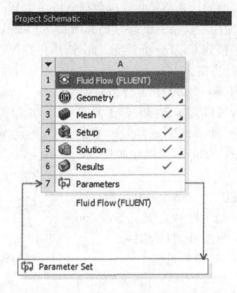

图 2-8　参数化分析的项目图解窗口

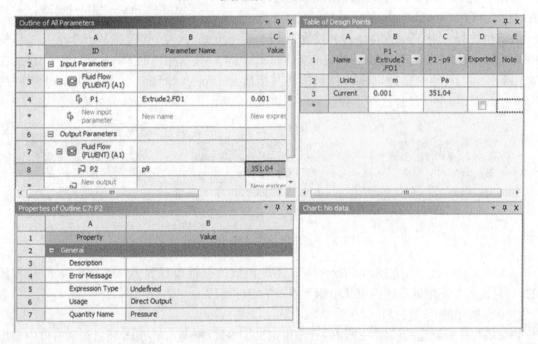

图 2-9　参数管理界面

第3章 CFD 分析几何建模技术

在 ANSYS Workbench 环境下通过 Fluent 进行 CFD 分析时,通常采用 ANSYS Design Modeler(以下简称 DM)作为几何建模或几何模型处理的工具。本章介绍基于 ANSYS DM 的 Fluent 流体分析几何建模方法及注意事项。

3.1 ANSYS DM 的功能、界面及基本使用

本节介绍 ANSYS DM 组件的建模功能、操作界面以及基本使用方法。

3.1.1 ANSYS DM 主要功能概述

在 ANSYS Workbench 的 Fluent 流体分析流程中,DM 组件的作用是为 CFD 分析准备几何模型。DM 的功能包括几何建模以及几何模型的编辑修复两方面。

1. DM 的几何建模功能

在几何建模方面,DM 提供的功能包括实体建模功能和概念建模功能。在流体分析建模中,实体建模用于创建 3-D 求解域,而概念建模功能主要用于创建 2-D 求解域。

(1)实体建模功能

实体建模通常基于两种操作模式,即草图模式(Sketching Mode)和建模模式(Modeling Mode)。

在草图模式中,包括了各种 2-D 图形建模及尺寸标注功能,可以方便地创建和编辑各种 2-D 图形。

在建模模式中,提供了基于草图的 Extrude(拉伸)、Revolve(旋转)、Sweep(扫略)、Skin/Loft(蒙皮/放样)、Thin/Surface(薄壁/表面)、Blend(倒圆角)、Chamfer(倒直角)等 3-D 特征。此外,DM 还提供了 3-D 的 Primitives(体素)直接创建功能,常见体素类型包括:Sphere(球体)、Box(箱体)、Parallelepiped(平行六面体)、Cylinder(圆柱体)、Cone(圆锥体)、Prism(棱柱体)、Pyramid(金字塔形五面体)、Torus(圆环体)、Bend(矩形环体),这些体素可直接创建,无需借助于草图。

(2)概念建模功能

概念建模功能同样基于草图模式以及建模模式,首先创建草图,然后基于草图形成线体或 2-D 的表面体。线体多用于结构分析,需要为其指定横截面。表面体一般作为 2-D 流场分析的流场域。

(3)参数化建模功能

ANSYS DM 中上述所有的建模方法均支持完全的参数化。无论是在草绘还是几何建模对象,用户都可以随时提取几何尺寸作为参数。DM 中提供参数管理器功能,可以借助于此工

具实现参数驱动建模。DM 的参数还可以通过 Workbench 的 Parameter Set 进行管理。

2. DM 的几何编辑修复功能

在几何模型编辑和修复方面,DM 提供了一系列实用功能,包括:Body Transformation(体转换)、Body Operation(体操作)、Enclosure(体包围)、Fill(填充体)、Surface Patch(面修补)、Face Split(面分割)、Merge(合并)、Connect(连接)、Body Delete(体删除)、Face Delete(面删除)、Edge Delete(线删除)、Symmetry(对称面)、Freeze(冻结)、Unfreeze(解冻)、Boolean(体积布尔运算)、Slice(体切片)、Repair(修复)、Projection(投影)、Conversion(转换)、Mid-Surface(抽中面)、Joint(边连接)、Surface Extension(面延伸)、Surface Flip(改变面法向)等。这些操作功能中,Body Transformation(体转换)、Body Operation(提操作)、Repair(修复)又包括一系列操作功能。相关功能的具体作用和操作方法将在下一节中进行详细的介绍。

DM 的这些功能在几何模型修复、CAD 导入几何的清理简化、流场几何域的生成等建模环节中起到十分重要的作用,比如:Repair(修复)功能可以修复各种常见的 3-D 几何缺陷,Enclosure(体包围)、Fill(填充体)功能可分别用于外流场域以及内流场域的生成。

3.1.2 ANSYS DM 的操作界面

在 Workbench 的项目图解窗口中,选择 Geometry 单元格的右键菜单 New DesignModeler Geometry 或 Edit Geometry in DesignModeler,即可启动 DM 界面,如图 3-1 所示。

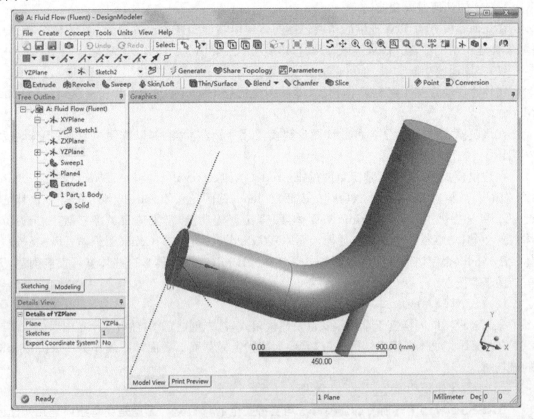

图 3-1 DM 的操作界面

第3章 CFD分析几何建模技术

DM 操作界面由菜单栏、工具栏、模型树(Tree Outline)、细节窗口(Details View)、图形显示窗口以及状态提示信息栏等几部分组成。

1. 菜单栏

DM 菜单包括 File、Create、Concept、Tools、Units、View 以及 Help 等菜单。

Flie 菜单用于文件的导入导出保存等常用操作；Create 菜单用于创建各种 3-D 几何特征；Concept 菜单用于概念建模(2D、板以及线框模型)；Tools 菜单包含了一系列模型修改高级功能，还可进行 DM 的选项设置；Units 菜单用于设置建模的长度单位；View 菜单用于管理视图和窗口布局，设置线体、面体截面形状；Help 菜单用于打开帮助文档。实际上，DM 中大部分的菜单操作也可通过工具栏上的快捷功能按钮来完成。

2. 工具栏

工具栏包括常用工具栏、选择过滤工具栏、视图控制工具栏、平面及草图管理工具栏、建模特征工具栏、对象显示控制工具栏等，分别如图 3-2(a)~(f)所示。

(a) 常用工具栏

(b) 选择过滤工具栏

(c) 视图控制工具栏

(d) 平面及草图管理工具栏

(e) 建模特征工具栏

(f) 对象显示控制工具栏

图 3-2　DM 的工具栏系列

DM 的工具栏功能全面，用好这些工具栏可以有效地提高建模操作效率。比如：选择过滤工具栏，可以对选择方式（点选或框选）、选择对象类型（点、线、面、体）进行设置，还可以进行延伸扩展选择、扩大或缩小选择对象的范围。通过视图控制工具可以对视图进行旋转、平移、缩放等操作，草图模式下可以通过最右边的 Look at Face/Plane/Sketch 按钮调整视图，使得视线正对工作平面。对象显示控制工具栏可以对面、线显示颜色、方式进行控制，可通过不同的颜色和粗细线条显示边与相关面的连接情况，最右边的 Display Vertices 按钮可用于显示几何模型中的全部关键点。

3. Tree Outline

Tree Outline 是整个 DM 操作界面的核心，可以理解为建模历史树，此树的各个分支按照建模操作的先后次序被加入,通过查看 Tree Outline,即可了解建模的历史,查看相关的特征以及最终的几何体和部件信息。各分支的参数在 Details View 中指定。

4. Details View

Details View 即细节视图区,在 Tree Outline 选择某个分支后,在 Details View 中进行查看细节属性,并设置相关的参数,比如倒圆角半径、拉伸距离等,都是在 Details View 中指定的。

5. 图形显示区

图形显示区位于界面中 Tree Outline 的右侧,用于显示建模过程实时结果,也是交互操作(如:对象的选择、视图的改变等)的窗口。

6. 状态提示栏

状态提示信息栏位于界面的最底侧,左下角区域通常给出操作提示,中间区域给出当前选择对象的信息,右下角区域显示长度、角度的单位以及草绘模式下坐标值。

7. 快捷键简介

在 DM 操作过程中,使用快捷键可以提高建模的效率。DM 中常用快捷键及其作用列于表 3-1 中。

表 3-1　DM 常用快捷键

快捷键	作用描述
Escape	New Selection
Ctrl+A	Select All
Ctrl+B	选择过滤:Bodies
Ctrl+C	复制(仅用于 Sketching mode)
Ctrl+E	选择过滤:Edges
Ctrl+F	选择过滤:Faces
Ctrl+F8	Hide All Other Faces
Ctrl+F9	Hide All Other Bodies
Ctrl+N	新建项目
Ctrl+O	打开 DM 文件
Ctrl+P	选择过滤:Points
Ctrl+S	Save Project
Ctrl+V	粘贴(仅用于 Sketching mode)
Ctrl+X	剪切(仅用于 Sketching mode)
Ctrl+Y	Redo(仅用于 Sketching mode)
Ctrl+Z	Undo(仅用于 Sketching mode)
Ctrl++	Expand Face Selection
Ctrl+-	Shrink Face Selection
F1	Online help
F2	Rename
F3	Apply(特征创建过程中)
F4	Cancel(特征创建过程中)
F5	Generate

续上表

快捷键	作用描述
F6	Shaded Exterior and Edges
F7	Zoom to Fit
F8	Hide/Show Faces
F9	Suppress/Hide Part and Body
Shift+F8	Show All Faces
Shift+F9	Show All Bodies

3.1.3 ANSYS DM 的"三步骤"操作法

ANSYS DM 的建模过程围绕界面左侧的"Tree Outline"展开,所有建模历史过程都体现在这里。DM 建模体现出面向对象的特点,其基本过程可以概括为"创建对象分支→定义分支属性→模型 Generate"的"三步骤"操作法,下面对三个步骤的操作进行简要的说明。

1. 创建对象分支

第一个步骤是在"Tree Outline"中加入所需的分支。

分支可以是平面、草图、3D 特征及各种高级工具或特征等。以 DM 中最常用的基于草图的 3D 建模方式为例,在建模过程中,需要在 Tree Outline 中加入所需要创建草图的平面,在此平面下加入草图,绘制草图并基于此草图加入 3D 特征,建模完成后形成几何体和部件,这一过程中加入的平面、草图、3D 特征以及形成的几何体、部件等都是出现在 Tree Outline 中的分支。

2. 定义各分支的属性细节(下方的 Details View)

在"Tree Outline"加入相关的分支后,需要为每一个分支在 Details View 中指定相关的属性和参数。如上述基于草图的 3D 建模过程,平面分支需要指定平面的位置参数,3D 特征分支需要指定距离、角度等参数。

3. 完成模型的创建

完成特征及属性的指定后,点工具栏上的"Generate"按钮创建模型。

DM 中创建的几何模型由部件(Part)和体(Body)所组成。缺省情况下,一个 Part 仅包含一个 Body;用户可以将多个 Body 放到一个 Part 中,即 Multibody Part(多体部件)。

DM 中的 Body 有三种类型,即:Line Body(线体)、Surface Body(面体)以及 Solid Body(实体)。Line Body 用于创建梁及框架模型(用于结构分析),Surface Body 用于创建 2D 分析模型和 Shell 模型(用于结构分析)。

DM 中的体和部件在建模完成后出现在 Tree Outline 最下方的分支。

以上就是 DM 几何建模的"三步骤"操作方法。关于建模工具和编辑修复工具的具体应用和相关技巧,请读者参考本章后面部分以及后续各章例题中的建模部分。

3.2 DM 几何模型的创建、导入与编辑修复

3.2.1 DM 创建几何模型

DM 提供了丰富的 3-D 建模功能,基于这些功能可实现完全参数化的复杂 3-D 几何建模。

用户可通过 Create 菜单或建模特征工具栏调用 DM 的建模工具创建几何模型,本节介绍部分常用的 DM 建模工具及其具体使用方法。

1. 应用特征建模工具创建常见 3-D 特征

DM 特征建模工具栏中包含了一系列 3-D 特征创建工具,这些工具的图标及作用描述列于表 3-2 中。

表 3-2　DM 中的 3-D 特征工具

特征功能图标	作用描述
Extrude	创建拉伸特征
Revolve	创建旋转特征
Sweep	创建扫略特征
Skin/Loft	创建蒙皮/放样特征
Thin/Surface	创建薄壁/抽壳特征

下面对这些特征的使用方法进行简要的说明。

(1)Extrude(拉伸特征工具)

Extrude(拉伸特征工具)基于草图创建拉伸特征。用户需要在 Extrude 特征的 Details View 中指定的参数和选项包括:基准几何对象(Geometry)、操作方式(Operation)、拉伸方向向量(Direction Vector)、拉伸方向(Direction)、拉伸类型(Extend Type)、拉伸距离(Extrude Depth)、是否作为薄壁件/面体(As Thin/Surface?)、是否合并拓扑(Merge Topology)等项目,如图 3-3 所示。

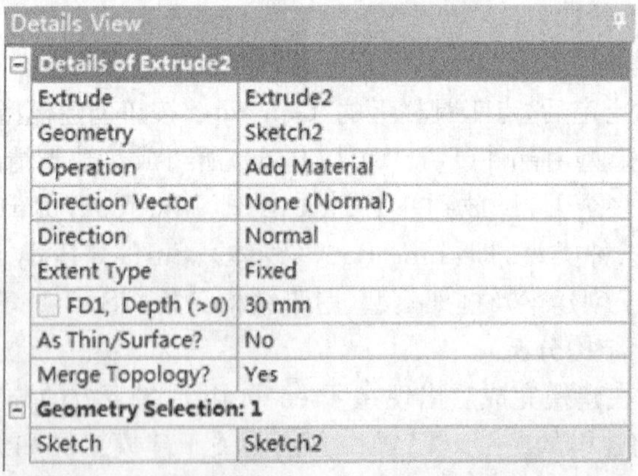

图 3-3　Extrude 明细栏

拉伸特征的 Operation 选项是一个布尔运算选项,可选择的选项包括:

①Add Material:创建新材料,如果与模型中激活的体接触或重叠时,自动合并为一个体;

②Add Frozen:创建独立的冻结体,不会与已有体合并;

③Cut Material:从激活体上切除材料;

④Imprint Faces：在激活体表面上形成印记面；
⑤Slice Material：分割体操作，如果对激活的体进行分割，则激活体会自动冻结。
采用上述不同的 Operation 设置时得到的拉伸特征效果分别如图 3-4(a)～(e)所示。其中(a)(c)(d)形成单一的体，(d)形成了表面印记，而(b)(e)形成两个分开的体。

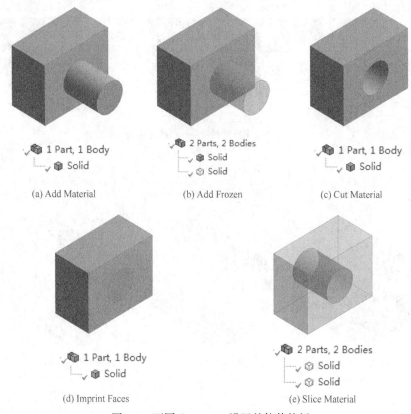

图 3-4 不同 Operation 设置的拉伸特征

拉伸特征的 Direction 选项用于确定拉伸方向，可选的设置包括：
①Normal：垂直于拉伸平面；
②Reverse：与 Normal 方向相反；
③Both-Symmetric：两个方向同时对称拉伸，有相同的拉伸深度；
④Both-Asymmetric：两个方向同时拉伸，每个方向可单独定义拉伸特性。
拉伸特征的 Extend Type 选项用于指定拉伸的类型，可选的设置如下：
①Fixed：按指定的拉伸深度延伸一定距离；
②Through All：拉伸特征会通过整个模型；
③To Next：延伸至遇到的第一个表面；
④To Faces：延伸至由一个或多个面形成的边界；
⑤To Surface：延伸至一个表面(考虑表面延伸)。
采用上述不同拉伸类型的拉伸操作效果如图 3-5(a)～(f)所示：
拉伸的 As Thin/Surface？选项可用于生成薄壁的实体结构或表面体，分别如图 3-6(a)～(c)所示。

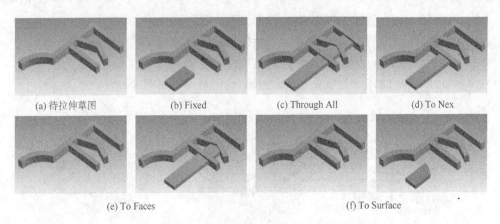

图 3-5　拉伸特征的不同延伸类型

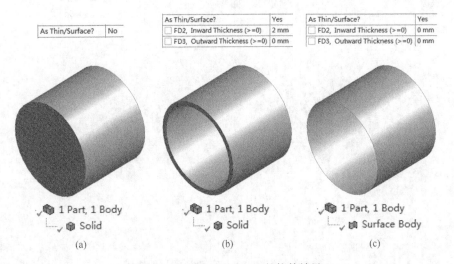

图 3-6　As Thin/Surface? 的拉伸效果

拉伸的 Merge Topology? 选项用于指定几何拓扑处理方式。选择 Yes 时，DM 会自动合并特征拓扑；选择 No 时，不对特征拓扑作任何处理，如图 3-7 所示。

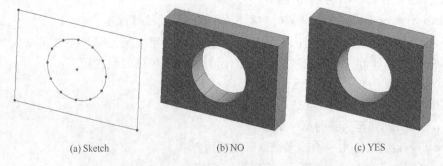

图 3-7　Merge Topology? 的选项及拉伸效果

(2) Revolve(旋转特征工具)

Revolve(旋转特征工具)基于草图形成旋转 3-D 特征。在 Revolve 的 Details View 中，用户需要指定旋转的参数和选项包括：几何（Geometry）、模型处理方式（Operation）、旋转轴（Axis）、拉伸方向（Direction）、旋转角度（FD1，Angle）、是否作为薄壁件/面体（As Thin/Surface?）、是否合并拓扑（Merge Topology?）等，如图 3-8 所示。

Details View	
Details of Revolve1	
Revolve	Revolve1
Geometry	1 Edge
Axis	3D Edge
Operation	Add Material
Direction	Normal
FD1, Angle (>0)	90 °
As Thin/Surface?	No
Merge Topology?	Yes
Geometry Selection: 1	
Edge	1

图 3-8　Revolve 明细栏

图 3-9 为一个创建旋转特征的例子，旋转几何对象为面体上的圆孔边线，图 3-9(a)显示的旋转轴为面体的右侧边，旋转角度为 90°，点 Generate 按钮后形成如图 3-9(b)所示的表面体。

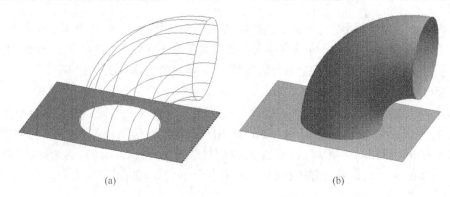

(a)　(b)

图 3-9　基于面体边线生成新的旋转特征

(3) Sweep（扫略特征工具）

Sweep（扫略特征工具）是以草图作为轮廓，然后沿着路径扫略生成 3-D 特征。在 Sweep 特征的 Details View 中，用户需要指定参数和选项包括：轮廓（Profile）、扫略路径（Path），模型处理方式（Operation）、对齐（Alignment）、定义缩放比例（FD4，Scale）、螺旋定义（Twist Specification）、是否作为薄壁件/面体（As Thin/Surface?）、是否合并拓扑（Merge Topology?）等，如图 3-10 所示。

Details View	
Details of Sweep3	
Sweep	Sweep3
Profile	Sketch5
Path	Sketch4
Operation	Add Material
Alignment	Path Tangent
FD4, Scale (>0)	1
Twist Specification	No Twist
As Thin/Surface?	No
Merge Topology?	No
Profile: 1	
Sketch	Sketch5

图 3-10　Sweep 明细栏

Alignment 选项用于控制扫略时轮廓的方位。在默认情况下，Alignment 选项为 Path Tangent，扫略时程序会重新定义轮廓的朝向以保持其与路径一致；当 Alignment 选项改为

Global Axes 后,扫略执行过程中不会考虑路径的形状,轮廓朝向始终不变,如图 3-11 所示。

FD4,Scale 参数用于控制扫略时轮廓的尺寸缩放比例(默认取值 1,表示不缩放)。当指定其值大于 1 时,扫略得到的轮廓逐渐变大;当其值小于 1 时,扫略得到的轮廓逐渐变小,如图 3-12 所示。

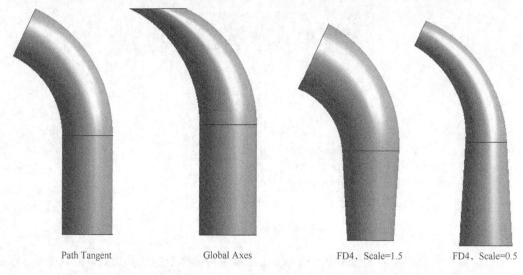

图 3-11　Sweep Alignment　　　　　图 3-12　Sweep Scale

Twist Specification 用于定义螺旋式扫略特征。缺省情况下,该选项为 No Twist。当该选项为 Turns 或 Pitch 时,用户可通过输入圈数或间距来定义螺旋扫略。在下面的实例中,扫略轮廓为圆环,扫略路径为曲线,定义旋转参数为 6,生成的实体如图 3-13 所示。

(4)Skin/Loft(蒙皮/放样特征工具)

Skin/Loft(蒙皮/放样特征工具)基于多个平面上的一系列草图轮廓进行拟合形成 3-D 几何特征。在 Skin/Loft 特征的 Details View 中,用户需指定的选项和参数包括:轮廓旋转方法(Profile Selection Method)、轮廓(Profiles)、模型处理方式(Operation)、是否作为薄壁件/面体(As Thin/Surface?)、是否合并拓扑(Merge Topology?)等,如图 3-14 所示。

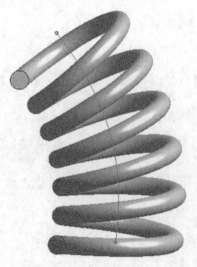

图 3-13　螺旋扫略实例　　　　　图 3-14　Skin/Loft 明细栏

在进行蒙皮/放样时，用户至少需要选择两个草图轮廓，且各轮廓要求具有相同数量的边数。在下面的实例中，蒙皮/放样轮廓为 3 个六边形，剩余线为蒙皮/放样的导航线，如图 3-15 所示。

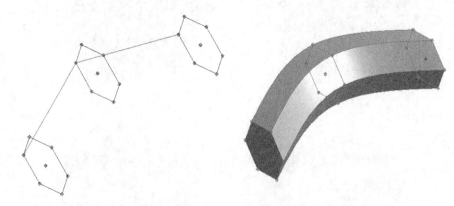

图 3-15　蒙皮/放样实例

(5) Thin/Surface(薄壁/抽壳特征工具)

Thin/Surface(薄壁/抽壳特征工具)用于将实体转化成薄壁实体或面体。在 Thin/Surface 的 Details View 中，用户需要指定几何特征选择方式(Selection Type)、选择的几何(Geometry)、抽取方向(Direction)、抽取厚度(FD1，Thickness)等，如图 3-16 所示。

Details View

Details of Thin1	
Thin/Surface	Thin1
Selection Type	Faces to Remove
Geometry	1 Face
Direction	Inward
FD1, Thickness (>=0)	1 mm

图 3-16　Thin/Surface 明细栏

Thin/Surface 特征的 Selection Type 选项用于选择保留或删除的面，此选项能影响 Thin/Surface 特征的操作结果，包含如下的三种选项：

①Faces to Remove：去除实体上被选中的面；

②Faces to Keep：保留实体上被选中的面，剩余面被去除；

③Bodies Only：针对选中的体实行 Thin/Surface 操作，不会去除任何面。

对一个六棱柱体进行 Thin/Surface 操作，采用不同 Selection Type 抽取的实体如图 3-17 所示。其中采用 Bodies Only 方式的实体内部被抽空，成为一个薄壁空心实体。

Direction 选项用于指定 Thin/Surface 特征生成实体/面时的偏移方向，包括 Inward、Outward 和 Mid-plane 三种方式。图 3-18 给出了采用 Mid-plane 方式抽取的薄壁实体，从中可以看出所选面边线两边的实体厚度一致，但这并不意味着它等同于中面抽取，关于中面抽取的内容将在后续章节中介绍。

FD1，Thickness 选项用于指定厚度。当 FD1，Thickness 大于 0 时，其值表示 Thin/

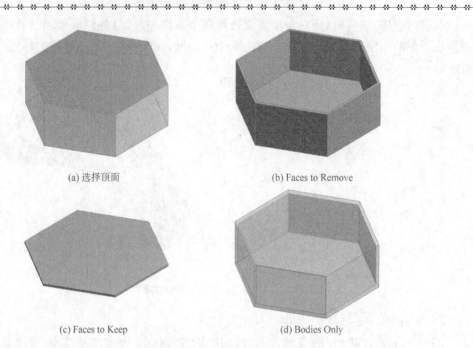

图 3-17 不同 Selection Type 的 Thin/Surface

Surface 操作后生成的薄壁实体的厚度;当其值为 0 时,表示最后生成的是面体(DM 中的 Surface Body),如图 3-19 所示。

图 3-18 Mid-plane 方式

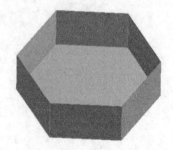
图 3-19 Thin/Surface 生成面体

2. 倒角工具

模型建模过程中经常有倒圆角、倒直角的需要,DM 提供了以下的四个工具用于完成此类操作。

(1) Fixed Radius Blend

此工具位于 3D 特征工具条中,用于创建固定半径的倒圆角,倒圆角的对象可以是 3D 边或面,如图 3-20 所示。

(2) Variable Radius Blend

此工具用于创建半径随位置变化的倒圆,倒圆对象为 3D 实体的边,倒圆时需要输入倒圆边两端的圆角半径,圆角过渡方式有 Smooth 和 Liner 两种,如图 3-21 所示。

(3) Vertex Blend

此工具用于在实体、面体或线体的点处创建倒圆角,选中点后再指定倒圆角半径即可,如

图 3-22 所示。

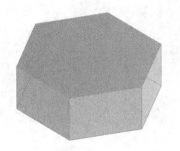

图 3-20 创建 Fixed Radius Blend

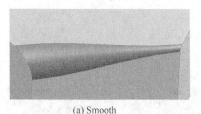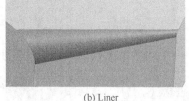

(a) Smooth　　　　　　　　　　　(b) Liner

图 3-21 创建 Variable Radius Blend

图 3-22 创建 Vertex Blend

(4) Chamfer

此工具用于倒直角，倒直角对象为 3D 边或面，此外还有 Left-Right、Left-Angle、Right-Angle 三种方法用于倒直角，如图 3-23 所示。

3. 体操作工具

DM 提供了对已有体特征进行阵列、布尔操作、切分等一系列体积运算工具，在此对这些工具及其使用方法进行介绍。

(1) Pattern 阵列工具

DM 的 Pattern 工具(Create>Pattern 菜单项)允许用户创建以下三种类型的面或体特征的阵列：

①线性阵列(Linear)：指定阵列方向、偏移距离及拷贝数量；

②环形阵列(Circular)：指定阵列轴、角度及拷贝数量；

③矩形阵列(Rectangular)：指定两个阵列方向、各个方向的偏移距离及拷贝数量。

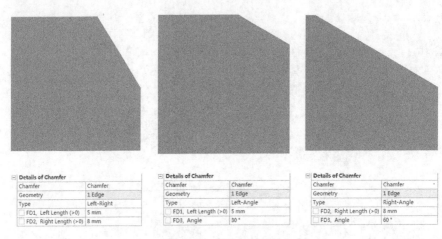

图 3-23　创建 Chamfer

在 DM 中上述各种阵列的典型应用实例如图 3-24 所示。

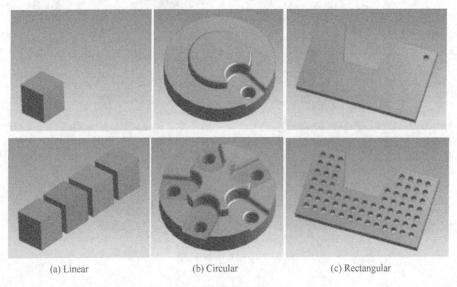

图 3-24　各种阵列类型

(2) Boolean 操作

利用 DM 的 Boolean 操作(Create＞Boolean 菜单)可以对体进行 Unite(相加)、Subtract(相减)、Intersect(相交)以及 Imprint Faces(印记面)操作,这些体可以是实体、面体或线体(仅能加操作)。不同的 Boolean 操作类型如图 3-25 所示。

(3) Slice 体切分工具

利用 Create＞Slice 菜单条用 Slice 工具可以对体进行切割,从而构建出可划分高质量网格的体或对线体指定不同的截面属性。Slice 操作完成后激活体会自动变成冻结体。该工具有以下五个选项:

①Slice by Plane:模型被选中的平面分割;

②Slice Off Faces:选中的面被分割出来,并由这些面生成新的体;

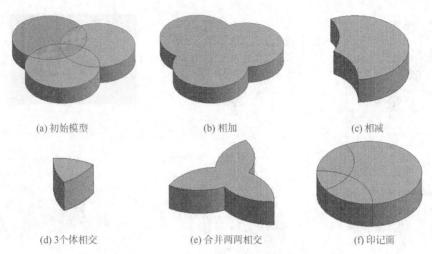

图 3-25 Boolean 的各种操作

③Slice by Surface：模型被选中的表面分割；

④Slice Off Edges：选中的边会被分割出来，并由这些边生成新的线体；

⑤Slice by Edge Loop：模型被由选中边形成的闭合回路分割。

4. Point 点创建工具

DM 的 Point 工具(Create>Point 菜单)可以用于创建的点的类型有以下几种：

(1)Spot Weld：用于将不同的体"焊接"到一起，仅在成功生成匹配点时才会在导入 Mechanical 后转换成焊点；

(2)Point Load：生成用于加载的硬点(Hard Points)；

(3)Construction Point：结构点，不会被导入到其他程序中。

利用此工具创建点时可以选择 Single、Sequence By Delta、Sequence By N、From Coordinates File 及 Manual Input(仅用于 Construction Point)等方式。

5. Primitives 体素建模工具

利用 DM 还可以快速创建不基于草图的基本几何体素，几何体素创建时通常需要几个定义点和方向。这些几何体素共有 9 种类型，如图 3-26 所示。用户可以通过 Create>Primitives 菜单创建这些几何体素。

6. 概念建模工具

DM 提供的概念建模工具主要用于创建线体及面体，也可用于定义 3D 曲线、分割边及线体横截面等，这些工具集成在 Concept 菜单中。

(1)线体及相关工具

Concept 菜单中有 Lines From Points、Lines From Sketches 和 Lines From Edges 三种方法用于线体的创建。

①Lines From Points

由点生成线体，这些点可以是 2D 草图点、3D 模型点或点特征生成的点。

②Lines From Sketches

由草图生成线体，该方法可以基于草图或表面平面生成线体。

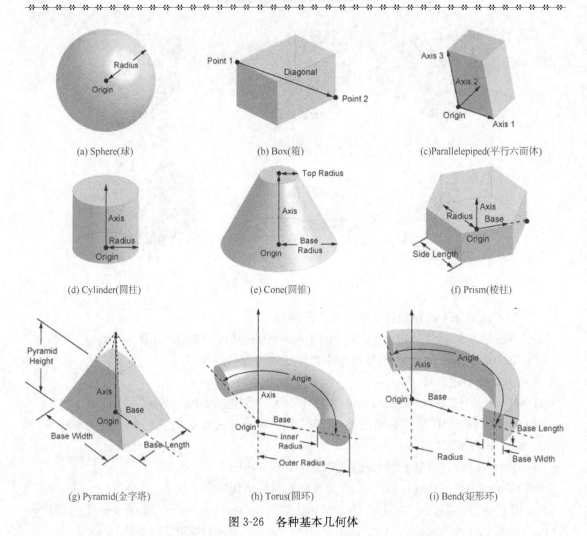

图 3-26 各种基本几何体

③Lines From Edges

由边生成线体，该方法可基于已有 2D 或 3D 模型的边界创建线体。

④Cross Section

线体截面可通过 Concept＞Cross Section 菜单来创建并赋予线体。

⑤SplitEdges

利用 Concept＞SplitEdges 菜单分割边工具可以将边（包括线体的边）分割成多段，可选的分割方法包括 Fractional（比例分割）、Split by Delta（通过沿着边上给定的 Delta 确定每个分割点间的距离）、Split by N（按段数分割）、Split by Coordinate（通过坐标值分割）。

(2)面体

Concept 菜单提供了 Surfaces From Edges、Surfaces From Sketches 和 Surfaces From Faces 三种方法以创建面体。

①Surfaces From Edges

由边生成面体。该方法可以利用已存在的体的边线（包括线体的边）作为边界生成面体，且边线必须组成一个非相交的封闭环，如图 3-27 所示。

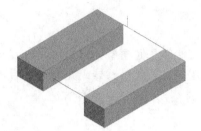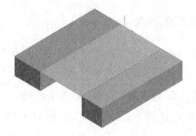

图 3-27　Surfaces From Edges

②Surfaces From Sketches

基于草图创建面体。该方法利用草图(单个或多个)作为边界创建面体,草图必须闭合且不相交。

③Surfaces From Faces

基于表面来创建面体。该方法可以利用已存在实体或面体的面生成新的面体,如图 3-28 所示。

图 3-28　Surfaces From Faces

(3)3-D 曲线

DM 的 3D 曲线工具允许用户基于已存在的点或坐标创建线体,这些点可以使任意 2D 草图点、3D 模型点或 Point 工具生成的点,坐标则可以从文本文件中读取。

坐标文件必须符合一定的格式才能被 DM 读取并正确识别,它由 5 行内容组成,每列通过空格或 Tab 键分隔开来,各部分基本内容如下:

✓ Group number(整数)

✓ Point number(整数)

✓ X coordinate

✓ Y coordinate

✓ Z coordinate

下面给出一个封闭曲线(末行 Point number 为 0)的文件实例:

Group 1(closed curve)

1 1 100.0101 200.2021 15.1515

1 2 -12.3456.8765 -.9876

1 3 11.1234 12.4321 13.5678

1 0

3.2.2 DM 导入外部几何

除了可以在 DM 创建几何模型外,还可以导入外部几何模型。常用的导入方式包括关联当前活动 CAD 系统中的模型以及导入既有外部几何文件两种。导入几何文件后再进行适当编辑修复简化等处理即可用于后续的分析。本节介绍几何导入的两种方法。

1. 关联当前活动 CAD 系统中的几何模型

在 DM 中,通过菜单 File>Attach to Active CAD Geometry,即可探测到当前正在打开的 CAD 系统中已保存的文件并将其直接导入到 DM 中。DM 关联几何导入的前提是正确配置了与相关 CAD 系统的接口。

关联几何导入包括一系列设置选项,下面简单地加以介绍。

(1) Source Property 选项

DM 可以自动探测计算机中的当前活动的 CAD 系统,用户可以通过修改明细栏中的 Source Property 项来选择可被探测的 CAD 程序。当存在多种 CAD 系统时,该设置尤为重要。

(2) Model Units Property 选项

当 CAD 系统中没有单位时,DM 的 Model Units property 选项供用户设定导入几何模型的单位,默认情况下该设置与所指定的 DM 建模单位一致。

(3) Parameter Key Property 选项

Parameter Key Property 选项供用户设置几何模型参数的关联关键字,默认关键字为 "DS",意味着只有名称中包含 "DS" 的参数才能与 DM 发生关联;如果该选项未输入,则所有参数都能被与 DM 关联。

(4) Material Property 选项

Material Property 可以控制 CAD 系统中的材料属性是否导入。目前支持材料属性导入的 CAD 系统有 Autodesk Inventor、Creo Parameter 以及 NX 等。

(5) Refresh Property 选项

Refresh Property 为刷新方式选项。当几何被探测导入 DM 中后,允许用户在 CAD 系统中继续对几何模型进行编辑。将 Refresh Property 设置为 Yes 后,即可通过刷新操作实现 CAD 系统与 DM 中几何模型及参数的双向更新。

(6) Base Plane Property 选项

此选项用于指定几何导入的基准面,此基准面用于 Attach to Active CAD Geometry 操作时几何模型的定位。

(7) Operation Property 选项

此选项用于控制导入几何模型到 DM 后是否与已有几何模型进行合并。

(8) Body Filtering Property 选项

此选项用于控制可导入 DM 中的几何体类型,用户需要在 Workbench 窗口中进行设置,默认情况下允许导入实体和面体,不允许导入线体。进行 Attach to Active CAD Geometry 操作时,仅支持 Creo Parametric、Solid Edge 和 SolidWorks 中的线体导入。

2. 导入外部几何文件

另一种导入几何的方法是 reader 方式,也需要配置与 CAD 系统的接口。外部几何文件

第 3 章　CFD 分析几何建模技术

的导入操作可在 DM 建模的任意阶段进行。

在 DM 中,通过菜单 File>Import External Geometry File,可导入既有的外部几何文件,可导入的文件类型十分丰富,如:IGES(.igs 或 .iges)、STEP(.step 和 .stp)、Parasolid(.x_t 和 .xmt_txt;.x_b 和 .xmt_bin)、CATIA(.CADPart 和 .CATProduct)、ACIS(.sab 和 .sat)、Spaceclaim(.scdoc)、BladeGen(.bgd)、GAMBIT(.dbs)、Monte Carlo N-Particle(.mcnp)、Creo Elements/Direct Modeling(*.pkg,*.bdl,*.ses,*.sda,*.sdp,*.sdac,*.sdpc)、Creo Parametric (formerly Pro/ENGINEER)(*.prt,*.asm)、Solid Edge(*.par,*.asm,*.psm,*.pwd)、SolidWorks(*.sldprt,*.sldasm)、NX(*.prt)、JT Reader(*.jt)、Autodesk Inventor(*.ipt,*.iam)等。具体支持的几何格式类型与用户拥有的接口授权有关。

导入外部几何文件也有一系列选项,大部分与关联活动 CAD 几何模型选项重复,此处不再逐一进行介绍。

3.2.3　DM 几何模型的编辑处理

在关联或导入外部 CAD 几何模型后,通常还需要利用 DM 对几何模型进行修补、简化等编辑处理,方可进行后续的网格划分操作。

DM 提供了一系列几何模型编辑和修复的实用工具,这些工具主要集中在 Create>Body Operation 菜单、Create>Body Tansformation 菜单以及 Tools 菜单中。利用 DM 的这些工具,用户可以对导入的外部几何模型进行操作和处理,以便用于后续的 CFD 分析。

表 3-3 中列出了 DM 中常用的几何编辑和修复工具及其作用描述。

表 3-3　DM 的几何编辑工具

编辑工具	作用描述
Body Transformation	体镜像、移动、缩放
Body Operation	体操作
Enclosure	形成包围体
Fill	体积的填充
Surface Patch	表面修补
Face Split	表面分割
Merge	合并线或面
Connect	连接线或面
Body Delete	体删除
Face Delete	面删除
Edge Delete	线删除
Symmetry	建立对称面,几何被切分仅保留对称部分
Freeze	冻结
Unfreeze	解冻
Boolean	体的布尔运算
Slice	体切片操作
Repair	几何的修复

续上表

编辑工具	作用描述
Projection	投影
Conversion	转换
Mid-Surface	中面的抽取
Joint	边结合
Surface Extension	表面延伸
Surface Flip	表面法向反向

在上述各种操作类型中,Body Operation 菜单又包含 Simplify(简化)、Sew(缝合)、Cut Material(切除)、Imprint Faces(印记面)、Slice Material(切分)、Clean Bodies(清理)等操作形式;Body Transformation 菜单又包含 Mirror(镜像)、Scale(缩放)、Move(移动)、Translate(平移)及 Rotate(旋转)等操作形式;Repair 菜单又包含 Repair Hard Edges、Repair Edges、Repair Seams、Repair Holes、Repair Sharp Angles、Repair Slivers、Repair Spikes 以及 Repair Faces 等修复操作。

下面对其中部分常用的几何编辑修复工具进行简要介绍。

1. Body Operation 操作

Create＞ Body Operation 菜单项中提供了一系列对体的操作选项,包括:Delete(删除)、Simplify(简化)、Sew(缝合)、Cut Material(切除材料)、Imprint Faces(印记面)、Slice Material(切分材料)。

(1)Delete

该工具用于模型中体的删除操作。

(2)Simplify

该工具有几何简化和拓扑简化两个功能。利用几何简化可以尽可能简化模型的面和曲线以生成适于分析的几何,该功能默认是开启的;利用拓扑简化可以尽可能的去除模型上多余的面、边和点,其默认也是开启的。

(3)Sew

利用该工具可以将所选面体在其公共边(一定容差范围内)上缝合在一起,需要注意的是如果在其明细栏中将 Create Solids 设置为 Yes,缝合后 DM 会将封闭的面体转换成实体。

(4)Cut Material

利用该工具可以从模型激活体中切除所选体,所选体为切割工具,如图 3-29 所示。

 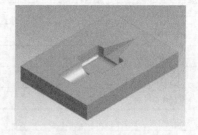

图 3-29　通过 Cut Material 生成模具

(5) Imprint Faces

利用该工具可以在模型激活体上生成所选体的印记面,如图 3-30 所示。

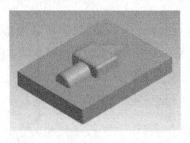

图 3-30 通过 Imprint Faces 生成印记面

(6) Slice Material

该工具将所选体作为切片工具并对其他体进行切片操作,如图 3-31 所示。

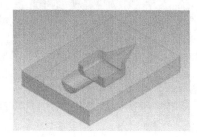

图 3-31 对长方体进行 Slice Material

2. Body Transformation 操作

Body Transformation 包括 Mirror(镜像)、Scale(缩放)、Move(移动)、Translate(平移)及 Rotate(旋转)。

(1) Mirror

选择一个平面作为镜像面,利用该工具即可创建所选体的镜像体,镜像过程中可以控制是否保留原体。需要注意的是,如果被所选体是激活体,且与镜像后的体有接触或交叠,两者会自动合并成一体。图 3-32 所示的镜像实例中就发生了体合并行为。

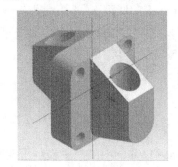

图 3-32 Mirror

(2) Scale

该工具用于对模型进行缩放,缩放时需要指定缩放中心及缩放比例,其中缩放中心有 World Origin(世界原点)、Body Centroids(体的重心)及 Point(自定义点)三个选项。

(3) Move

利用该工具可以通过平面（By Plane）、点（By Vertices）及方向（By Direction）三种方式将体移动到合适的位置。

此处仅对 By Plane 方式进行介绍：利用该方式进行体移动时，需要选中待移动的体、源面、目标面，单击 Generate 后 DM 就会将所选体从源面移动至目标面，该方式非常适用于导入或探测进入 DM 的体的定向，如图 3-33 所示。

图 3-33　Move By Plane

(4) Translate

利用该工具可将所选体沿着指定方向进行平移。

(5) Rotate

利用该工具可将所选体绕着指定轴旋转一定的角度。

3. Delete 操作

Create＞Delete 菜单下包含了三个删除操作类型，即：Body Delete、Face Delete 以及 Edge Delete，用于删除体、面以及边。其中 Face Delete 以及 Edge Delete 常用于模型的简化和编辑操作，这里作简单的介绍。

(1) Face Delete

利用该工具可以删除模型中不需要的凸台、孔、倒角等特征，如图 3-34 所示。

图 3-34　Face Delete 倒圆角、凸台及凹槽

此外，在 Face Delete 明细栏中提供了四种模型修复设置，分别为：

①Automatic：首选尝试 Natural Healing 修复方式，如果失败再采用 Patch Healing 修复方式；

②Natural Healing：自然延伸周围几何至遗留"伤口"被覆盖；

③Patch Healing：通过所选面周围的边生成一个面用于覆盖"伤口"区域；

④No Healing：用于面体修复的专用设置，直接从面体中删除所选面不进行任何修复。

(2) Edge Delete

利用该工具可以删除模型中不需要的边。它经常被用于去除面体上的倒角、开孔等,也可以用于处理实体和面体上的印记边,如图 3-35 所示。

图 3-35　Edge Delete

4. Fill 操作

利用 Tools＞Fill 工具可以创建实体内的填充体作为内流场的几何模型。抽取内流场几何的方法有 By Cavity 以及 By Caps。By Cavity 方法采用孔洞填充,该法要求选中所有被"浸湿"的表面;By Caps 方法采用覆盖填充,该法要求创建入口及出口封闭表面体并选中实体。

在 Fill 操作中,图 3-36(a)为 By Cavity 方法,需要选择内部 4 个侧面及 1 个底面,然后 Generate;图 3-36(b)为 By Caps 方法,需要创建换热管的入口表面和出口表面体,再选择换热管实体,然后 Generate。

(a) By Cavity　　　　　　　　　　　　　　(b) By Caps

图 3-36　Fill

5. Enclosure 操作

通过 Tools＞Enclosure 工具,可以在实体周围一定区域创建包围体以生成外流场区域。包围体可以是 Box、Sphere、Cylinder 或其他用户自定义形状。包围体实例如图 3-37 所示。

(a) Box　　　　　　　(b) Sphere　　　　　　(c) Cylinder

图 3-37　包围体

6. Mid-Surface 操作

利用 Tools＞Mid-Surface 工具可以抽取薄壁实体的壁中面以形成面体，抽取时 DM 可以自动捕捉实体的厚度并将其赋予生成的面体。进行中面抽取时，用户可以手工选择面对，也可以在指定面体厚度范围后由 DM 自动探测面对。

图 3-38 中所示的几何通过 Mid-Surface 抽取操作后生成了中面模型。

图 3-38　中面抽取

7. Surface Extension 操作

DM 的 Tools＞Surface Extension 工具用于表面体的延伸操作。进行面延伸操作时，用户可以选择手动方式，也可以指定间隙值后由程序自动搜索符合条件的延伸区域并进行延伸。此外，DM 还提供了以下多种延伸方式供用户使用：

(1) Fixed：面体会按照给定距离进行延伸；
(2) To Faces：面体会延伸至面的边界；
(3) To Surface：面体会延伸至一个表面；
(4) To Next：面体会延伸至第一个遇到的面；
(5) Automatic：延伸所选面体上的边至面的边界面。

图 3-39 所示为一些面延伸的建模实例。

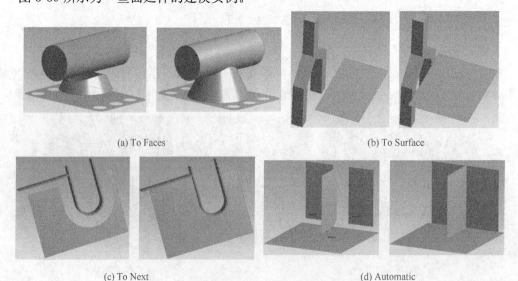

图 3-39　Surface Extension

8. Surface Patch 操作

Surface Patch 操作用于修补面体上的孔洞或间隙，对应的 DM 菜单为 Tools> Surface Patch。

9. Surface Flip 操作

Surface Flip 操作用于倒置面体的法向，对应的 DM 菜单为 Tools> Surface Flip。

10. Merge 操作

Merge 操作用于合并边或面，对于 CFD 网格划分准备工作时的模型简化非常有用。对应的 DM 菜单为 Tools> Merge。图 3-40 即为边合并及面合并的实例。

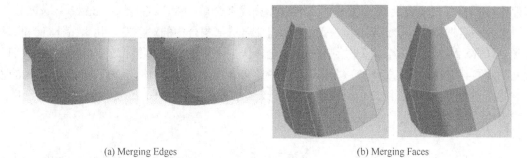

(a) Merging Edges　　　　(b) Merging Faces

图 3-40　Merge

11. Projection 操作

Projection 操作用于将点投影至边或面、边投影至面或体上。对应的 DM 菜单为 Tools> Projection。DM 中提供了下列 4 种投影类型，即：Edges On Body Type（边投影至面体或实体）、Edges On Face Type（边投影至面）、Points On Face Type（点投影至面）、Points On Edge Type（点投影至 3D 边）。

12. Repair 操作

Tools> Repair 菜单包含了一系列几何修复操作，这些操作包括 Repair Hard Edges、Repair Edges、Repair Seams、Repair Holes、Repair Sharp Angles、Repair Slivers、Repair Spikes 以及 Repair Faces 等，各操作的作用列于表 3-4 中。

表 3-4　DM 的几何修复功能

修复方法	功　　能
Repair Hard Edges	清除表面上的 Hard Edge（表面边界以外多余的 Edge）
Repair Edges	清除模型中的短边
Repair Seams	清除表面体接缝
Repair Holes	清除模型中的孔洞
Repair Sharp Angles	修复表面上很小的尖角
Repair Slivers	去除模型表面的窄条面
Repair Spikes	去除模型中很窄的台阶面
Repair Faces	去除模型中细小的面

在几何模型清理和修复过程中，应用上述 Repair 工具的使用能够显著地改善几何质量，从而在后续导入 ANSYS Mesh 后得到质量较高的 CFD 计算网格。

3.3 命名选择集、几何分析工具及参数化建模

3.3.1 命名选择集

命名选择集即 Named Selections，在 DM 中利用 Named Selections 可将任意 3D 特征集合进行分组命名，这些命名的集合可以被传递至 ANSYS Mesh 及 Fluent 中以便于进行后续的网格控制、施加边界条件等。需要注意的是，ANSYS Mesh 不支持一个命名选择中包含不同的特征类型，因此在 DM 中建立此类命名选择集并被导入至 ANSYS Mesh 后，ANSYS Mesh 程序会依据特征的类型将混合类型的命名选择分成多个单一对象类型的 Named Selection。

创建命名选择集时会遇到这样一种情况，当命名选择集合中的对象发生共享拓扑行为时，导入到 ANSYS Mesh 后命名选择集会丢失或变化。这是由于 DM 中多体部件内的各个体依旧是独立的，而当其被导入至 ANSYS Mesh 后，这些体可能会合并成一体，从而引起以上情况的发生。为了避免这个问题，用户可以在激活 DM 工具栏按钮 Share Topology 后创建命名选择。

3.3.2 DM 几何分析工具

在 DM 的 Tools>Analysis Tools 菜单下包含了一系列几何模型分析工具，如图 3-41 所示。这些工具及其功能的简单描述列于表 3-5 中。

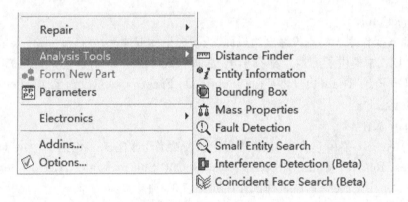

图 3-41 Analysis Tools

表 3-5 DM 的 Analysis Tools

几何分析工具	功能描述
Distance Finder	计算对象之间的最短距离
Entity Information	给出选择对象的信息
Bounding Box	显示所选对象的 Bounding Box
Mass Properties	计算所选择对象的质心
Fault Detection	查找所选择对象的缺陷
Small Entity Search	小对象检查
Interference Detection	干涉检查工具(Beta)
Coincident Face Search	重合面检查(Beta)

以上工具中，Entity Information 工具对不同类型的对象列出不同的信息。对 Body 对象，列出信息包括 Body Type、Volume（如果是 Solid 类型体）、Surface Area（Solid 或 Surface 体）、Length（Line 体）；对 Face 对象，列出信息包括 Surface Type、Surface Area、Radius（对于 Cylinder/Sphere/Torus 表面）；对于 Edge 对象，列出信息包括 Length、Curve Type、Radius（对于 Circle 及 Ellipse）；对于 Vertex 对象，列出信息为 Coordinates。

Fault Detection 工具可以检查的缺陷类型包括：
✓ Corrupt Data Structure
✓ Missing Geometry
✓ Invalid Geometry
✓ Self Intersection
✓ Tolerance Mismatch
✓ Size Violation
✓ Invalid Line-Body Edge、region、shell or body orientation
✓ Internal Checking Error

3.3.3 参数化建模

DM 可以实现几何模型创建的参数化，这些设计参数可以通过 Workbench 进行管理并传递给其他应用程序，而基于参数化建模和分析功能可以进行不同设计方案的比较以及优化设计。本节介绍在 DM 中创建参数及通过参数驱动创建几何模型的方法。

1. 参数的创建

用户可以通过提升 DM 参考尺寸的方式创建设计参数。DM 中的参考尺寸包括平面/草图尺寸及特征尺寸，提升设计参数时首先需要在参考尺寸明细栏前的方框处按下鼠标左键，方框中出现一个"D"，然后在弹出的对话框中定义参数名称，如图 3-42(a)(b)所示。

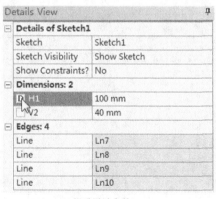
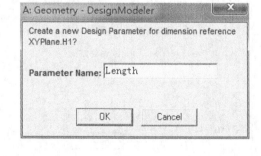

(a) 提升设计参数   (b) 定义参数名称

图 3-42 参数创建基本步骤

创建参数时需要注意以下几点：
(1) 当参数创建完成后，参考尺寸前方框中出现"D"字符，此时该尺寸变成只读模式，用户可通过 Workbench 的参数管理器对该参数进行更改；
(2) 再次单击参考尺寸前的方框，则"D"字符消失，可以取消该参数的指定；

（3）参数名中不允许出现"[]{};|\""?<>,!♯$%∧&*()-+=/`~"及空格等字符。

2. DM 参数的编辑与核对

在 DM 中，通过 Tools＞Parameters 菜单或工具栏上的 Parameters 按钮，都可打开 Parameter Editor 窗口，如图 3-43 所示。

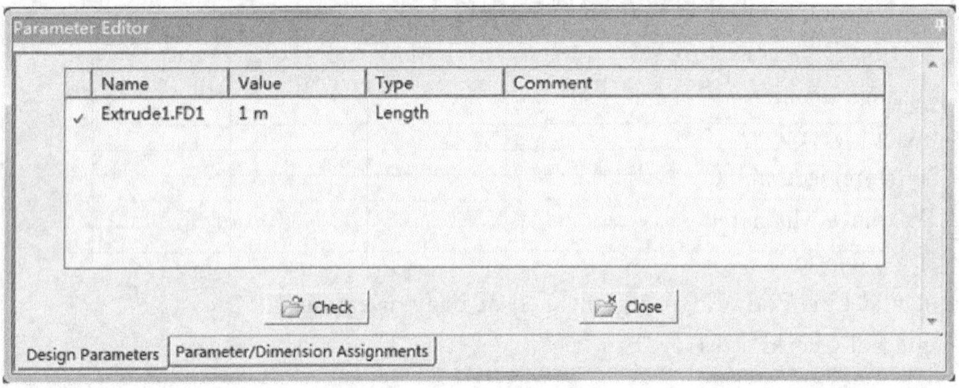

图 3-43 Parameter Editor

Parameter Editor 中包含 Design Parameters 以及 Parameter/Dimension Assignments 两个选项卡，其中 Design Parameters 选项卡中列出了当前定义的参数及其取值，"♯"字符后面的语句为注释语句。Parameter/Dimension Assignments 选项卡中列出了一系列"左边＝右边"的参数驱动关系式，等式左边为参考尺寸，右侧为由设计参数（以@作为前置语）组成的参数表达式，该表达式支持"＋、－、＊、/、∧（指数）、%（余数）"，以及"E＋、E－、e＋、e－"等科学计数符号，设计参数还支持函数运算，如 $ABS(x)$、$EXP(x)$、$LN(x)$、$SQRT(x)$、$SIN(x)$、$COS(x)$、$TAN(x)$、$ASIN(x)$、$ACOS(x)$、$ATAN(x)$ 等，如图 3-44 所示。

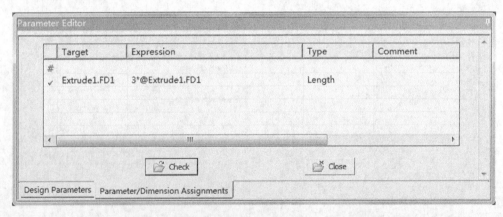

图 3-44 Parameter/Dimension Assignments 选项卡

Check 按钮用于对 Parameter/Dimension Assignments 选项卡的参数表达式进行核对，可以理解为一种语法检查，但不会更新几何模型。如果表达式有误，则 Design Parameter 或 Parameter/Dimension Assignment 选项卡的出错表达式前和 Tree Outline 的顶部 Geometry 分支都会标记一个惊叹号错误标志。Close 按钮用于关闭 Parameter Editor 窗口。

第3章　CFD分析几何建模技术

3. 参数驱动建模

参数驱动建模的前提是建立几何设计参数,当这些参数改变时,将驱动 DM 形成新的几何模型。

(1) 在 DM 中实现更新

根据本节前面介绍的方法,在 DM 中改变参数的值,然后通过进行一次 Generate 即可驱动 DM 生成新参数所对应的模型。

(2) 在 Workbench 中实现更新

在 DM 中创建参数后,也可以在 Workbench 的 Project Schematic 界面双击 Parameter Set,进入 Workbench 参数管理器改变设计参数或输入新的设计参数,然后通过如下方式之一进行几何更新:

① 更新项目或全部设计点

选择 Workbench 工具栏的 Update Project 或 Update All DeignPoints,将完成所有设计点几何模型的重构。这里要注意的是,当前设计点是设计点列表中的一个设计点,DM 组件中显示的正是此设计点。

② 更新 Geometry 单元格

在 Workbench 的 Project Schematic 中选择 Geometry 单元格,在其右键菜单中选择 Update 以更新当前参数下对应的几何模型。

③ 仅更新当前设计点

在 Workbench Parameter Set 管理界面下,选择 Design Point 表格中的当前设计点(Current Design Point),然后在右键菜单中选择 Update Selected DesignPoints。

第4章 CFD 网格划分技术

ANSYS Mesh 是 Workbench 环境中的网格划分组件,可以为 ANSYS 的 CFD 求解器 Fluent 以及 CFX 形成计算所需的网格,也可为 ANSYS 的结构分析求解器 Mechanical 生成有限元网格。本章介绍 ANSYS Mesh 的界面使用以及基于 ANSYS Mesh 的 CFD 计算网格划分方法。

4.1 ANSYS Mesh 的操作界面及基本使用

在 Workbench 的 Project Schematic 视图中选择 Mesh 单元格,双击启动 ANSYS Mesh 的操作界面,如图 4-1 所示。

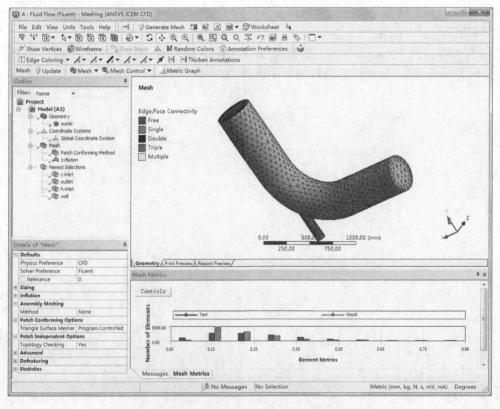

图 4-1 ANSYS Mesh 的操作界面

ANSYS Mesh 的操作界面由菜单栏、工具栏、图形显示区、Outline 树、Details 视图、状态信息栏、Worksheet 栏等几部分组成。

菜单栏包括 File、Edit、View、Unit、Tools 以及 Help 等项目,这里仅对其中常用的菜单操作进行介绍。File>Save Project 菜单项用于保存项目;File>Export 菜单项用于导出网格文件(如 Fluent 的 .msh 文件)。View>Toolbars 用于定义显示的工具栏;View>Windows 用于控制视图工作区各辅助功能区域(如 Messages、Graphics Annotations、Section Planes、Selection Information、Manage Views、Tags 等)的显示,Reset Layout 选项则用于恢复初始的视图布局,如图 4-2 所示。Units 菜单用于指定项目单位制。Tools>Options 用于定义 ANSYS Mesh 的常用选项,如图 4-3 所示。

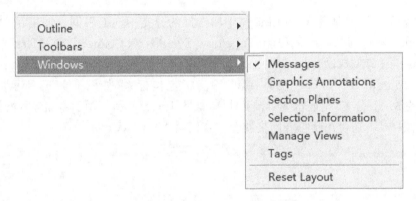

图 4-2　View>Windows 菜单

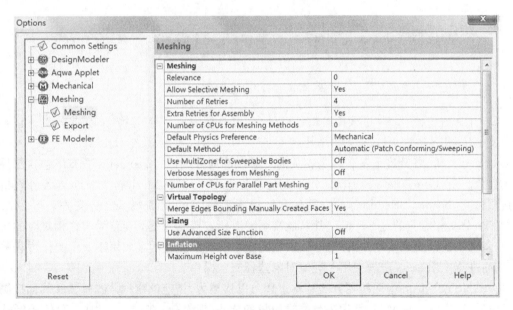

图 4-3　ANSYS Mesh 缺省选项设置

菜单栏的下方是工具栏,工具栏分为基本工具栏以及上下文相关工具栏。

基本工具栏如图 4-4 所示,主要包括对象选择工具、视图控制、显示控制、边的连接检查工具等按钮,这些都是在网格划分过程常用的一些辅助工具。对象选择工具中,可进行点、线、面、体的类型选择过滤,可使用点选或框选的模式进行对象选择。视图控制工具提供了视图的旋转、平移、缩放、窗口缩放、适合窗口显示等功能。Edge Coloring 工具多用于结构分析的网格连接检查。基本工具栏的 Worksheet 按钮用于打开与 Outline 树中选择分支对应的工作表视图。

图 4-4 基本工具栏

上下文相关工具栏随着在 Outline 树中所选择的分支不同而不同。如果在 Outline 树中选择了 Model 分支,则显示 Virtual Topology、Symmetry、Connections、Mesh Numbering、Named Selection 等工具,如图 4-5(a)所示。如果在 Outline 树中选择 Coordinate Systems 分支,则显示 Coordinate Systems 工具栏,可用于指定坐标系,如图 4-5(b)所示。如果选择 Outline 树的 Mesh 分支,则显示 Mesh 工具栏,如图 4-5(c)所示。用于添加各种网格控制选项分支。网格划分后,还可用于打开网格质量检查工具 Metric Graph。

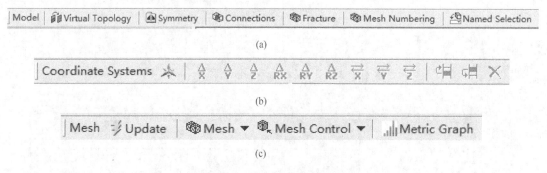

图 4-5 上下文相关工具栏

Outline 树包含 Mesh 过程相关的各种分支,根分支为项目分支 Project,此分支下包含模型分支 Model,Model 分支下包含几何分支 Geometry、坐标系分支、Mesh 分支、Named Selection 分支等,各分支下又包含了相关的对象或选项分支,如:Geometry 分支下包含部件和体的对象分支,Coordinate Systems 分支下包含各坐标系分支,Mesh 分支下包含各种网格控制选项分支,Named Selections 分支下包含已经指定的 Named Selection 分支等。与 Outline 树的各个分支相对应的是 Details 视图,此视图随着所选择的分支而变化为与之相对应的属性选项,各分支的信息都是通过对应 Details 属性定义的。图形显示区域用于显示操作过程的结果,同时在指定 Details 选项中用于提供对象选择交互操作。

在 ANSYS Mesh 中网格划分的基本过程可以描述为,指定网格划分的总体和局部控制选项,选择合适方法形成网格,然后进行网格质量的检查和改进。在这一过程中,总体控制选项是通过修改 Outline 树 Mesh 分支的 Details 来实现的,选择方法及局部控制是通过在 Mesh 分支下添加分支,并指定其 Details 选项的方法来实现。因此 ANSYS Mesh 的 Outline 树可以说是整个操作界面的"核心",网格划分的整个过程正是通过此树的相关分支来展开的。

在 Outline 树中选择 Mesh 分支时,通过 Mesh 工具栏的 Metric Graph 按钮,可用于打开 Mesh Metrics 视图,如图 4-6 所示。此视图用于显示各种形状单元在网格质量统计参数(Mesh Metrics)的不同区间内的数量分布情况,直观地给出网格质量的统计信息。

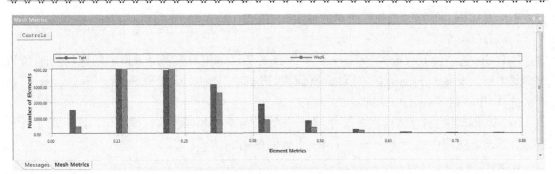

图 4-6　Mesh Metrics 视图

4.2　划分方法选项、网格划分及质量检查

4.2.1　网格划分的总体控制选项

网格划分的总体控制通过指定 Outline 树 Mesh 分支的 Details 选项来实现。Mesh 分支的 Details 选项如图 4-7 所示。

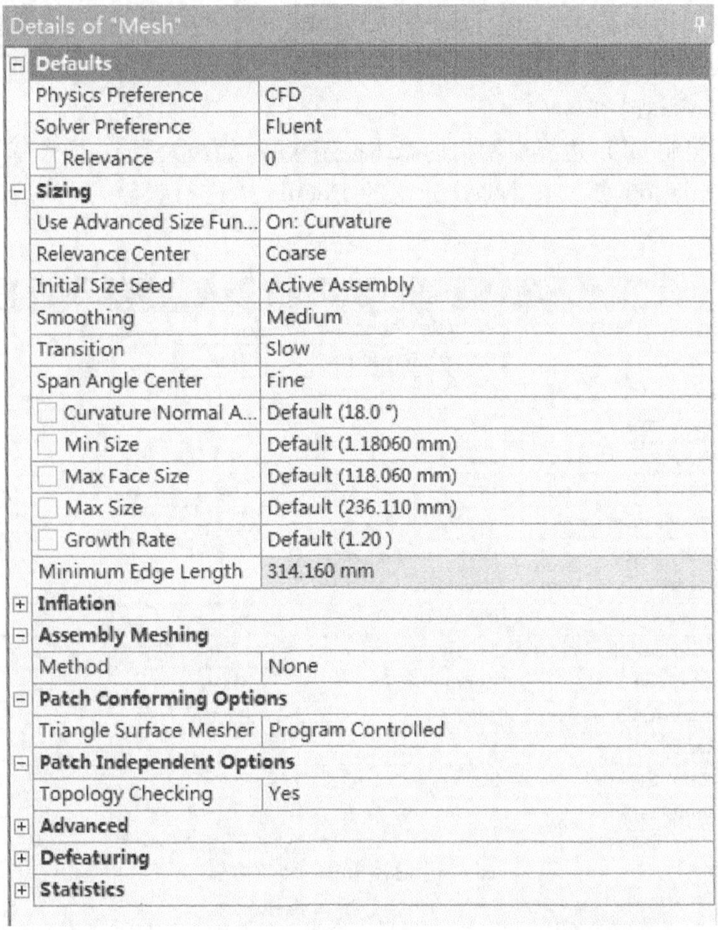

图 4-7　Mesh 分支的 Details 选项

下面对部分总体控制选项作简单的说明。

1. Defaults 选项

Defaults 选项的 Physics Preference 和 Solver Preference 选项用于指定问题的物理场和求解器类型。对基于 Fluent 的 CFD 分析而言，Physics Preference 和 Solver Preference 选项依次选择 CFD 和 Fluent。

Relevance 可控制总体的网格尺寸，在 －100（最粗）～100（最细）之间变化。这个选项通常是结合 Sizing 选项中的 Relevance Center 参数而使用的。

2. Sizing 选项

Sizing 选项提供一系列总体的网格尺寸控制措施。

Use Advanced Size Function 选项提供五种高级尺寸控制选项，考虑 Proximity 以及 Curvature 的影响，用于在总体上给出网格特征的控制参数。Relevance Center 可以是 Coarse、Medium、Fine，缺省值可以基于 Physics PreferenceInitial 进行自动设置，Relevance Center 选项与 Relevance 组合使用，控制总体的网格尺寸。Size Seed 选项用于控制总体网格尺寸是基于激活的装配体、全部装配体或是部件。Smoothing 选项通过调整临近节点位置对网格进行平滑处理，进而改善网格的质量。Transition 选项用于控制网格由密集到稀疏的过渡参数，Slow 导致平缓的过渡，而 Fast 导致相邻单元尺寸的急剧增大。Span Angle Center 参数用于控制圆孔周边网格大小，有 Coarse、Medium、Fine 三个选项。其余参数与所选择的 Advanced Size Function 选项相关且配合使用。

3. 总体 Inflation 选项

此选项用于控制 CFD 边界层网格的总体控制参数，如最大层数、增长率等，在 CFD 分析中常用。总体 Inflation 参数在 Mesh 分支的 Details 中进行设置，展开后的选项如图 4-8 所示。

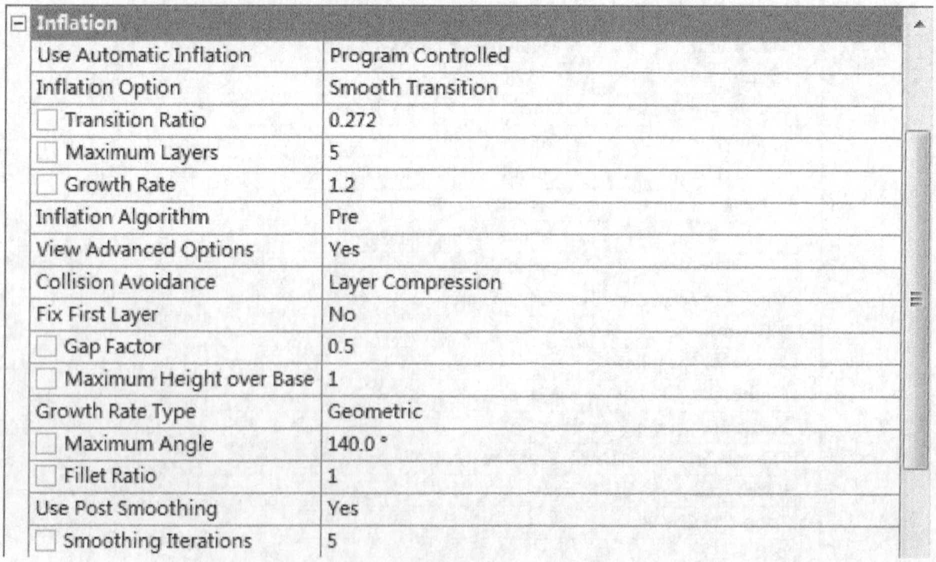

Inflation	
Use Automatic Inflation	Program Controlled
Inflation Option	Smooth Transition
☐ Transition Ratio	0.272
☐ Maximum Layers	5
☐ Growth Rate	1.2
Inflation Algorithm	Pre
View Advanced Options	Yes
Collision Avoidance	Layer Compression
Fix First Layer	No
☐ Gap Factor	0.5
☐ Maximum Height over Base	1
Growth Rate Type	Geometric
☐ Maximum Angle	140.0°
☐ Fillet Ratio	1
Use Post Smoothing	Yes
☐ Smoothing Iterations	5

图 4-8　总体 Inflation 参数

下面对部分选项进行介绍。

(1) Use Automatic Inflation

Use Automatic Inflation 选项用于设置是否按照命名选择集合自动选择 Inflation 边界面，有如下的三个选项：

① 如果选择 None，则 Inflation 边界面在总体设置时不被自动选择，而是由用户在局部设置中进行手工指定。这是缺省的选项。

② 如果选择 Program Controlled，则 Inflation 操作方式与 Mesh 发生在 part/body 层面还是 assembly 层面有关。如果使用的 Mesh 方法在 part/body 层面进行操作，则模型的所有面都被选择为 Inflation 边界面，除非表面为部件间接触区、定义对称的表面、采用不支持 3D Inflation 的 Mesh 方法(Sweep、Hex Dominant)的部件表面、面体的表面、有局部手工 inflation 定义的表面。如果使用的 Mesh 方法在 assembly 层面进行操作，则模型的所有面都被选择为 Inflation 边界面，除非表面属于 Named Selection 或是定义了对称的面。

③ 如果选择 All Faces in Chosen Named Selection，则用户需要在出现的 Named Selection 黄色区域中指定用于 Inflation 的命名选择集名称。此种情况下所选择的 Named Selection 表面形成的边界层网格受到后面三个选项的控制，即：Inflation Option、Inflation Algorithm 及 View Advanced Options。

(2) Inflation Option

Inflation Option 选项设置决定了 Inflation 层的厚度，如下的选项可用：

① Smooth Transition

Smooth Transition 为 Inflation Option 的缺省选项。此选项使用局部的四面体单元尺寸来计算每一局部初始厚度和总厚度。对均匀的网格，初始层厚度也粗略一致；而对于不均匀的网格，则初始层厚度将随单元尺寸而变。与 Smooth Transition 对应的 Inflation Option 如图 4-9(a)所示。用户需要输入过渡比例(Transition Ratio)、最大层数(Maximum Layers)及增长率(Growth Rate)。Transition Ratio 决定了临近单元的增长率，是最后一层和第一层单元基于体积的尺寸改变率(四面体区域)。Growth Rate 决定了相邻 Inflation 的相对厚度比，缺省值为 1.2。

② Total Thickness

如果 Inflation Option 域选择 Total Thickness 选项，则会创建等厚度的 Inflation 层，与 Total Thickness 对应的 Inflation Option 如图 4-9(b)所示。用户需要输入层数(Number of Layers)、增长率(Growth Rate)及 Inflation 层的最大厚度(Maximum Thickness)。

③ First Layer Thickness

如果 Inflation Option 域选择 First Layer Thickness 选项，也将创建等厚度的 Inflation 层，用户需要输入第一层厚度(First Layer Height)、最大层数(Maximum Layers)、增长率(Growth Rate)。与 First Layer Thickness 对应的 Inflation Option 如图 4-9(c)所示。

④ First Aspect Ratio

如果 Inflation Option 域选择 First Aspect Ratio 选项，对应的 Inflation Option 如图 4-9(d)所示。此选项基于用户输入的 First Aspect Ratio、Maximum Layers 及 Growth Rate 形成 Inflation 层网格。其中，First Aspect Ratio 是第一层 Inflation 单元的方向比，方向比是指局部 Inflation 基底单元尺寸与 Inflation 层厚度之比。通过 First Aspect Ratio 起到定义层厚度的作用，缺省值为 5。采用 First Aspect Ratio 选项的 Inflation 不支持 Post Inflation。

⑤Last Aspect Ratio

如果 Inflation Option 域选择 Last Aspect Ratio 选项,则基于用户输入的 First Layer Height、Maximum Layers 以及 Aspect Ratio(方向比,基底单元尺寸与厚度之比,缺省值为 3.0)形成 Inflation 层网格。采用 Last Aspect Ratio 选项的 Inflation 不支持 Post inflation。

以上各 Inflation Option 选项所对应的输入参数列表依次如图 4-9(a)~(e)所示。

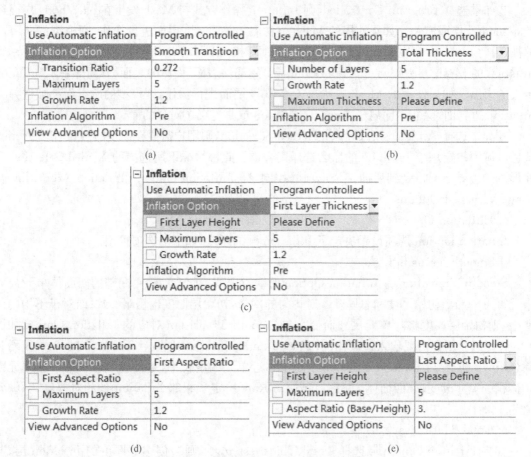

图 4-9 不同 Inflation Option 选项所对应的输入参数

(3)Inflation Algorithm

Inflation Algorithm 用于选择 Inflation 算法,Inflation 算法包括 Pre 和 Post,与所采用的 Mesh 方法有关。

如选择 Pre 算法,则在表面先形成 Inflation 层,然后再划分其余的体网格。Pre 算法不支持在相邻面上定义不同数量的 Inflation 层。

如选择 Post 算法,形成边界层网格时采用一种在四面体网格生成后的后处理技术。Post 算法的一个好处是当改变 Inflation 选项后不必每次都重新划分四面体网格。

(4)View Advanced Options

View Advanced Options 是附加的高级 Inflation 选项显示开关。缺省情况为 No,即不显示高级选项。如果此选项设置为 Yes,则会显示如下几个选项。

①Collision Avoidance

相邻面的边界层网格避免相交或重叠的选项,可选择 Layer Compression 或 Stair Stepping。

当 Mesh 的 Solver Preference 选择 Fluent 时,Layer Compression 为 Collision Avoidance 缺省选项。Layer Compression 选项通过在重叠区域压缩边界层网格的厚度,保证在整个 Inflation 区域保持相等的 Inflation 网格层数。Collision Avoidance 选择 Layer Compression Fix 选项时,可进一步通过 Fix First layer 选项控制第一层 Inflation 网格的控制选项,如选择 Yes 则第一层为固定厚度,选择 No 则第一层厚度可变。

Stair Stepping 选项通过在 Inflation 重叠区局部减少层数的方式避免发生重叠,会导致不连续的网格层。

②Maximum Height over Base

Maximum Height over Base 选项用于设置最大允许的棱柱高宽比(即棱柱层高度与三角形基底单元长度之比),有效值为 0.1~5,缺省值为 1.0。

③Growth Rate Type

Growth Rate Type 选项用于确定考虑初始高度和高度比的各 Inflation 层的高度。

如果 Growth Rate Type 选择 Geometric(缺省选项),则某一特定层的高度为 $h \cdot r^{(n-1)}$,其中,h 为初始高度,r 为层高度比,n 为层数。这种情形下 1~n 层的总高度为 $h(1-r^n)/(1-r)$。

如果 Growth Rate Type 选择 Exponential,则某一特定层的高度为 $h \cdot e^{(n-1)p}$,其中,h 为初始高度,p 为指数,n 为层数。

如果 Growth Rate Type 选择 Linear,则某一特定层的高度为 $h[1+(n-1)(r-1)]$,其中 h 为初始高度,r 为层高度比,n 为层数。这种情形下 1~n 层的总高度为 $nh[(n-1)(r-1)+2]/2$。

④Maximum Angle

此选项用于确定拐角处的膨胀层划分参数,可输入 90°~180°之间的数值。缺省值为 140°。如果两个面的夹角小于指定的角度,当通过其中一个表面拉伸形成膨胀层时,膨胀层会贴附到相邻的另一面。

⑤Fillet Ratio

此选项用于确定是否在膨胀层拐角形成一个倒圆角。可输入 0~1 之间的数值,0 表示不形成倒角,缺省值为 1.0。Fillet Ratio 值越大,倒角半径越大。

⑥Use Post Smoothing

此选项用于控制是否执行 post-inflation smoothing。Smoothing 操作尝试通过移动节点位置改善单元质量。缺省选项为 Yes,即打开 Smoothing 开关。

当 Use Post Smoothing 选为 Yes 时出现 Smoothing Iterations 选项,此选项用于决定 post-inflation smoothing 迭代的次数,可输入 1~20 的值,缺省值为 5 次。

上述所介绍的就是总体 Inflation 控制选项。除了这些总体选项之外,用户还可以通过 Mesh 分支右键菜单插入局部的 Inflation 控制。一般情况下,总体 Inflation 参数会传递给局部 Inflation 参数,如果后续对局部的 Inflation 参数做了修改,且与总体 Inflation 参数不一致时,则起作用的是局部 Inflation 参数。

4. Assembly Meshing 选项

Assembly Meshing 选项用于打开模型整体网格划分方法,而不是基于体或部件的划分。

可选的方法包括 None、CutCell 以及 Tetrahedrons。如选择 Cutcell 及 Tetrahedrons，又会进一步出现相关的选项，这里不展开介绍。

5. Patch Conforming Options 选项组

Patch Conforming Options 选项组包含一个选项，即 Triangle Surface Mesher。如选择 Assembly Meshing 算法时 Patch Conforming Options 选项组不可用。

Triangle Surface Mesher 选项用于选择表面三角形网格划分策略，有 Program Controlled 以及 Advancing Front 两个选项供选择。Program Controlled 为缺省选项，程序会基于一系列因素（如：表面类型、表面拓扑、去除特征的边界）选择使用 Delaunay 或 Advancing Front 算法。采用 Advancing Front 选项时，程序主要以 Advancing Front 方法划分，遇到问题时则采用 Delaunay 方法。一般情况下，Advancing Front 方法可提供更光滑的尺寸变化以及更好的 skewness 和 orthogonal quality 结果。

6. Patch Independent Options 选项组

Patch Independent Options 选项组包含一个选项，即 Topology Checking。Topology Checking 选项用于决定网格划分时是否执行拓扑检查（对 Patch Independent 以及 MultiZone 划分方法）。如设置为 No，则跳过拓扑检查，除非有必要对所有受保护的拓扑进行印记。缺省选项为 Yes，即执行拓扑检查，Patch Independent 网格划分依赖于荷载、边界条件、命名选择集合、结果等。

7. Advanced 选项

提供相关的高级选项，如形状检查、单元中间节点选项、Mesh Morphing 选项等，下面对这些选项进行简单的介绍。

①Number of CPUs for Parallel Part Meshing 选项

此选项用于设置并行网格划分的处理器个数。对并行网格划分，缺省为 Program Controlled 或 0，此时会使用全部可用的 CPU 核心。缺省设置内在限制了每个 CPU 核心 2 GB 内存，可选择 0~256 之间的数值。并行网格划分仅可用于 64 位 Windows 系统。

②Shape Checking 选项

Shape Checking 选项与分析问题的学科和求解器有关，在 Fluent 网格划分中选择 CFD 即可。对其他学科的问题，可选择的选项还有 Standard Mechanical、Aggressive Mechanical、Electromagnetics、Explicit、None，选择 None 则关闭形状检查。

③Element Midside Nodes 选项

Element Midside Nodes 选项用于设置是否保留单元边中间的节点。缺省为 Program Controlled，可选择 Kept 或 Dropped。对于 CFD 分析，缺省为 Dropped。

④Straight Sided Elements 选项

此选项为直边单元选项，仅用于电磁场分析，在 CFD 分析中不可用。

⑤Number of Retries 选项

总体 Number of Retries 选项用于指定由于网格质量差导致网格划分失败后重划分的次数。程序将在 retry 过程中加密网格以改善网格。可指定的范围是 0~4（缺省值）当 Physics Preference 设为 CFD 时，缺省值为 0。如果修改了 Number of Retries 缺省值，则后续改变 Physics Preference 时，不会改变 Number of Retries 的值。

⑥Extra Retries For Assembly 选项

Extra Retries For Assembly 选项用于指定当划分装配时是否执行额外的重试。缺省为 Yes。

⑦Rigid Body Behavior 选项

此选项用于设置刚体网格划分。设置为 Dimensionally Reduced 时,将仅生成表面接触网格,设置为 Full Mesh 时生成完整的网格。缺省为 Dimensionally Reduced,除非 Physics Preference 被设置为 Explicit。此选项在 CFD 分析中不可用。

⑧Mesh Morphing 选项

选择 Enabled 可激活 Mesh Morphing 网格变形选项。

8. Defeaturing 选项

清除满足容差条件的细节几何特征,提供了 Pinch 以及 Automatic Mesh Based Defeaturing 等特征清除方法,通过 Defeaturing 选项可以改善网格质量。

(1)Pinch 选项

提供了以下的两个 Pinch 选项,即:

①Pinch Tolerance 选项

设置 Pinch 容差以形成自动 Pinch 控制。

②Generate Pinch On Refresh 选项

此选项用于设置当几何改变时是否重新创建 Pinch,可选择 Yes 或 No,缺省为 No。

(2)Automatic Mesh Based Defeaturing 选项

提供了以下的两个选项,即:

①Automatic Mesh Based Defeaturing

当 Automatic Mesh Based Defeaturing 设置为 On(缺省)时,小于等于 Defeaturing Tolerance 值的特征被自动清除。

②Defeaturing Tolerance

仅当 Automatic Mesh Based Defeaturing 为 On 才可用,设置一个大于零的数值。

9. Statistics 选项

Statistics 选项给出网格的各种统计信息,包括模型的节点数和单元数以及单元质量指标(Mesh Metrics)的变化范围、均值与方差、落在不同指标区间的单元数量柱状图等。

(1)Nodes

Nodes 选项提供了模型中的节点总数且不可编辑。如果模型包含了多个体或部件,则可以通过在 Outline 树 Geometry 分支下选中特定的体或部件以显示其包含的节点数。

(2)Elements

Elements 选项提供了模型中的单元总数且不可编辑。如果模型包含了多个体或部件,则可以通过在 Outline 树 Geometry 分支下选中特定的体或部件以显示其包含的单元数。

(3)Mesh Metric

Mesh Metric 提供了一系列网格质量的评价指标。一旦完成网格划分,即可报告各种网格质量评价指标的统计参数并分区间显示相关指标在网格中的分布情况。常见指标包括 Element Quality、Aspect Ratio Calculation for Triangles、Aspect Ratio Calculation for Quadrilaterals、Jacobian Ratio、Warping Factor、Parallel Deviation、Maximum Corner Angle、Skewness、Orthogonal Quality 等,这些指标的意义及具体使用将在本章后续网格质量检查部分进行详细的介绍。

4.2.2 网格划分方法和局部控制

在 Mesh 分支的右键菜单中,选择 Insert 可插入划分方法 Method 以及各种局部网格控制措施的分支,如图 4-10 所示。

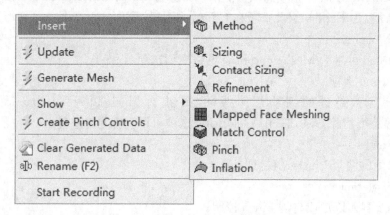

图 4-10 Method 及局部的网格控制

1. Method 控制

插入 Method 后,在 Project Tree 的 Mesh 分支下出现一个 Automatic Method 分支,这是由于缺省的网格划分方法为自动网格划分方法(Automatic Method),在此分支的 Details 中选择模型中待指定网格划分方法的几何对象,然后根据需要改变网格划分方法,可用的方法(Method)及其简单介绍列于表 4-1 中。

表 4-1 3D 网格划分的方法及简介

网格划分方法	简 介
Automatic Method	自动划分方法,缺省方法,首先进行 Sweep 划分,不能 Sweep 划分的采用 Patch Conforming 四面体划分
Tetrahedrons Patch Conforming	片相关四面体划分方法,该方法划分时模型表面的细节特征会影响网格
Tetrahedrons Patch Independent	片独立四面体划分方法,该方法划分时模型表面的细节特征会被忽略
Hex Dominant	六面体为主的网格划分
Sweep	扫略网格划分,需要自动或手动指定扫略的源面和目标面
MultiZone	多区域划分,自动切分复杂几何为多个相对简单的部分,然后基于 ICEM CFD Hexa 方法划分各部分
Quadrilateral Dominant	Patch conforming 方法,四边形为主的 2D 网格划分
Triangles	Patch conforming 方法,三角形的 2D 网格划分
MultiZone Quad/tri	Patch Independent 方法,四边形或三角形混合 2D 网格划分

以上各种划分方法的具体选项此处不再展开介绍,请参考 ANSYS 的 Meshing 手册。

2. 网格局部控制

如图 4-10 所示,可用的局部控制选项有 Sizing、Contact Sizing、Refinement、Mapped Face Meshing、Match Control、Pinch、Inflation。下面对常用的局部控制选项进行简单的介绍。

(1) Sizing

Sizing 用于局部的网格尺寸控制，可针对 Vertex、Edge、Face 及 Body 指定局部尺寸，可选方法有 Element Size（直接来指定单元尺寸，对 Vertex 不适用）、Number of Divisions（指定线段的等分数，仅用于 Edge）、Body of Influence（考虑相邻体的影响，仅用于 Body）、Sphere of Influence（通过定义影响球范围内的网格尺寸进行局部的 Sizing 控制，对于 Edge、Face 和 Body 需定义局部坐标以确定影响球的球心位置）。

(2) Mapped Face Meshing

Mapped Face Meshing 用于在表面上指定映射网格划分，在所选择的面上形成结构化的网格。

(3) Match Control

Match Control 用于添加网格匹配性控制，可选择 Cyclic 或 Arbitrary 两种匹配控制方法。Cyclic 用于增加周期性对称面的网格匹配，Arbitrary 用于增加一般性表面之间的网格匹配控制。Match Control 可定义于 Face(3D) 或 Edge(2D)，需指定 Low 和 High 面的几何对象。

(4) Pinch

Pinch 用于在划分时忽略细节特征，进而改善网格的质量，可用于 Vertex 和 Edge 对象。

(5) Inflation

Inflation 用于手动形成棱柱状的边界层网格，可用于 Edge 或 Face 对象。

(6) Refinement

Refinement 可指定于 Vertex、Edge 和 Face 上对网格进行加密，加密的级别可以为 1~3，其中 1 表示对已有单元的边分割为当前长度的一半。

在 Mesh 分支下插入以上局部控制选项的子分支后，在其 Details View 中需要进行属性指定，这些局部控制选项的作用范围可以是几何对象，也可以是命名选择集合。关于这些局部控制选项的具体使用，本节不再详细展开介绍，请参考后续各章相关例题的网格划分部分。

4.2.3 网格生成、质量检查及修改

本节介绍网格生成、质量检查及网格修改的方法。

1. 网格生成

网格控制选项设置完成后，可通过 Mesh 分支右键菜单 Preview>Surface Mesh 来预览表面网格，或通过 Mesh 分支右键菜单 Generate Mesh 形成网格。

2. 网格质量检查

网格划分结束后，可通过 Mesh 分支 Details 的 Statistics 中的 Mesh Metric 进行网格质量检查，通常网格质量检查是基于所选的网格质量评价指标之一进行的。在 ANSYS Meshing 中可供选择的网格质量评价指标包括：

(1) Element Quality

Element Quality 是一种综合的单元质量度量指标，介于 0~1 之间。

(2) Aspect Ratio for triangles or quadrilaterals

Aspect Ratio 指标提供了针对三角形以及四边形单元的纵横比。一般而言，纵横比参数越大，单元形状越差。

(3) Jacobian Ratio

Jacobian Ratio 是单元 Jacobian 变换难易程度的度量指标。一般来说，此参数越大，单元变换越不可靠。

(4) Warping Factor

Warping Factor 是表面单元或三维单元表面扭曲程度的一种度量指标，此参数越大，则表示单元质量越差，或可能暗示网格划分存在缺陷。

(5) Parallel Deviation

Parallel Deviation 为单元的对边平行偏差的度量指标，是一个角度，此角度越大对边越不平行。

(6) Maximum Corner Angle

Maximum Corner Angle 为单元的最大内角指标，此角度越大单元形状越差，且会导致退化单元。

(7) Skewness

Skewness 是最基本的网格质量评价指标之一，Skewness 决定了一个单元表面形状与理想情形（即：等边三角形或正方形）的接近程度，其取值范围是 0～1。一般的，0 表示网格形状最为理想，而 1.0 表示单元为退化形状。表 4-2 列出了不同 Skewness 范围及其对应的质量评价。基于 Skewness 的评价指标，高度歪斜的网格是不可接受的，因求解程序是基于网格是相对低歪斜程度编写的。

表 4-2 Skewness 与网格质量

Skewness	0.0	0.0～0.25	0.25～0.5	0.5～0.75	0.75～0.9	0.9～1.0	1.0
网格质量	最佳	优	良	一般	较差	差	最差

(8) Orthogonal Quality

Orthogonal Quality 为网格的正交质量指标。

以上各种网格评价指标的具体定义和计算公式，这里不再逐个进行介绍，可参考 ANSYS Meshing 用户手册。各种指标在网格质量评价中的作用汇总列于表 4-3 中。

表 4-3 ANSYS Mesh Metrics 的类型与描述

Mesh Metrics 类型	描 述
Element Quality	基于总体积和单元边长平方、立方和的比值的单元综合质量评价指标，介于 0～1 之间
Aspect Ratio Calculation for Triangles	三角形单元的纵横比指标，等边三角形为 1，越大单元质量越差
Aspect Ratio Calculation for Quadrilaterals	四边形单元的纵横比指标，正方形为 1，越大单元形状越差
Jacobian Ratio	Jacobian 比质量指标，此比值越大，等参元的变换计算越不稳定
Warping Factor	单元扭曲因子，此因子越大表面单元翘曲程度越高
Parallel Deviation	平行偏差，此指标越高单元质量越差
Maximum Corner Angle	相邻边的最大角度，接近 180°会形成质量较差的退化单元
Skewness	单元偏斜度指标，是基本的单元质量指标，此值在 0～0.25 时单元质量最优，在 0.25～0.5 时单元质量较好，建议不超过 0.75
Orthogonal Quality	范围是 0～1 之间，其中 0 为最差，1 为最优

第 4 章 CFD 网格划分技术

在 Mesh Metric 项目列表中,可选择以上各种指标之一进行统计显示,对于其中任何一个指标,可统计此指标的最大值、最小值、平均值以及标准差,如图 4-11 所示。

Mesh Metric	Skewness
☐ Min	None
☐ Max	Element Quality
☐ Average	Aspect Ratio
☐ Standard Deviation	Jacobian Ratio
	Warping Factor
	Parallel Deviation

图 4-11 Mesh Metric 选项列表

对于每一种所选择的评价指标,还可显示分区间的单元分布情况。以 Skewness 为例,可以显示各种形状单元的偏斜率分布情况柱状图,如图 4-12 所示,其中包含四面体单元 Tet4 以及棱柱体单元 Wed6 的统计信息。

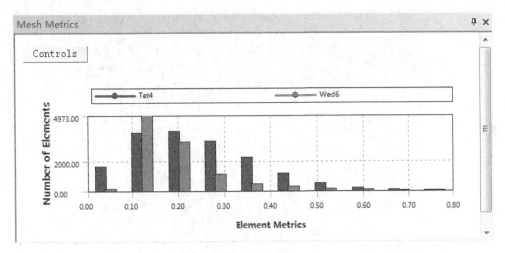

图 4-12 Mesh Metrics 统计柱状图

点击柱状图中的某一个柱条,可在模型中显示对应偏斜率范围单元的位置分布情况。图 4-13(a)显示 Skewness 为 0.2 附近 Tet 单元的分布情况,图 4-13(b)显示为 Skewness 为 0.5 附近 Tet 单元的分布情况。

对于其他的选项,均可报告各种统计信息以及进行分区间的网格显示。这对诊断网格划分质量有很大帮助。在 Mesh Metric 选项列表中选择 None,则会关闭 Mesh Metric 面板以及网格质量分析功能。

除了 Mesh 中的网格质量指标外,在 Fluent 界面中导入 Mesh 文件后还可通过 Check 功能进行网格质量的检查,相关方法请参照下一章。

3. 网格修改

如果网格质量较差,则可通过改进几何质量、添加 Virtual Topology 合并碎面、添加 pinch 控制、通过 Sizing 选项减小网格尺寸或 Refinement 加密网格等方式,重新划分网格以改善网格的质量。

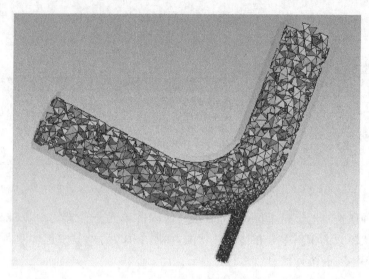

(a) Skewness为0.2附近Tet单元分布情况

(b) Skewness为0.5附近Tet单元的分布情况

图 4-13　不同 Skewness 区间的单元分布情况

4.3　Mesh 参数化及 Named Selections 的使用

在 ANSYS Mesh 中，网格尺寸等设置选项可以被提升为参数，这些参数可通过 Workbench 的 Paramenter Set 及设计点功能进行管理，改变参数可重新得到此参数条件下的网格，这个功能可用于网格灵敏度分析，即：考察网格尺寸等参数对计算结果的影响。

如图 4-14(a)所示，网格的 Face Sizing 分支的 Element Size 被提升为参数(前面复选框选中，显示一个大写 P；图 4-14(b)所示为 Edge Sizing 分支的 Number of Divisions 被提升为参

数。在 Workbench 的参数管理中即出现这些网格划分参数，如图 4-15 所示。

Details of "Face Sizing" - Sizing

Scope	
Scoping Method	Geometry Selection
Geometry	1 Face
Definition	
Suppressed	No
Type	Element Size
P Element Size	Default
Behavior	Soft
Curvature Normal Angle	Default
Growth Rate	Default
Local Min Size	Default (0. mm)

（a）

Details of "Edge Sizing" - Sizing

Scope	
Scoping Method	Geometry Selection
Geometry	1 Edge
Definition	
Suppressed	No
Type	Number of Divisions
P Number of Divisions	1
Behavior	Soft
Curvature Normal Angle	Default
Growth Rate	Default
Bias Type	No Bias
Local Min Size	Default (0. mm)

（b）

图 4-14 Mesh 尺寸被提升为参数

Outline of All Parameters

	A	B	C	D
1	ID	Parameter Name	Value	Unit
2	Input Parameters			
3	Fluid Flow (Fluent) (A1)			
4	P1	Face Sizing Element Size	0	m
5	P2	Edge Sizing Number of Divisions	1	
*	New input parameter	New name	New expression	
7	Output Parameters			
*	New output parameter		New expression	
9	Charts			

图 4-15 Workbench 参数管理器中的 Mesh 参数

在 Workbench 的参数管理器中改变 Mesh 参数，然后在 Project Schematic 界面中 Mesh 单元格的右键菜单中选择 Update，即可更新 Mesh。

ANSYS Mesh 中的 Named Selections 是由一组同一类型的对象所组成的命名集合。在 Mesh 的图形窗口中选择相关的几何对象后，在右键菜单中选择 Create Named Selections，弹出菜单中指定命名选择集名称，在项目树的 Named Selections 分支下即出现新定义的 Named Selection。在选择对象时，除了用鼠标选择外，还可在 Named Selections 分支右键菜单中选择 Insert>Named Selection，在新加的 Named Selection 分支 Details 中选择 Scoping Method 为 Worksheet，如图 4-16 所示。在 Worksheet 中根据位置、面积等特征选择几何对象，并放入所要创建的 Named Selection 中，如图 4-17 所示为选择面积等于某值的所有面放入命名选择集。

在 ANSYS Meshing 中创建 Named Selections 的作用，主要体现在如下的两个方面：

(1) 通过在 Mesh 中定义 Named Selections，可以很方便地通过选择这些 Named Selections 而重新选择那些需要经常引用的几何对象组。

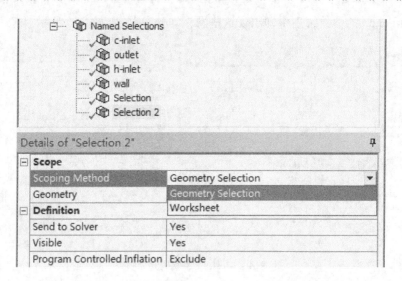

图 4-16　Named Selection 的 Scoping Method 选择 Worksheet

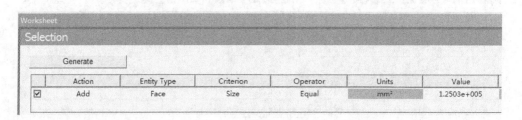

图 4-17　Worksheet 视图

(2) 这些 Named Selections 可以传递到 Fluent 中，并可用于指定 Boundary Zones 和 Cell Zones。Fluent 能根据 Named Selections 名称所包含的字段，自动为 Named Selections 指定相应的边界条件或计算域，比如：某个体组成的 Named Selection 名称包含 Fluid 字段时，Fluent 会将其指定为流体域；名称中包含 Pressure、Field 以及 Far 的 Named Selection 会被 Fluent 指定成为压力远场边界条件；名称中包含 Inlet 的 Named Selection 会被自动指定为速度进口边界；名称中包含 Outlet 的 Named Selection 被 Fluent 自动地指定为压力出口边界；名称中包含 Wall 或不包含任何其他关键字段的 Named Selection 被 Fluent 自动地指定为壁面边界；名称中包含 symmetry 的 Named Selection 被 Fluent 自动地指定为对称边界条件，等等。这一功能有效地提高了 Fluent 的前处理效率。

第 5 章 Fluent 流体分析界面及使用

本章介绍集成于 ANSYS Workbench 环境中的 Fluent 流体分析界面及操作方法。首先介绍 Fluent 启动器和操作界面组成，随后介绍 Fluent 界面的具体使用方法，重点介绍物理设置选项和求解控制选项的设置方法及要点。

5.1 Fluent 软件的启动器及操作界面

5.1.1 Fluent Launcher 软件启动器

一般通过 Fluent Launcher 来启动 Fluent 软件界面。在 ANSYS Workbench 的项目图解（Project Schematic）视图的 Fluid Flow（Fluent）系统中，双击 Setup 单元格，即弹出 Fluent Launcher 软件启动器对话框，如图 5-1 所示。

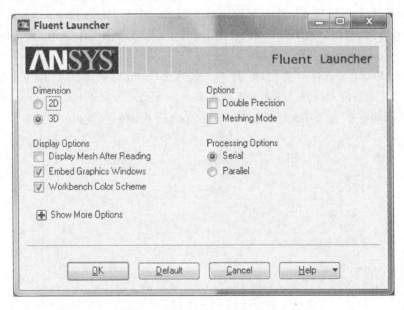

图 5-1 Fluent 启动设置对话框

Fluent Launcher 包含一系列的 Fluent 软件启动选项，下面对这些选项进行介绍。

1. Dimension 选项

在 Dimension 选项下，有 2D 和 3D 两个选项可供选择。当要处理的为二维问题时，选择 2D。当要处理的问题为三维问题时，选择 3D。

2. Display Options 选项

在 Display Options 下，包含如下 3 个与图形显示有关的选项。

(1)Display Mesh After Reading

勾选 Display Mesh After Reading(默认情况下禁用)选项后,利用 ANSYS Fluent 读取 mesh 或 case 文件后,在图形显示窗口会自动显示划分的网格。

(2)Embed Graphics Windows

勾选 Embed Graphics Windows(默认情况下启用)选项后,Fluent 图形窗口会嵌入到 Fluent 主体窗口中,否则会单独成为浮动图形窗口。

(3)Workbench Color Scheme

勾选 Workbench Color Scheme(默认情况下启用)选项后,Fluent 图形窗口会使用 ANSYS Workbench 默认的蓝色背景,而不是经典的黑色背景。

3. Options 选项

在 Options 选项下,你可以实现如下操作:

(1)Fluent 默认情况下为单精度求解器。在很多情况下,单精度求解器已经足够精确。但是双精度求解器更适合某些特定的情况,例如共轭传热和多相流中的人口平衡模型等。当需要双精度求解器进行求解时,勾选 Double Precision 选项即可。

(2)勾选 Meshing Mode 进入 Fluent 之后所有的菜单及工具栏都是灰的,需要导入几何才会激活。Fluent 的 Meshing 模块其实是以前的 TGrid,可以导入网格文件和几何文件。

4. Processing Options 选项

Processing Options 选项用于设置求解模式是 Serial(串行)还是 Parallel(并行)。如果选择 Parallel 并行计算后,可以通过更改 Number of Processes 选项来指定计算需要使用的 CPU 核数。

5. Show More Options(更多选项)

点 Show More Options 开关,即可展开更多的选项卡,对更多的 Fluent 选项进行设置。这些选项包括 General Options、Remote、Parallel Settings、Scheduler、Environment 等,如图 5-2 所示。具体请查看 ANSYS Fluent Getting Started 指南的相关内容,这里不再展开介绍。

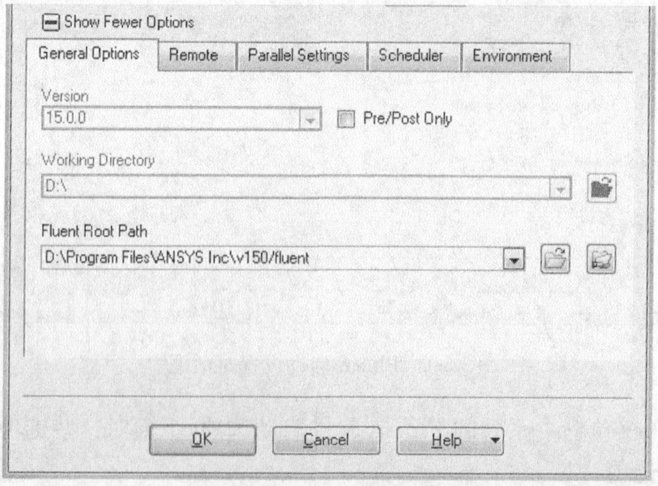

图 5-2 显示更多选项

在图 5-2 中按下 Show Fewer Options 开关,即可关闭更多选项。

在 Fluent Launcher 中完成相关选项及参数的设置后,点 OK 按钮,即可启动 Fluent 软件的 CFD 分析界面。

5.1.2 Fluent 软件的操作界面

Fluent 的操作界面如图 5-3 所示，此界面包括菜单栏、工具栏、分析导航面板、任务页面、图形显示窗口以及控制台等部分组成。此外，操作过程中很多参数的输入需要在弹出的对话框中完成。

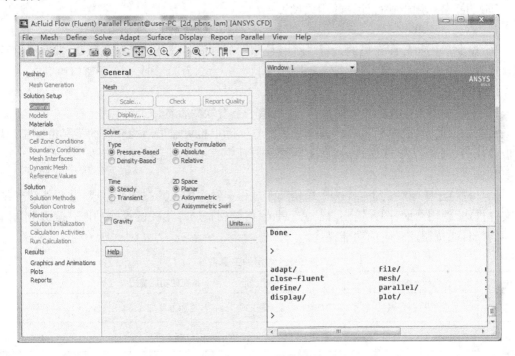

图 5-3　Fluent 操作界面

下面对 Fluent 界面的各部分进行简单的介绍。

1. 菜单栏

在操作界面最上侧为菜单栏，菜单栏包括下列菜单项目。

(1) File 菜单

File 菜单包括 CFD 分析相关文件的读写以及文件的导入导出等功能，File 菜单还包含图像窗口的图片输出功能。

(2) Mesh 菜单

Mesh 菜单包括网格检查、网格分割等与网格相关的操作。

(3) Define 菜单

Define 菜单可用于定义物理模型、边界条件、用户定义信息等。

(4) Solve 菜单

Solve 菜单用于定义求解器参数及监控参数等。

(5) Adapt 菜单

Adapt 菜单用于网格自适应设置。

(6) Surface 菜单

Surface 菜单用于定义面，可以监控面上的参数，也可以用于结果后处理。

(7) Display 菜单

Display 菜单多用于后处理操作及显示设置。

(8) Report 菜单

Report 菜单主要用于后处理数据的报告输出。

(9) Parallel 菜单

Parallel 菜单用于并行计算的相关设置。

(10) View 菜单

View 菜单用于界面布局的设置,比如:控制图形界面各部分的显示或隐藏,选择只显示控制台或界面各部分同时显示,还可选择图形窗口拆分为 2 个、3 个或 4 个子窗口等等。

(11) Help 菜单

Help 菜单用于打开在线帮助文档,还提供了查看软件版本信息等功能。

需要指出的是,菜单栏包括的部分常用操作实际上也可通过后面介绍的工具栏按钮、导航面板及任务页面等方式来实现,因此实际操作过程中直接使用菜单栏比较少。

2. 工具栏

工具栏位于菜单栏的下面,由一系列操作过程中常用的工具按钮所组成,这些按钮提供了与文件操作、调用帮助、图像输出、视图控制、窗口排列布局等相关的操作功能。表 5-1 列出了常用的工具栏按钮及对应的功能描述。

表 5-1 常用的工具按钮

按钮	按钮名称	按钮的功能描述
	打开文件按钮	包含 File 菜单中的部分内容,更加方便打开 mesh、case、date 等文件
	保存文件按钮	常用按钮,较方便保存 case、date 等文件
	图像输出按钮	将图形显示窗口以合适的图片格式进行输出,还可以调整图片的长度和高度
	帮助文档按钮	快速调用 Fluent Help
	视图旋转按钮	对图形显示窗口的网格进行旋转操作
	视图平移按钮	对图形显示窗口的网格进行平移操作
	视图放大按钮	对图形显示窗口的网格进行放大操作
	区域放大按钮	对图形显示窗口的某一区域的网格进行放大操作
	鼠标信息按钮	获得鼠标单击位置处的信息
	适应窗口按钮	当对图形显示窗口的网格进行放大或者平移操作后,单击该按钮使网格的显示将适应图形显示窗口的大小
	视图显示按钮	单击该按钮,会有 7 种坐标系的排列方式。选择合适的坐标系显示方式,方便查看网格文件
	窗口排列按钮	调整 Fluent 操作界面的布局
	图形显示窗口排列设置按钮	调整图形显示窗口的布局

3. CFD 分析导航面板

CFD 分析导航面板位于 Fluent 界面的左侧，由 Meshing（网格）、Solution Setup（物理设置）、Solution（求解选项）和 Results（后处理）四个项目分支组成，每个项目分支又包含一系列的子分支。

CFD 导航面板的各分支可引导用户完成 CFD 问题的物理设置、求解以及后处理等分析任务。后面将详细介绍每个导航面板各分支所包含的具体选项和设定方法。

4. 任务选项页面

在分析导航面板中单击某个分支下的子分支时，导航面板右侧会出现相应的任务选项页面，这个页面包含了与当前操作相关的各种参数和选项，通过设置这些参数和选项，即可完成相关的分析任务。

5. 图形显示窗口

图形显示窗口用于显示反映当前操作结果的图形。比如：打开 Fluent 并读入网格后，会在该窗口显示网格；计算完成后，会在该窗口显示所要求的后处理结果等。

6. 控制台窗口

控制台窗口主要用于输入 Fluent 操作命令，也在此窗口中给出命令或菜单操作的执行反馈信息。

实际上，Fluent 软件提供了两种操作方式。一种是菜单操作方式，用户通过下拉菜单、工具按钮或导航面板进行操作，系统通过控制台窗口将操作命令的执行信息反馈给用户，这是目前最为常用的操作方式。此外，用户还可以采用在控制台窗口中直接输入命令进行操作的方式，Fluent 也会在控制台窗口中输出反馈的命令执行信息。在控制台窗口中可以对显示的输出信息、命令等文本进行剪切、复制、粘贴等编辑操作。Fluent 操作命令的详细信息可参考 ANSYS Fluent Text Command List 手册。

5.2 Fluent 的物理设置选项

Fluent 求解器的物理设置选项集中于分析导航面板的 Solution Setup 分支下，共包含 General、Models、Materials、Phases、Cell Zone Conditions、Boundary Conditions、Mesh Interfaces、Dynamic Mesh 以及 Reference Values 9 个子分支。在进行一般性 CFD 分析问题的物理设置时，只需要按照从上到下的次序，逐个选择各个分支，在旁边的任务页面中设置各个分支的选项和参数即可。下面对这些分支对应的任务页面及其所包含的常用设置项目进行简单的介绍。

1. General 分支

General 分支主要用来设置一些关于网格和求解器的一般性选项。在分析导航面板中选择 General 分支时，在工作区的中部出现 General 任务选项页面，如图 5-4 所示。

General 任务选项页面主要包含各种 Mesh 操作及 Solver 选项设置。此外，该面板还包括 Gravity 开关

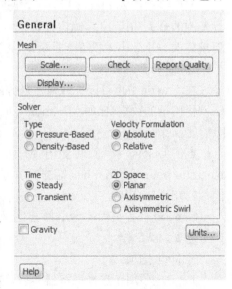

图 5-4 General 任务选项页面

和 Units 设置功能。下面对这些选项进行介绍。

(1)Mesh 操作

General 面板中提供了针对 Mesh 的 Scale(缩放)、Check(检查)、Report Quality(报告网格质量)以及 Display(显示网格)等操作。

①Scale 操作

在前面的建模和划分网格时,可能使用的不是标准单位制(比如英寸)。在导入 Fluent 后,就需要将其转化为标准单位进行模拟计算。如图 5-5 所示。

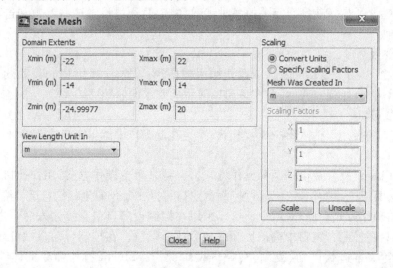

图 5-5　Scale 选项

在该设置对话框中,左侧显示的是进行网格划分的计算区域的大小,右侧利用 Convert Units(转换单位)或者 Specify Scaling Factors(指定 X、Y、Z 三个方向的比例因子)进行长度单位的转换。

②Check 操作

当网格被读入 Fluent 后,一般要进行网格检查操作。进行网格检查,通过查看 X、Y、Z 坐标范围的最大和最小值,确定计算区域大小。同时,还会报告出有关网格的任何错误,特别是要求确保 cell 最小体积不能是负值,否则 Fluent 不能进行计算。

③Report Quality

在 Fluent 中也可以查看网格划分的质量。单击该按钮,在控制台窗口报告会出现一些关于网格质量的数据,比如 Minimum Orthogonal Quality 以及 Maximum Aspect Ratio。

④Display

点击 Display 按钮,可打开 Mesh Display 对话框,设置在图形窗口中 zone、surface 及 partition boundary meshes 等的显示方式和选项。

(2)Solver 选项

General 任务页面的 Solver 控制区包括 Type、Velocity Formulation、Time 以及 2D Space 四个选项。

①Type 选项

Type 选项用于选择求解器类型,包括基于压力以及基于密度的求解器。两种求解器都能求解很大范围的流动问题。两种求解器的不同主要表现在连续方程、动量方程、能量方程及组分方程的求解上。在早期的基于压力求解器主要用于不可压缩及轻微可压缩流动问题。基于密度求解器则相反,起初是设计用于求解高速可压缩流动问题。因此,对于高速可压缩流动情况,由于基于密度求解器的起初设计目的,其具有比基于压力求解器更精确的优势。

基于压力求解器具有两种类型:Segregated Solver(分离求解器)和 Coupled Solver(耦合求解器)。在分离求解器中,控制方程是依次求解的,而耦合求解器则将动量方程和基于压力的连续性方程耦合求解。通常来说,耦合算法收敛速度要好于分离求解,然而对内存的需求要大于分离算法。基于密度求解器也有两种格式:Implicit(隐式格式)和 Explicit(显式格式)。隐式和显式依次求解额外的标量方程(如湍流和辐射等),两种格式求解器的主要特点在于对于耦合方程的线性化上。由于隐式格式具有很好的稳定性,因此使用隐式求解器能够比显式格式更快地获得收敛的稳定解。然而,隐式格式要比显式格式消耗更多的内存。具体的算法类型选择方法将在下一节 Solution 控制选项中详细介绍。

②Velocity Formulation 选项

此选项用于设置速度公式,包括 Absolute 和 Relative 两个选项,其中 Relative 选项只能在选择基于压力求解器的情况下使用。

③Time 选项

Time 选项用于设置所求解的问题是否与时间相关,包括稳态问题(定常问题)以及瞬态问题(非定常问题)两种。

④2D Space 选项

2D Space 选项用于设置二维求解域的类型,可选择的选项包括 Planar(平面),Axisymmetric(轴对称)和 Axisymmetric Swirl(轴对称旋转)三类。当导入的网格为 3D 时,没有该选项。

(3)Gravity 选项

当计算问题需要考虑重力时,勾选 Gravity 复选框,并在对话框中指定重力加速度的三个分量,如图 5-6 所示。

(4)Units... 选项

此选项用于指定计算中所采用的物理量的单

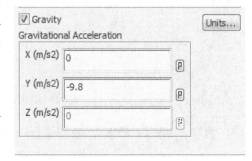

图 5-6 设置重力

位。当物理量的单位与此选项设置单位不一致时,程序会按照此选项自动进行单位的转换。

物理量单位的具体的设置方法如下:

单击 Units... 按钮,弹出如图 5-7 所示的对话框。在左侧选择需要设置单位的物理量,在右侧选择单位,后续此物理量的值都需要按此处指定的单位输入。比如,如需要改变入口速度的单位,在上述"Set Units"对话框左侧选择"velocity",右侧选择所需的速度单位"m/s",在后续需要输入速度的场合,如 Boundary Condition 中的 Velocity Inlet 中,用户必须输入"m/s"的速度值,Fluent 也会按照用户选择的单位"m/s"进行速度值的显示。另一方面,如果用户已经按某一个单位输入了物理量的数值,然后又在"Set Units"对话框中选择改变单位时,在后续设置分支中已经输入的物理量会被自动转换到新的单位系统下。

2. Models 分支

Models 分支主要用来设置 CFD 分析中所采用的物理模型。在分析导航面板中选择

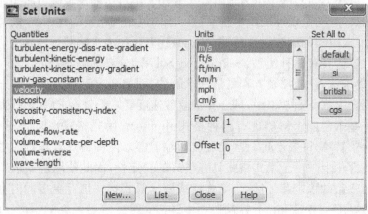

图 5-7　单位设置对话框

Models 分支时，在工作区的中部出现 Models 任务页面，如图 5-8 所示。常用物理模型主要包括 Multiphase、Energy、Viscous、Radiation 等类型。

下面对分析中常用的物理模型进行简单介绍。

(1) Multiphase 模型

双击 Models 任务页面下的 Multiphase 选项，出现"Multiphase Model"设置对话框，如图 5-9 所示。用户在此对话框中的 Model 域选择要采用的多相流模型及其参数。

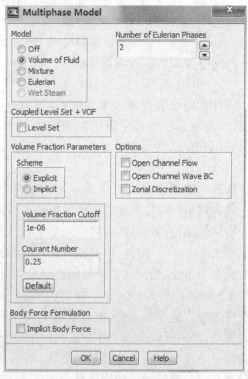

图 5-8　Models 任务页面　　　　图 5-9　多相流模型

下面对 Model 域中所列多相流模型进行简单介绍。

① VOF 模型

VOF 模型应用于固定的 Euler 网格上,采用两种或多种互不相溶的流体的界面追踪技术。在 VOF 模型中,各相流体共享一个方程组,每一相的体积分数在整个计算域内被追踪。适用 VOF 模型的多相流应用包括分层流、有自由表面流动、液体灌注、容器内液体振荡、液体中大气泡运动、堰流、喷注破碎的预测和气—液界面的稳态与瞬态追踪等。采用 VOF 模型时,必须使用基于压力的求解器,所有控制容积必须充满一种流体相或多相的组合,不允许没有流体的空区域。

②混合模型

混合模型的相可以是流体或颗粒,并被看作互相穿插的连续统一体。混合模型求解混合物动量方程,以设定的相对速度描述弥散相。适用混合模型的应用包括低载粉率的带粉气流、含气泡流、沉降过程和旋风分离器等。混合模型还可以用于模拟无相对速度的匀质弥散多相流。采用混合模型时,必须使用基于压力求解器。

③Euler 模型

Euler 模型对每一相求解动量方程和连续性方程。通过压力和相间交换系数实现耦合。处理耦合的方式取决于相的类型。对于流—固颗粒流,采用统计运动学理论获得系统的特性。相间的动量交换取决于混合物的类型。适用 Euler 模型的应用包括气泡柱、浇铸冒口、颗粒悬浮和流化床等。

在选择了多相流模型后,继续在任务页面中设置多相流模型的选项和参数。以 VOF 为例,需要设置的项目包括多相流相的数目、体积分数的计算格式及其他相关选项。

(2) Energy 选项

双击 Models 任务页面下的 Energy 选项,出现"Energy"设置对话框,如图 5-10 所示。当模拟计算涉及到传热和能量计算时,需要通过勾选"Energy Equation"选项以激活 Energy 选项,然后点 OK 按钮即可。勾选此项后,Fluent 在求解过程中会考虑能量方程。

(3) Viscous 选项

双击 Models 任务页面下的 Viscous 选项,出现"Viscous Model"设置对话框,如图 5-11 所示。在 Fluent 中,Viscous 选项用于选择黏性模型,可用的模型包括 Inviscid、Laminar、Spalart-Allmaras、k-epsilon、k-omega、Transition k-kl-omega、Transition SST、Reynolds Stress、Scale-Adaptive Simulation、Detached Eddy Simulation 及 Large Eddy Simulation 等。利用这些模型,可以实现对无黏流动、层流以及湍流的模拟。

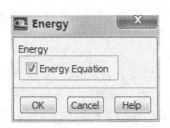

图 5-10　勾选能量方程

图 5-11　常用的黏性模型

表 5-2 列出了一些常用的黏性计算模型,并对其特点和应用范围等作了简单的描述。

表 5-2　Fluent 中的 Viscous Model

Viscous 模型	描述
Inviscid	用于处理无黏流动问题
Laminar	用于处理层流问题
Spalart-Allmaras	该模型主要用于处理具有壁面边界的空气流动问题。对机翼外部绕流问题具有较好的模拟结果
k-epsilon	该模型在工程上应用较为广泛,在后面进行详细介绍
k-omega	该模型是基于 Wilcox k-ω 模型发展而来的,对低雷诺数流,可采用压缩流和剪切流进行一定的修正
Transition k-kl-omega	该模型用于预测边界层的发展。可以有效的解决边界层从层流过渡到紊流的情况
Transition SST	该模型通过将 SST k-ω 和其他的两个输运方程进行耦合计算,求得计算结果
Reynolds Stress	直接求解雷诺平均 N-S 方程中的雷诺应力项,同时求解耗散率方程
Large Eddy Simulation	用瞬时的 N-S 方程直接模拟湍流中的大尺度涡,不直接模拟小尺度涡,而小涡对大涡的影响通过近似的模型来考虑

由于实际的流动大多为湍流流动,下面对 Fluent 模拟常用的湍流模型及其选项和参数作简单的介绍。

①k-epsilon 模型

k-epsilon 模型是针对湍流发展非常充分的湍流流动建立的数学模型,是一种针对高雷诺数的湍流计算模型。在近壁面处的流动雷诺数较低,湍流发展并不充分,为了能够使用 k-epsilon 模型,需要利用壁面函数法将壁面处的物理量和湍流核心处待求的未知量直接联系起来。壁面函数法实际上是一组半经验公式,对于湍流核心区的流动使用 k-epsilon 模型求解,而在壁面区不进行求解,直接使用半经验公式将壁面上的物理量与湍流核心区内的求解变量相联系。k-epsilon 模型参数设置面的选项和常数如图 5-12 所示。

k-epsilon 的 Model 域用于选择具体算法,Standard k-epsilon 算法对于强旋流、弯曲壁面流动或弯曲流线流动会产生一定的失真;RNG k-epsilon 算法对计算速度梯度较大的流场时精度更高,同时能够更好地处理高应变率及流线弯曲程度较大的流动;Realizable k-epsilon 算法可以有效地应用于各种不同类型的流动模拟,包括旋转均匀剪切流,包含有射流和混合流的自由流动、管道内流动、边界层流动,以及带有分离的流动等。但是该模型在同时存在旋转和静止区的流场计算中,比如多重参考系、旋转滑移网格等计算中,会产生非物理湍流黏性,因此在类似计算中应该慎重选用这种模型。

②Reynolds Stress 模型

Reynolds Stress 即雷诺应力模型,在 Fluent 中采用此方法模拟湍流时,需要设置的选项如图 5-13 所示。

选择雷诺应力模型后,需要对 Reynolds Stress Model、Reynolds Stress Options 及 Near-Wall Treatment 等选项及有关模型常数进行设置。

③Large Eddy Simulation

Large Eddy Simulation 即大涡模拟。按照湍流的涡旋学说,湍流的脉动和混合主要是由大尺度的涡造成的。大尺度的涡从主流中获取能量,它们是高度的非各向同性。大尺度的涡通过相互作用把能量传递给小尺度涡。小尺度涡的主要作用是耗散能量,它们几乎是各向同性。大涡模拟就是通过建立一种滤波函数,放弃对全尺度范围内的涡的瞬时运动的模拟,只将比计算网格尺度大的湍流运动通过瞬时的 N-S 方程直接计算出来。小尺度涡对大尺度涡的影响则通过一定的模型体现出来。

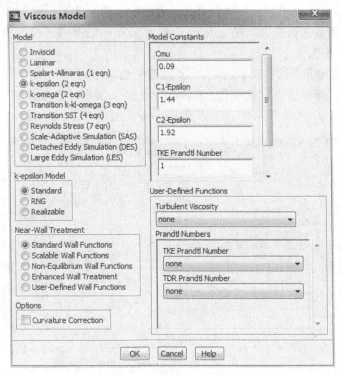

图 5-12　k-epsilon 模型

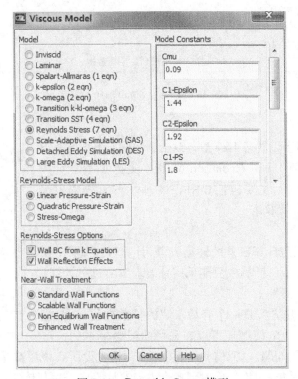

图 5-13　Reynolds Stress 模型

要实现大涡模拟,首先需要建立一种滤波函数,其作用是将湍流瞬时运动方程中将尺度比滤波函数的尺度小的涡过滤掉,从而分解出描写大涡流场的运动方程。小尺度涡对大尺度涡运动的影响通过在大涡流场的运动方程中引入附加应力项来实现,该附加应力项称为亚格子尺度应力。同时,需要对该应力项建立数学模型,该模型叫做亚格子尺度模型(SubGrid-Scale model),简称 SGS 模型。

在 Fluent 中采用此方法模拟湍流时,需要设置的选项如图 5-14 所示。在湍流模型下选择大涡模拟后,需要选择亚格子尺度模型,即 SubGrid-Scale model 选项。目前提供了的模型包括 Smagorinsky-Lilly、WALE、WMLES 以及 Kinetic-Energy Transport。

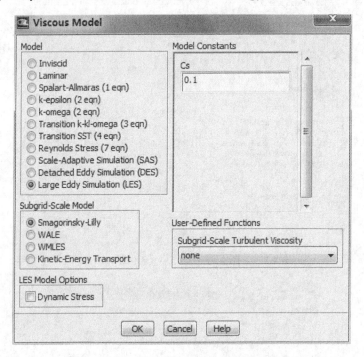

图 5-14　Large Eddy Simulation 计算模型

(4)Radiation 选项

Radiation 选项用于设置辐射模型。双击 Models 任务页面下的 Radiation 选项,出现"Heat Radiation Model"设置对话框,如图 5-15 所示。在 Fluent 中,主要包括如图 5-14 所示的五种辐射模型,下面对其进行简单介绍。

①Rosseland 模型

Rosseland 模型无需计算额外的输运方程,计算速度比 P1 模型更快,需要的内存更少。计算中只能采用分离求解器进行计算。

②P1 模型

P1 模型的辐射换热方程是一个容易求解的扩散方程,同时模型中包含了散射效应。P1 模型还可以在采用曲线坐标系的情况下计算复杂几何形状的问题。P1 模型的局限在于,其假设所有表面都是漫射表面(即入射的辐射射线没有固定反射角,被均匀反射到各个方向);计算中采用灰体假设,在计算局部热源问

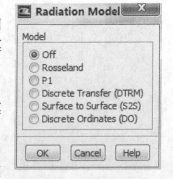

图 5-15　辐射模型

题时，辐射热流量可能出现偏高的情形。

③DTRM 模型

DTRM 模型的优点是简单，通过增加射线数量就可以提高计算精度。其局限在于：假设所有表面都是漫射表面；无法考虑散射效应；计算中假定辐射是灰体辐射；如果采用大量射线进行计算的话，会造成很大的求解负担。

④DO 模型

DO 模型是适用范围最广泛的辐射模型，可模拟的范围涵盖了从表面辐射、半透明介质辐射到燃烧问题中出现的介入辐射在内的各种辐射问题。DO 模型采用灰带模型进行计算，既可以计算灰体辐射，也可以计算非灰体辐射。如果网格划分不过分精细的话，计算中所占用的系统资源也不大，因此在辐射计算最为常用。

⑤表面辐射（S2S）模型

S2S 模型适用于计算没有介入辐射介质的封闭空间内的辐射换热计算，例如：太阳能集热器、辐射式加热器、机箱内冷却等。尽管视角因数（view factor）的计算需要占用较多的 CPU 时间，但 S2S 模型在每个迭代步中的计算速度还是比较快的。S2S 的局限在于：假定所有表面都是漫射表面；采用了灰体辐射模型进行计算；内存等系统资源的需求随辐射表面的增加而激增；不能用于多重封闭区域的辐射计算。

（5）Heat Exchanger

双击 Models 任务页面下的 Heat Exchanger 选项，出现"Heat Exchanger Model"设置对话框，如图 5-16 所示。在其中勾选要使用的热交换模型，然后单击该模型右侧的 Define 按钮，在随后出现的对话框中定义相关的参数即可。

（6）Species

双击 Models 任务页面的 Species 选项，出现"Species Model"设置对话框，如图 5-17 所示。

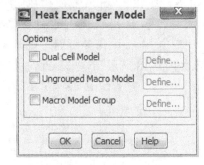

图 5-16　Heat Exchanger Model 对话框

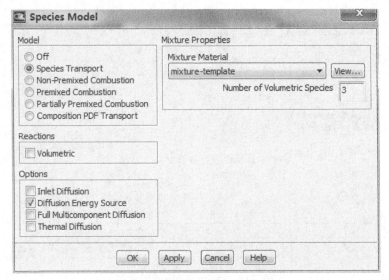

图 5-17　Species Model 对话框

利用所选择的 Species 模型计算组分输运以及化学反应过程。化学反应过程从类型上看可以分为气相反应、物面反应和弥散相粒子表面的反应。在气相反应中可以采用的计算模型有：

①Species Transport(组分输运及有限速率模型)。
②Non-Premixed Combustion(非预混燃烧模型)。
③Premixed Combustion(预混燃烧模型)。
④Partially Premixed Combustion(部分预混燃烧模型)。
⑤Composition PDF Transport(输运燃烧模型)。

以 Species Transport 为例，在 Mixture Material(混合物材料)中选择所计算问题中涉及到的反应物，在 Number of Volumetric Species(体积组分数量)中自动显示混合物中的组分数量。如需完整计算多组分的扩散或热扩散，就选择 Full Multicomponent Diffusion(完整多组分扩散)及 Thermal Diffusion(热扩散)选项。

(7) Discrete Phase

即离散相模型，利用离散相模型可计算散布在流场中的粒子的运动和轨迹。例如，在油气混合物中，空气是连续相，而散布在空气中的细小的油滴则是离散相。连续相的计算可以用求解流场控制方程的方式完成，而离散相的运动和轨迹则需要用离散相模型进行计算。离散相模型实际上是连续相和离散相物质相互作用的模型。在带有离散相模型的计算过程中，通常是先计算连续相流场，再用流场变量通过离散相模型计算离散相粒子受到的作用力，并确定其运动轨迹。

双击 Models 任务页面下的 Discrete Phase 选项，出现"Discrete Phase Model"设置对话框，如图 5-18 所示，需要设置的选项包括：

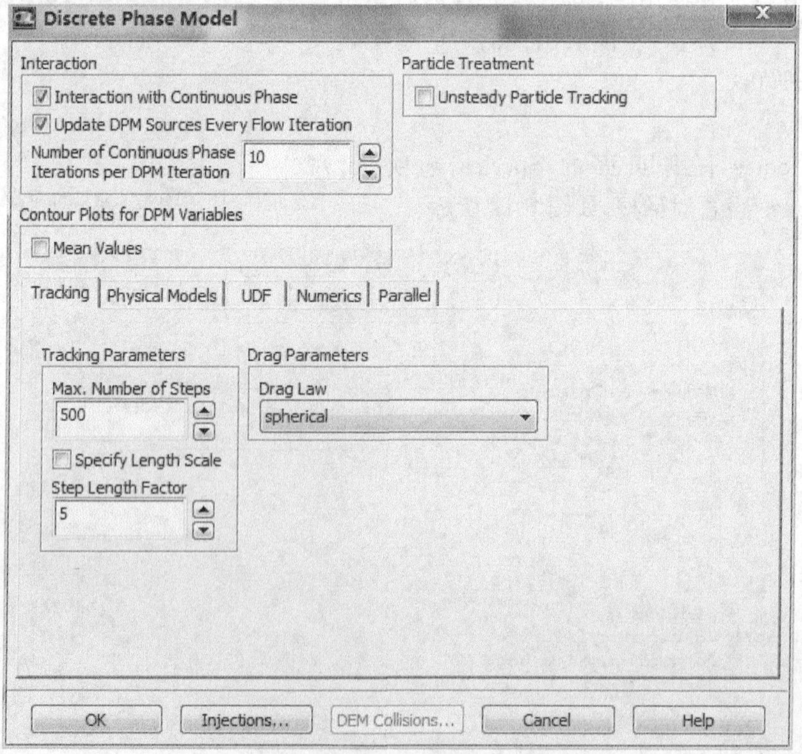

图 5-18 Discrete Phase 对话框

①Interaction with Continuous Phase

即离散相与连续相的相互作用选项,激活该选项后,还需要设置 Number of Continuous Phase Iterations per DPM Iteration(每次离散相迭代间隔的连续相计算迭代次数),缺省设置为 10,即每进行 10 步连续相计算就做一次相互作用计算。

②Particle Treatment

对瞬态问题,勾选该选项,同时还需要设置追踪时间步长。

(8)Solidification & Melting

双击 Models 任务页面下的 Solidification & Melting 选项,出现"Solidification & Melting Model"设置对话框,如图 5-19 所示。Fluent 采用"Enthalpy-porosity"技术模拟流体的固化和熔解过程。在流体的固化和熔解问题中,流场可以分成流体区域、固体区域和两者之间的糊状区域。"Enthalpy-porosity"技术采用的计算策略是将流体在网格单元内占有的体积百分比定义为多孔度(porosity),并将流体和固体并存的糊状区域看作多孔介质区进行处理。在流体的固化过程中,多孔度从 1 降低到 0;在熔解过程中,多孔度则从 0 上升至 1。"Enthalpy-porosity"技术通过在动量方程中添加汇项(即负的源项)模拟因固体材料存在而出现的压力降。

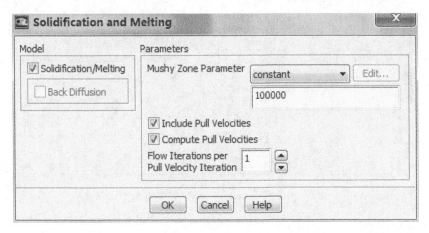

图 5-19 Solidification and Melting 对话框

激活 Solidification and Melting 模型后,Fluent 将自动启动能量方程的计算。需要设置的选项包括:

①Mushy Zone 参数

Mushy Zone Constant(糊状区域常数)的取值范围一般在 $10^4 \sim 10^7$ 之间,取值越大沉降曲线就越陡峭,固化过程的计算速度就越快,但是取值过大容易引起计算振荡,因此需要在计算中通过试算获得最佳数值。

②Pull Velocities 选项

如果在计算中需要计算固体材料的拉出速度(Pull Velocity),则要打开 Include Pull Velocities(包含拉出速度)选项。在计算拉出速度的同时,如果希望用速度边界条件推算拉出速度,则打开 Compute Pull Velocities(计算拉出速度)选项,并定义 Flow Iterations per Pull Velocity Iteration(拉出速度迭代一次对应的流场迭代次数)。在默认情况下,流场每迭代一次计算一次拉出速度，即该参数的缺省取值为1。

（9）Acoustics

双击 Models 任务页面下的 Acoustics 选项，出现"Acoustics Model"设置对话框，如图 5-20 所示。Fluent 气动噪声模型包括 Ffowcs-Williams & Hawkings（噪声比拟模型）和 Broadband Noise Source（宽频噪声模型）两种。下面对两种模型进行简单介绍。

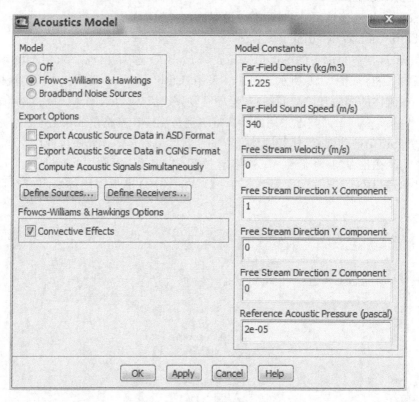

图 5-20　Acoustics Model 对话框

① 噪声比拟模型

噪声比拟模型采用了 Lighthill 的声学近似模型。Fluent 采用在时间域上积分的办法，在接收声音的位置上，用面积分直接计算压力和声音信号的历史。这些积分可以表达声音模型中单极子、偶极子和四极子等基本解的分布。积分中需要用到的流场变量包括压力、速度分量和声源表面的密度等等，这些变量的解在时域必须满足一定的精度要求。满足时间精度要求的解可以通过求解非定常雷诺平均方程（URANS）获得，也可以通过大涡模拟（LES）获得。声源表面既可以是固体壁面，也可以是流场内部的一个曲面。噪声的频率范围取决于流场特征、湍流模型和流场计算中的时间尺度。此模型适用于处理各种自由空间中的声音传播，而无法处理封闭域（如管道、壁面包围的空间）内的声学问题。

② 宽频噪声模型

在 ANSYS Fluent 的宽频噪声模型中，湍流参数通过 RANS 方程求出，再通过一定的半经验修正模型（如 Proudman 方程模型、边界层噪声源模型、线性 Euler 方程源项模型、Lilley 方程源项模型）计算表面单元或体积单元的噪声功率。

(10) Eulerian Wall Films

双击 Models 任务页面下的 Eulerian Wall Films（EWF 模型）选项，出现"Eulerian Wall Films"设置对话框，如图 5-21 所示。EWF 模型可用于预测壁面上薄液膜的形成和流动，使用 EWF 模型时需要注意，此模型只能用于三维问题。

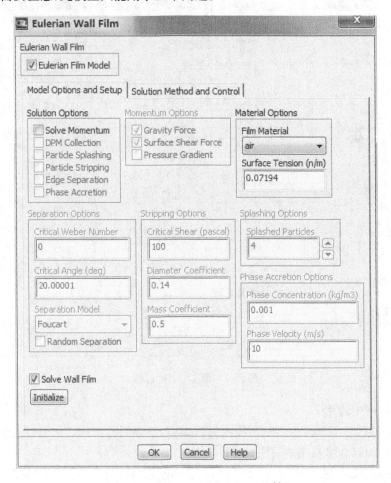

图 5-21　Eulerian Wall Films 对话框

3. Materials 分支

Materials 分支主要用来指定流体域或者固体域的材料。在分析导航面板中选择 Materials 分支时，在工作区的中部出现 Materials 任务页面，如图 5-22 所示。在 Fluent 中，有两种方法用于指定材料，即自定义材料以及调用数据库材料。

(1) 自定义材料

单击 Materials 任务页面的 Create/Edit 按钮，在弹出的 Create/Edit Materials 对话框中手工输入各种材料的物性参数值，定义一种新材料。以水这种材料为例，下面介绍自定义材料的具体方法。

图 5-22　Materials 任务页面

在 Name 栏输入 water，在 Density 栏输入密度为 1000 kg/m³，在 Cp 栏输入比热为 4216，在 Thermal Conductivity 输入 0.677，在 Viscosity 输入 0.0008。单击 Chang/Create 按钮完成水这种材料的定义，如图 5-23 所示。

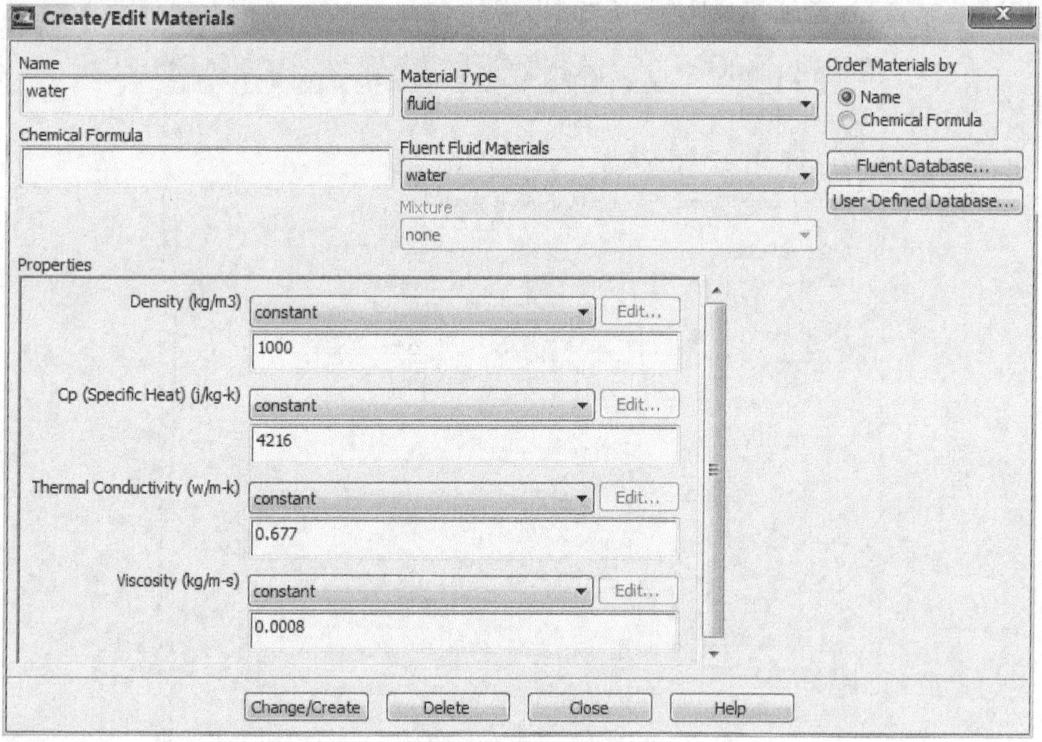

图 5-23 定义 water 材料

(2) 从材料库中调用

从 Fluent 提供的材料库中找到所需的材料类型，复制到材料列表中进行调用即可。下面以水为例，介绍如何从材料库中调用材料。

单击 Create/Edit Materials 对话框中的 Fluent Database 按钮，弹出如图 5-24 所示的 "Fluent Database Materials" 对话框。在 Fluent Fluid Materials 下拉列表中选择 water-liquid (h2o⟨l⟩)，单击对话框下侧的 Copy 按钮，将水复制到分析项目的材料列表中，在后续选项设置的过程中直接调用即可。

4. Phases 分支

Phases 分支只有在 Models 面板中选择多相流模型时，才会被激活。激活多相流模型后，在分析导航面板中选择 Phases 分支时，在工作区的中部出现 Phases 任务页面，如图 5-25 所示。Phases 任务页面主要用来确定多相流中的主相和次相。同时可以单击 Interaction 选项，定义相间的相互作用。

5. Cell Zone Conditions 分支

Cell Zone Conditions 分支主要用来确定模型中各区域的类型。在分析导航面板中选择 Cell Zone Conditions 分支时，在工作区的中部出现 Cell Zone Conditions 任务页面，如图 5-26 所示。下面介绍在该任务页面中需要设置的选项和参数。

第 5 章 Fluent 流体分析界面及使用

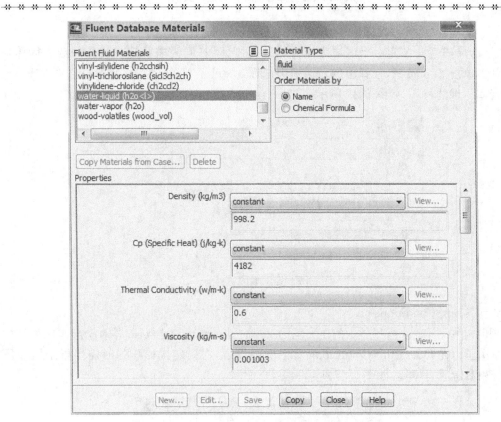

图 5-24 Fluent Fluid Materials 对话框

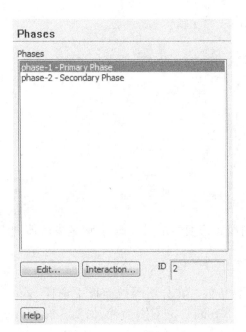

图 5-25 Phases 任务页面

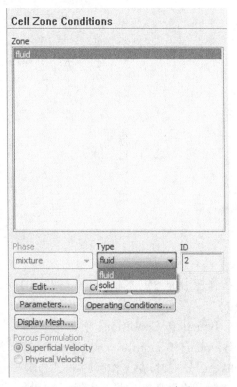

图 5-26 Cell Zone Conditions 任务页面

(1) Type

通过 Type 选项来指定一个区域为流体域还是固体域,同时需要定义流体域或者固体域内的材料。单击 Edit 按钮,在弹出的对话框中选择 Material Name 域,在其下拉菜单中选择流体域或者固体域的材料,如图 5-27 所示。

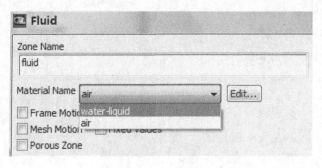

图 5-27 定义域内材料

(2) Operating Conditions

在 Fluent 中,所有计算和显示的压力均为 gauge pressure(表压),即相对于操作压力的相对值。操作压力在 Operating Conditions 对话框中设置,在设定操作压强时需要指定操作压强的数值和参考压力位置,如图 5-28 所示。

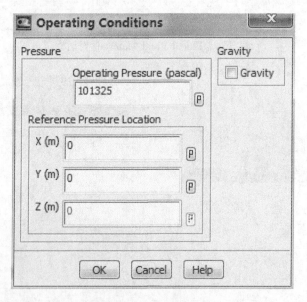

图 5-28 操作条件对话框

操作压力的设定还取决于马赫数的变化范围以及密度的定义方式,其设定参考值列于表 5-3 中。

6. Boundary Conditions 分支

Boundary Conditions 分支主要用来定义边界条件。在分析导航面板中选择 Boundary Conditions 分支时,在工作区的中部出现 Boundary Conditions 任务页面,如图 5-29 所示。下面介绍常见边界条件的设定方法。

表 5-3 操作压强的参考值

密度定义方式	马赫数范围	操作压强
理想气体定律	$Ma>0.1$	0 或者流动平均压强
	$Ma<0.1$	流动平均压强
温度型函数	不可压缩流动	不用设置
常数	不可压缩流动	不用设置
不可压理想气体	不可压缩流动	流场平均压强

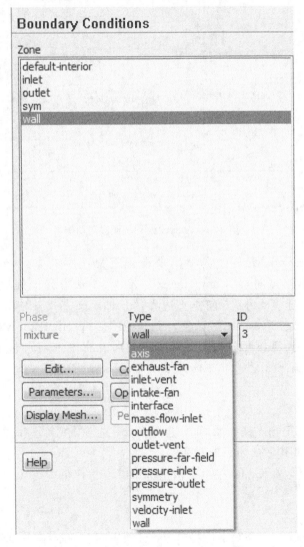

图 5-29 Boundary Conditions 面板

(1)进口边界条件

常用的进口边界条件有 velocity-inlet、pressure-inlet、mass-flow-inlet 等。下面介绍设置进口边界条件的方法。

①velocity-inlet

在 Boundary Conditions 任务页面下选择 Type 选项,在其下拉菜单中选择 velocity-inlet,单击 Edit 按钮,弹出如图 5-30 所示的"Velocity Inlet"对话框。

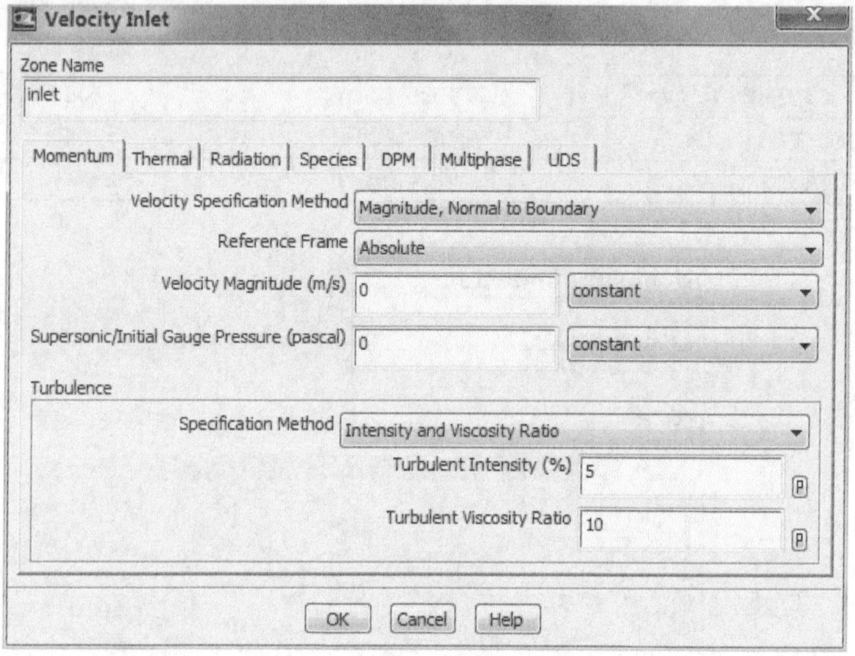

图 5-30 Velocity Inlet 设置对话框

Velocity Specification Method 选项用来设置定义速度的方式,包括"Magnitude and Direction"(速度大小和方向)、"Components"(X、Y、Z 轴方向的速度)以及"Magnitude, Normal to Boundary(速度大小,方向垂直边界)"三种定义方式。对于不可压缩流体,保留 Supersonic/Initial Gauge Pressure 默认值。Turbulence Specification Method 选项用于设置定义湍流的方式(当计算模型选择层流模型时,则没有该选项),包括"K and Epsilon"、"Intensity and Length Scale"、"Intensity and Viscosity Ratio"、"Intensity and Hydraulic Diameter"等定义方式。

②pressure-inlet

在 Boundary Conditions 任务页面下选择 Type 选项,在其下拉菜单中选择 pressure-inlet,单击 Edit 弹出如图 5-31 所示的对话框。

对于不可压缩流体,在 Gauge Total Pressure 和 Supersonic/Initial Gauge Pressure 选项处设置总压和静压。

③mass-flow-inlet

在 Boundary Conditions 面板下选择 Type 选项,在其下拉菜单中选择 Mass-Flow-Inlet,单击 Edit 弹出如图 5-32 所示的"Mass-Flow-Inlet"对话框。

Mass Flow Rate 参数为质量流率,当质量流率数值为负值时,表示该边界条件为流量出口边界条件。

(2)出口边界条件

常用的出口边界条件包括 pressure-outlet、outflow 等,下面介绍如何设置出口边界条件。

第 5 章　Fluent 流体分析界面及使用

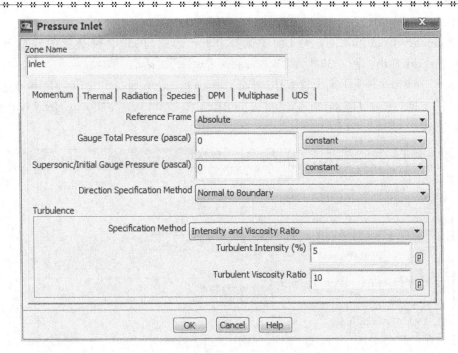

图 5-31　Pressure Inlet 设置对话框

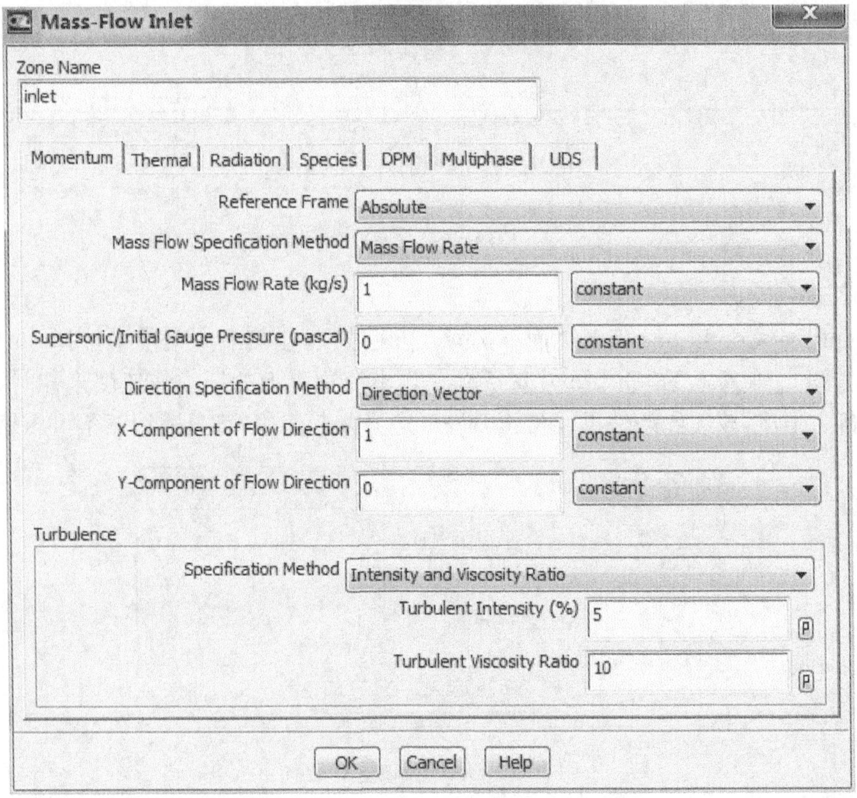

图 5-32　Mass-Flow-Inlet 设置对话框

①pressure-outlet

在 Boundary Conditions 任务页面中选择 Type 选项,在其下拉菜单中选择 pressure-outlet,单击 Edit 弹出如图 5-33 所示的"Pressure Outlet"对话框。

Gauge Pressure 选项用来设置表压。Backflow Direction Specification Method 选项用来定义回流的方向,包括"Direction Vector"、"Normal to Boundary"、"Form Neighboring Cell"三种定义方式。

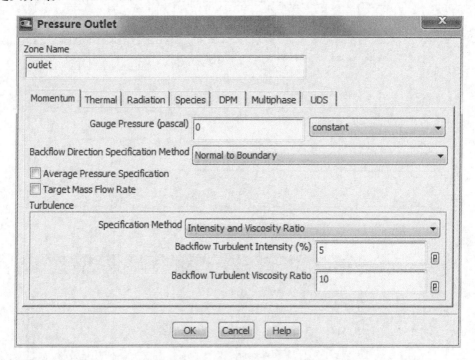

图 5-33　Pressure Outlet 设置对话框

②outflow

在 Boundary Conditions 任务页面下选择 Type 选项,在其下拉菜单中选择 outflow,单击 Edit 弹出如图 5-34 所示的"Outflow"对话框。当出流边界上的压力或速度未知时,可以将出口设置为自由出流,该边界条件不能与压力进口边界一起使用,且只适用于不可压缩流体。

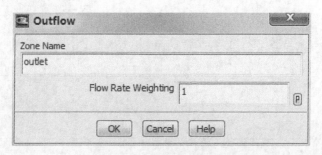

图 5-34　Outflow 设置对话框

(3)壁面边界条件

在 Boundary Conditions 任务页面下选择 Type 选项,在其下拉菜单中选择 wall,单击 Edit

弹出如图 5-35 所示的"Wall"对话框。

对于黏性流动问题，Fluent 默认设置是壁面无滑移条件。对于壁面有平移运动或者旋转运动时，可以通过 Wall Motion 选项下的 Moving Wall 指定壁面切向速度分量或旋转角速度，也可以通过 Shear Condition 选项给出壁面切应力从而模拟壁面滑移。

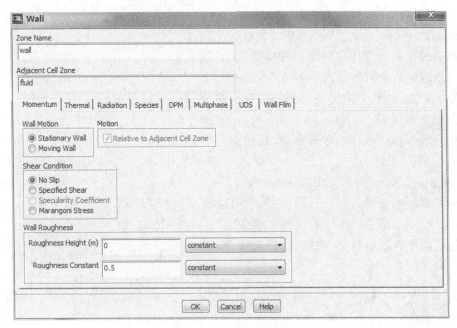

图 5-35　Wall 边界条件

当计算涉及到壁面传热时，就需要设置壁面热边界条件。切换到 Thermal 选项卡，如图 5-36 所示。

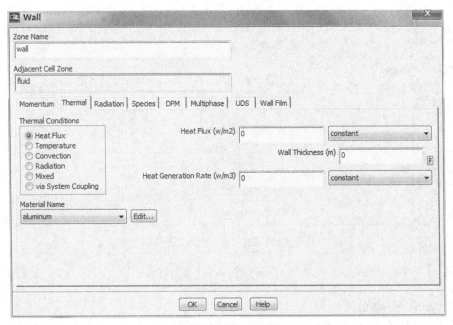

图 5-36　壁面热边界条件

壁面热边界条件包括 Heat Flux（固定热通量）、Temperature（固定温度）、Convection（对流换热）、Radiation（辐射换热）、Mixed（混合换热）以及 via System Coupling（通过 System Coupling 系统耦合）六大类型。

7. Mesh Interfaces 分支

Mesh Interfaces 分支主要用来定义网格的交界面。在前面的建模和网格划分定义交界面（交界面都是成对出现的），在网格导入 Fluent 后，Fluent 会自动识别一对交界面，并定义交界面的名称。在分析导航面板中选择 Mesh Interfaces 分支时，在工作区的中部出现 Mesh Interfaces 任务页面，如图 5-37 所示。

单击 Create/Edit 按钮，弹出"Create/Edit Mesh Interfaces"对话框，如图 5-38 所示。在其中可以创建（Create 按钮）、删除（Delete 按钮）、绘图显示（Draw 按钮）、列表显示（List 按钮）网格交界面，并设置其选项。

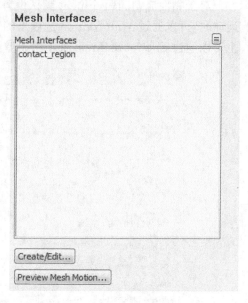

图 5-37　Mesh Interfaces 任务页面

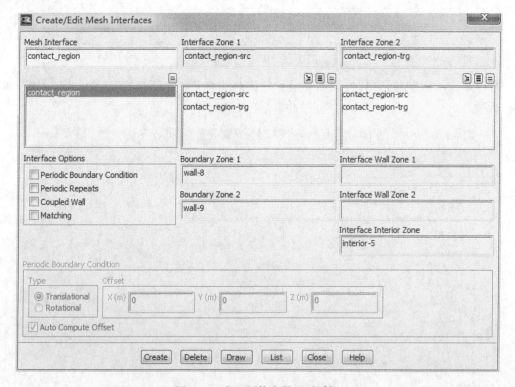

图 5-38　定义网格交界面对话框

8. Dynamic Mesh 分支

Dynamic Mesh 分支主要用来定义和动网格相关的选项。在分析导航面板中选择

Dynamic Mesh 分支时,在工作区的中部出现 Dynamic Mesh 任务页面,勾选 Dynamic Mesh,可激活动网格选项,如图 5-39 所示。

在 Dynamic Mesh 任务页面中,可以定义动网格的更新方式和动网格的运动方式。

(1)动网格的更新方式

在动网格计算过程中,网格的动态变化过程可以用三种模型进行计算,即弹簧光滑模型(Smoothing)、动态分层模型(Layering)和局部重划模型(Remeshing)。

①弹簧光滑方法

在弹簧光滑模型中,网格的边被理想化为节点间相互连接的弹簧。移动前的网格间距相当于边界移动前由弹簧组成的系统处于平衡状态。在网格边界节点发生位移后,会产生与位移成比例的力,这些力的大小可根据胡克定律计算。

原则上 Smoothing 模型可以用于任何一种网格,但在系统缺省设置中,只有四面体网格(三维)和三角形网格(二维)可以使用 Smoothing 方法。对于非四面体网格(二维非三角形),使用 Smoothing 方法时最好满足移动为单方向且移动方向垂直于边界。如这两个条件不满足,可能使网格的畸变率增大。

②动态分层方法

动态分层方法(Layering)是根据紧邻运动边界网格层高度的变化,添加或者减少动态层,即在

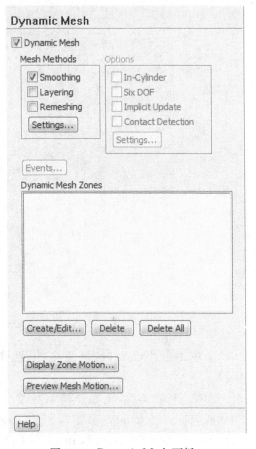

图 5-39　Dynamic Mesh 面板

边界发生运动时,如果紧邻边界的网格层高度增大到一定程度,就将其划分为两个网格层;如果网格层高度降低到一定程度,就将紧邻边界的两个网格层合并为一个层。

动态分层方法的应用有一定的限制。与运动边界相邻的网格必须为楔形体或者六面体(二维四边形)网格。如果移动边界为内部边界,则边界两侧的网格都将作为动态层参与计算。如果在壁面上只有一部分是运动边界,其他部分保持静止,则只需在运动边界上应用动网格技术,但是动网格区与静止网格区之间应该用滑动网格交界面进行连接。

③局部网格重划方法

当采用弹簧光顺方法时,可能会出现网格质量下降,甚至因网格畸变过大导致无法计算等问题。为了解决这个问题,Fluent 在计算过程中将畸变率或尺寸变化过大的网格集中在一起进行局部网格的重新划分(Remeshing)。如果重新划分后的网格可以满足畸变率要求和尺寸要求,则用新的网格代替原来的网格,如果新的网格仍然无法满足要求,则放弃重新划分的结果。需要注意的是,局部网格重划方法仅能用于四面体网格和三角形网格。

(2)定义动网格区域及运动方式

指定动网格区域及运动方式的操作步骤如下:

① 在 Dynamic Mesh 任务页面勾选 Dynamic Mesh 复选框,单击 Create/Edit 按钮,弹出 Dynamic Mesh Zones(动态区域)对话框,如图 5-40 所示。

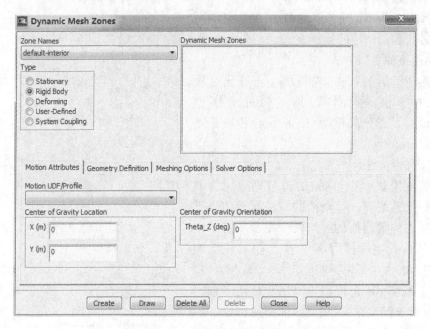

图 5-40　Dynamics Mesh Zones 对话框

② 在 Zone Names(区域名称)下选择动网格的相关区域。

③ 在 Type(类型)下选择其运动类型,可供选择的运动类型包括:Stationary(静止)、Rigid Body(刚体运动)、Deforming(变形)、User-Defined(用户自定义)以及 System Coupling(系统耦合传递)。

④ 定义 Motion Attributes。在动网格区为刚体运动时,可以用 UDF 或 Profile 来定义其运动;在动网格区为变形区域时,则需要定义其几何特征及局部网格重划参数;如果动网格区既做刚体运动又有变形发生,则只能用 UDF 来定义其几何形状的变化和运动过程。

⑤ 最后单击 Create(创建)按钮完成定义。

⑥ 完成上述定义后,首先保存 case 文件。然后单击 Dynamic Mesh 面板中的 Preview Mesh Motion 按钮,预览网格的变化。

9. Reference Values 分支

Reference Values 分支主要用来定义流动变量的参考值。在分析导航面板中选择 Reference Values 分支时,在工作区的中部出现 Reference Values 任务页面。如图 5-41 所示。

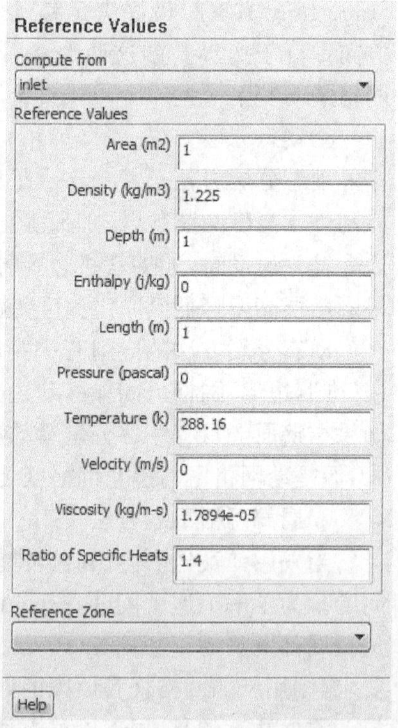

图 5-41　Reference Values 面板

5.3 Fluent 的求解控制选项

Fluent 求解器的求解控制选项集中于分析导航面板的 Solution 分支下，共包含 Solution Methods、Solution Controls、Monitors、Solution Initialization、Calculation Activities 以及 Run Calculation 6 个子分支。下面对这些分支包含的常用设置选项进行介绍。

1. Solution Methods 分支

在分析导航面板中选择 Solution Methods 分支时，在工作区的中部出现 Solution Methods 任务页面。Solution Methods 分支主要用来指定求解方法的算法选项。求解方法包括基于压力以及基于密度两种，在上一节的 General 任务页面的 Solver 区域内进行选择。

(1) 压力求解器的算法设置

如果在 General 任务页面选择了基于压力的求解器，默认设置如图 5-42 所示。

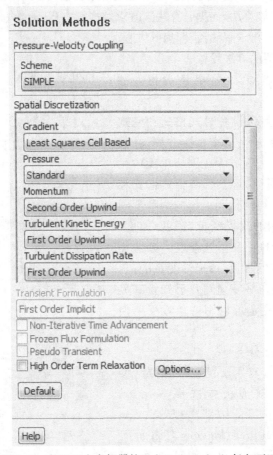

图 5-42 基于压力求解器的 Solution Methods 任务页面

对于基于压力求解器来说，主要包括分离式算法和耦合式算法。

① 分离式算法

对于分离式算法，Fluent 提供 4 种压力速度耦合算法，分别是 SIMPLE、SIMPLEC、PISO

和 Fractional Step,表 5-4 给出 4 种算法的适用条件。

表 5-4 四种算法的介绍

压强速度耦合算法	适用情况
SIMPLE	SIMPLE 算法是用假定的压力场求解动量方程,继而得到边界点上的通量,通过连续性方程对压力和速度进行修正。主要用于处理稳态问题
SIMPLEC	SIMPLE 算法和 SIMPLEC 算法的基本思路一样,仅是在修正方法上有所改进。主要用于稳态计算,相比于 SIMPLE 可以获得更快的收敛速度
PISO	SIMPLE 算法和 SIMPLEC 算法都是用假定的压力场求解动量方程,会带来每个迭代步获得的压力场与动量方程偏差过大的问题。PISO 算法针对上述问题,在每个迭代步增加动量修正和网格畸变修正,使计算收敛的更快。推荐用于求解瞬态问题或者网格畸变率过大的稳态问题
Fractional Step	在 Solution Methods 任务页面上勾选 Non-Iterative Time Advancement 选项,利用 Fractional Step 算法处理瞬态问题

②耦合式算法

对于耦合式算法,Fluent 提供了 Coupled 算法(从 Solution Methods 任务页面的 Scheme 选项的下拉菜单中选择该算法)。耦合算法同时求解连续方程、动量方程和能量方程。在上述流场控制方程被求解后,再求解湍流、辐射等方程。

(2)基于密度求解器的算法设置

对于基于密度求解器来说,默认设置如图 5-43 所示。

在 Formulation 下可以设置显式格式和隐式格式。由于流体的控制方程是非线性方程,在数值求解过程中需要将非线性方程在网格单元中化为线性方程,然后再进行求解。所谓隐式格式和显式格式是对方程进行线性化和求解的两种不同方式。隐式格式将未知的流场变量(密度、速度、能量等)同已知量之间的关系用方程组的形式加以表达,然后通过求解方程组获得未知变量的值。显式格式则是将未知的流场变量写作已知量的显式函数形式,因此每个变量可以用一个方程单独进行求解。

2. Solution Controls 分支

Solution Controls 分支用于设置求解控制参数和选项。在分析导航面板中选择 Solution Controls 分支时,在工作区的中部出现 Solution Controls 任务页面。Solution Controls 任务页面所显示的选项与所选择的求解器类型有关,图 5-44 为对应于基于压力求解器的求解控制选项,图 5-45 为对应于基于密度的显式算法的求解控制选项。

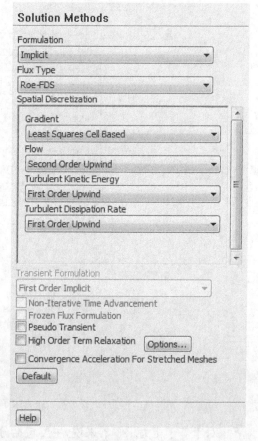

图 5-43 基于密度求解器 Solution Methods 面板

第 5 章　Fluent 流体分析界面及使用

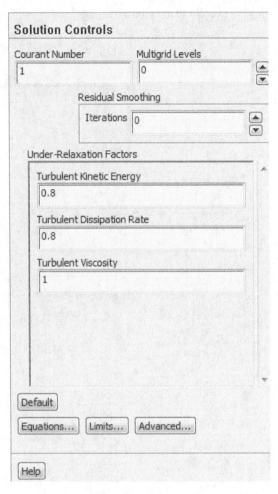

图 5-44　Solution Controls 面板　　　图 5-45　显式格式下的 Solution Controls 面板

(1) 基于压力求解器的情形

对于压力求解器而言，Solution Controls 任务面板主要用来设置控制各流场迭代的亚松弛因子。在大多数情况下，可以不必修改亚松弛因子的默认设置，因为这些默认设置都是根据各种算法的特点优化得出的。

(2) 基于密度求解器的情形

对于基于密度求解器，Solution Controls 任务面板中需要进行 Courant Number（库朗数）的设置。求解时间步长是由库朗数定义的，而库朗数应处于由线性稳定性理论定义的一个区间范围，在这个范围内计算格式是稳定的。给定一个库朗数，就可以相应地得到一个时间步长。库朗数越大，时间步长就越长，计算收敛速度就越快，因此在计算中库朗数都在允许的范围内尽量取最大值。对显式格式还需要进行 FAS Multigrid Level 和 Residual Smoothing Iteration 的设置。

3. Monitors 分支

Monitors 分支主要用来设置各种监视器，比如残差曲线、面监视器、体监视器等。在分析导航面板中选择 Monitors 分支时，在工作区的中部出现 Monitors 任务页面，如图 5-46 所示。

下面介绍各种监视器的主要功能。

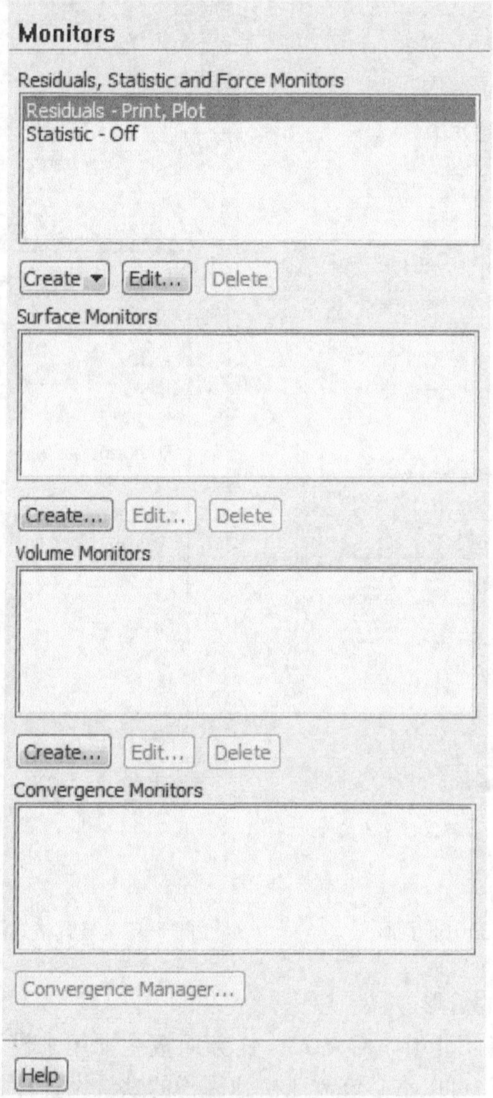

图 5-46 Monitors 面板

(1) 残差曲线

在迭代计算过程中,当各个物理变量的残差值都达到收敛标准时,计算达到收敛。Fluent 默认的收敛标准是:除了能量的残差值外,当所有变量的残差值都降到低于 10^{-3} 时,就认为计算收敛,而能量的残差值的收敛标准为低于 10^{-6}。

残差曲线的具体设置方法请参考本书后续各章的计算例题,此处不再详细介绍。

(2) 面监视器

利用面监视器可以监视特定面上的变量(比如出口面的温度)。面监视器监视的参数趋于稳定值可作为判别计算结果收敛的一个辅助手段。

(3) 体监视器

利用体监视器监视某个体积域上的变量(比如温度、压力、速度、壁面通量等)。体监视器也可作为判断计算结果是否收敛的辅助手段。

4. Solution Initialization 分支

Solution Initialization 分支用于为流场设定初始值。在分析导航面板中选择 Solution Initialization 分支时,在工作区的中部出现 Solution Initialization 任务页面。在迭代计算开始前,必须为 Fluent 计算涉及到的变量指定初始值。

可选择的初始化方法有 Standard Initialization、Patch values、Hybrid Initialization、Full Multigrid Initialization 和 Starting from A Previous Solution 五种。下面对这五种初始化方法进行介绍。

(1) Standard Initialization

对于多相流或者瞬态问题,默认设置为标准初始化,如图 5-47 所示。标准初始化应该先在 Compute From 列表中选择需要定义初始值的区域名,再在 Initial Values 中给定各变量的值,则所有流场区域的变量的值都会根据给定区域的初始值完成初始化过程。也可以在 Compute from 列表中选择 all-zones,利用平均值的办法对流场进行初始化。

(2) Patch Values

Patch Values 初始化方法主要应用于自由射流问题(当射流速度较大时)、燃烧问题(反应区域的温度较高时)、多相流问题(指定一个或多个区域不同相的体积分数)等。单击 Solution Initialization→Patch,弹出"Patch 选项"对话框,如图 5-48 所示。

(3) Hybrid Initialization(混合初始化)

对于单相稳态流动,默认设置为混合初始化。混合初始化通过求解拉普拉斯方程确定速

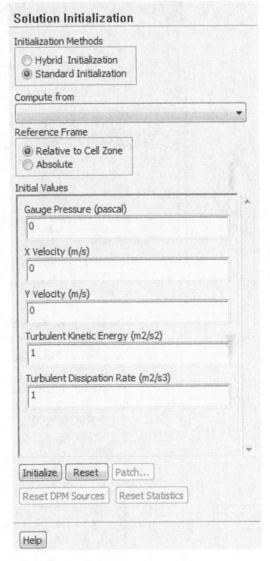

图 5-47　标准初始化选项设置对话框

度和压力。其他的变量,比如温度、湍动能、体积分数等则根据区域的平均值或者通过特殊的插值方法自动进行修正。在 Solution Initialization 任务页面下选择 Hybrid Initialization 初始化方法,然后单击 More Settings 进行相关选项的设置。如图 5-49 所示。

(4) Full Multigrid Initialization

在较大网格尺度的情况下,FMG Initialization 能更好的处理包含较大压力和速度梯度的复杂流动。通过在控制台输入"/solve/init/fmg-initialization"命令激活该初始化方法。

(5) Starting from A Previous Solution

在 Fluent 计算中,有时候为了得到更好的计算结果,可以将前一次分析的结果当做当前

计算的初始值。例如,在后续的圆柱绕流问题的案例中,先计算稳态过程,然后将稳态过程的计算结果当做瞬态计算的初始解,然后再计算瞬态过程。

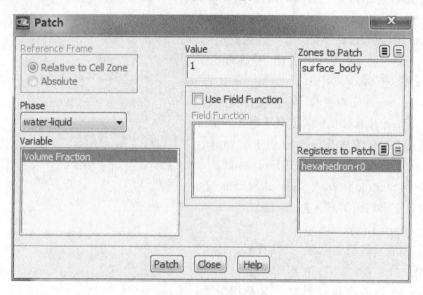

图 5-48　Patch 对话框

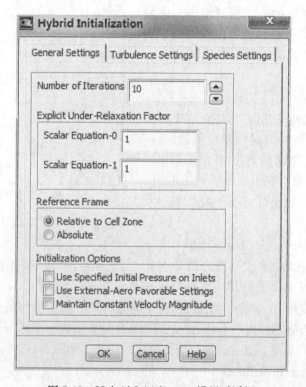

图 5-49　Hybrid Initialization 设置对话框

5. Calculation Activities 分支

Calculation Activities 分支主要用来设置在计算过程中可以执行的操作,比如自动保存、输出文件、制作动画等。在分析导航面板中选择 Calculation Activities 分支时,在工作区的中部出现 Calculation Activities 任务页面,如图 5-50 所示。这些选项的具体设置方法请参考本书后续的计算例题。

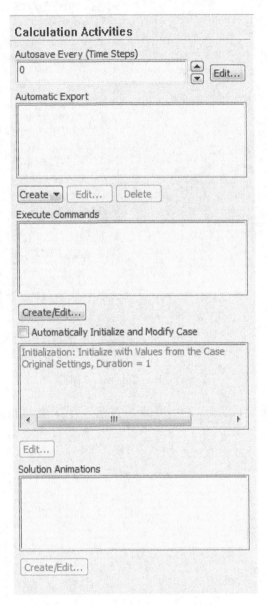

图 5-50 Calculation Activities 面板

6. Run Calculation 分支

Run Calculation 分支主要用来设置和迭代计算相关的一些选项。在分析导航面板中选择 Run Calculation 分支时,在工作区的中部出现 Run Calculation 任务页面。稳态问题和瞬态问题的默认设置分别如图 5-51(a)(b)所示。

对于稳态问题,需要设置用于计算的迭代步数、监视器报告迭代间隔、剖面更新间隔等。对于瞬态问题还需要设置时间步长和时间步数,时间步长可根据所求解的问题合理设置,通常选择一个时间步迭代 5~10 次达到收敛，如果迭代次数过多或过少都需要调整时间步。

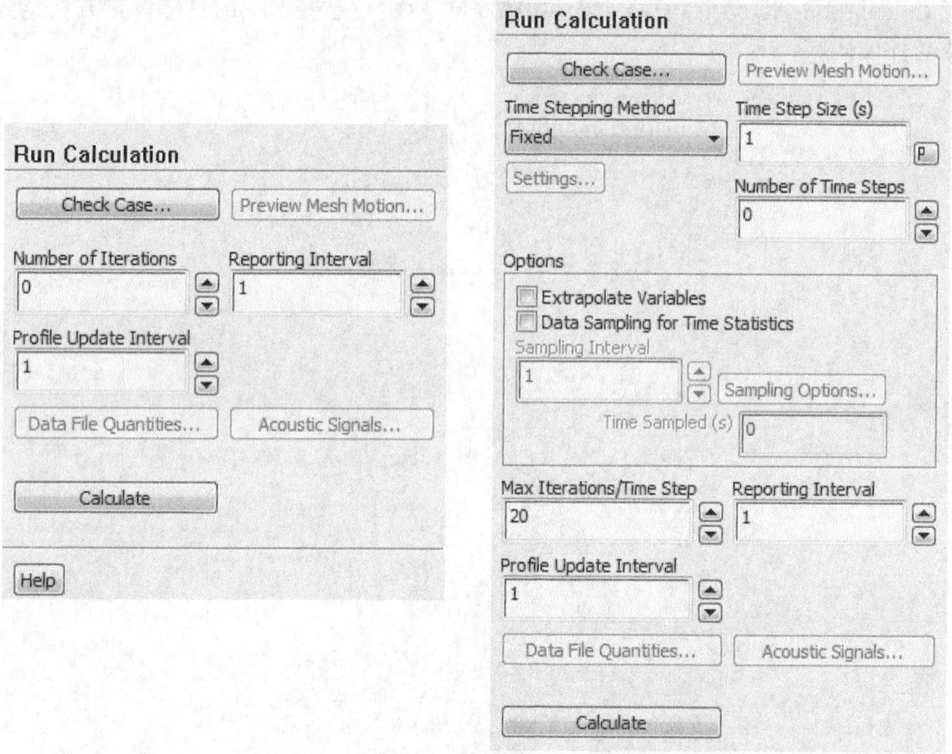

(a) 稳态问题　　　　　　　　　　(b) 瞬态问题

图 5-51　Run Calculation 面板

当上述各个分支设置完成后，单击 Calculate 按钮，即可开始进行迭代计算。

第 6 章　Fluent 计算结果的后处理

CFD 计算完成后,用户可通过 Fluent 软件自带的后处理功能或 CFD Post 专用后处理器查看和分析计算结果。本章介绍常用的 CFD 后处理操作,如:等值面、等值线图、向量图、流线图、迹线图、XY 曲线图以及进行流场的动画显示等。

6.1　Fluent 自带后处理功能的使用

Fluent 分析界面中内置了自带的后处理功能,这些后处理功能集中于 Fluent 分析导航面板的 Results 分支下,共包含 Graphics and Animations、Plots 和 Reports 三个子分支。利用这三个子分支能够方便的生成网格图、等值线图、剖面图、矢量图和迹线图等图形以及动画,帮助用户快速查看模拟结果,并对计算结果进行全面分析。在迭代计算过程中,用户还可以随时停止计算,查看存储于内存中的计算结果,然后可以对一些设置选项进行修改后继续计算。下面对 Fluent 界面自带的后处理功能进行介绍。

1. Graphics and Animations 分支

Graphics and Animations 分支主要用来生成网格图、等值线图、矢量图和迹线图等图形以及基于计算结果生成动画。在分析导航面板中选择 Graphics and Animations 分支时,在工作区的中部出现 Graphics and Animations 任务页面,如图 6-1 所示。

Graphics and Animations 任务页面提供了网格图、等值线图、矢量图、迹线图、粒子追踪以及动画的生成等功能。通过任务页面下方的 Options、Scene、Views、lights、Colormap、Annotate 按钮可以对后处理图形进行显示渲染、场景、视角、光照、色图、注释等设置。

(1)网格图

双击 Graphics and Animations 任务页面中的 Mesh 选项,出现"Mesh Display"设置对话框,如图 6-2 所示。在 Options 下可以选择 Nodes(节点)、Edges(边)、Faces(面)以及 Partitions(区域)。在 Surfaces 下可以指定用来显示的面。设置完成后单击 Display 按钮,即在图形显示窗口中显示网格图。

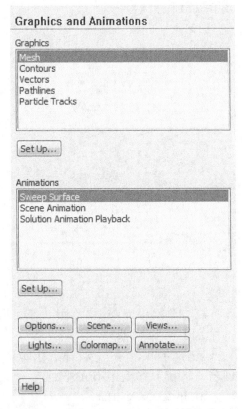

图 6-1　Graphics and Animations 任务页面

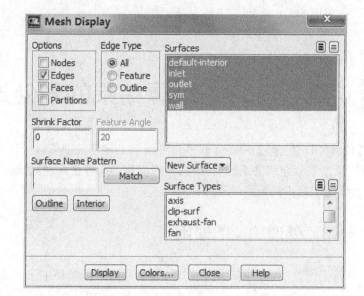

图 6-2 Mesh Display 对话框

本节后续很多后处理操作都基于 Surface 的，因此此处对常用的创建 Surface 的方法进行简单介绍。用户可在各后处理工具的设置对话框中单击 New Surface 按钮打开下拉菜单选择创建 Surface 的方法，如图 6-3(a)所示；也可在 Surface 菜单栏中选择创建 Surface 的方法，如图 6-3(b)所示。

图 6-3 创建 Surface 的方法

常见的 Surface 类型及创建方法包括：

①Plane Surface

选择 Plane... 菜单项，弹出"Plane Surface"对话框，如图 6-4 所示，通过三个点的坐标来创建一个用于后处理操作的平面。

②Line/Lake Surface

选择 Line/Lake... 菜单项，弹出"Line/Rake Surface"对话框，用户可选择 Line Surface

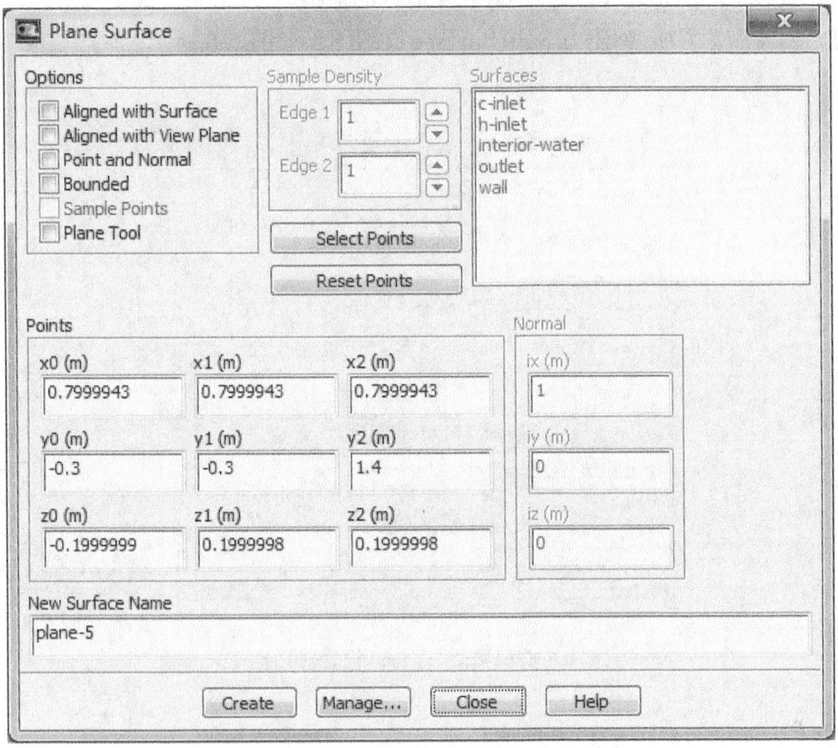

第 6 章　Fluent 计算结果的后处理

图 6-4　Plane Surface

的类型,一种是 Rake,由在两个端点之间等距离分布的点组成,另一种是 Line,其上的点可以是不等距分布,如图 6-5 所示。

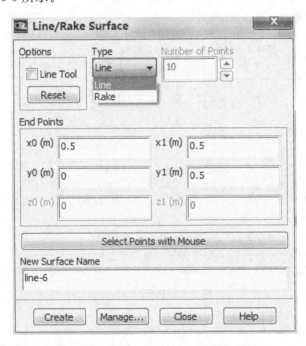

图 6-5　Line/Rake Surface 设置对话框

③Point Surface(作为取样点显示某个特定点的数值)

选择 Point... 菜单项,弹出"Point Surface"对话框,如图 6-6 所示。用户直接在其中输入点的坐标即可。

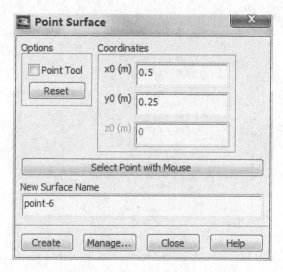

图 6-6　Point Surface 设置对话框

④Quadric Surface

选择 Quadric... 菜单项,弹出"Quadric Surface"对话框,如图 6-7 所示。用户可在其中输入曲面方程的各系数选择形成 Plane、Sphere 及一般 Quadric 面。

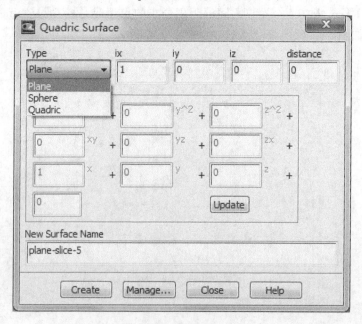

图 6-7　Quadric Surface

⑤Iso-Surface

选择 Iso-Surface... 菜单项,弹出"Iso-Surface"对话框。用户可选择 Mesh 坐标值(包括柱坐标)或关注的量(压力、速度、温度、浓度等)的等值面,形成 Surface。如图 6-8(a)所示为创建一个坐标 $x=5$ 的 Surface,图 6-8(b)所示为创建一个温度为 300 K 的等温面。

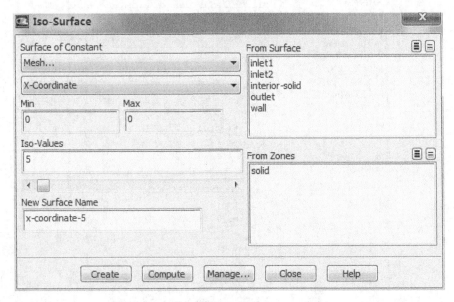

(a) 建立 $x=5$ 的 Surface

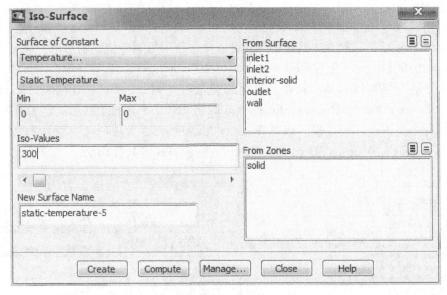

(b)建立等值面(温度为300 K)

图 6-8　Iso-Surface 对话框

(2)等值线/轮廓图

双击 Graphics and Animations 任务页面下的 Contours 选项,出现"Contours"设置对话框,如图 6-9 所示。

等值线图绘制的相关步骤如下:

①设置绘图显示的变量

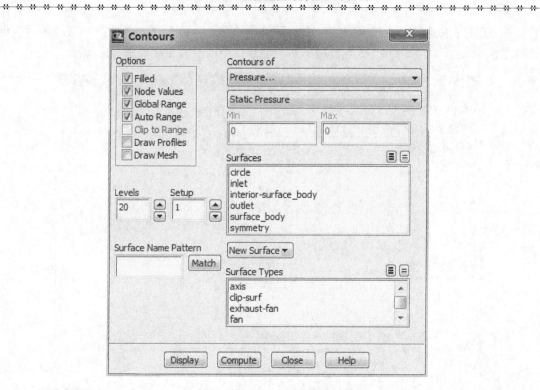

图 6-9 Contours 对话框

在 Contours of 下拉列表中选择一个变量或函数作为绘制等值线的对象。首先在第一个下拉列表中选择相关分类(包括 Pressure、Density、Velocity 等)。然后在第二个下拉列表中选择具体的变量,比如:Pressure 分类下包含的变量有 Static Pressure、Pressure Coefficient、Dynamic Pressure、Absolute Pressure、Total Pressure 及 Relative Total Pressure 等,如图 6-10(a)所示。Velocity 分类下包含的变量可以是 Velocity Magnitude、X Velocity、Y Velocity、Z Velocity、Axial Velocity、Radial Velocity、Tangential Velocity 等等,如图 6-10(b)所示。

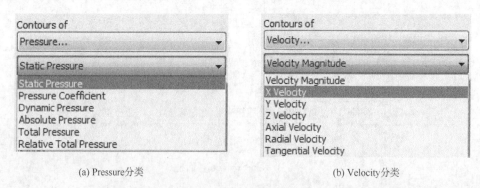

(a) Pressure 分类　　　　　　　　　(b) Velocity 分类

图 6-10　Contour 变量列表

②指定显示的面

在 Surfaces 列表中选择待绘制等值线或轮廓的面。对于 2D 情况,如果没有选取任何面,则会在整个求解对象上绘制等值线或轮廓。对于 3D 情况,至少需要选择一个表面。也可通

第 6 章 Fluent 计算结果的后处理

过 New Surface 下拉列表选择新建平面用于显示等值线。

③在 Levels 编辑框中指定轮廓或等值线的数目,最大数为 100。

④如果希望自行设置等值线的显示范围,取消勾选对话框中 Options 下的 Auto Range 选项,此时 Min 和 Max 编辑框处于可编辑状态,然后可以输入显示的范围。

⑤完成设置后,单击 Display 显示等值线/轮廓图。

(3)矢量图

双击 Graphics and Animations 任务页面下的 Vectors 选项,出现"Vectors"设置对话框,如图 6-11 所示。绘制矢量图的步骤与上面的等值线图类似。其中,Scale 的数值用于指定矢量图中箭头的疏密程度。

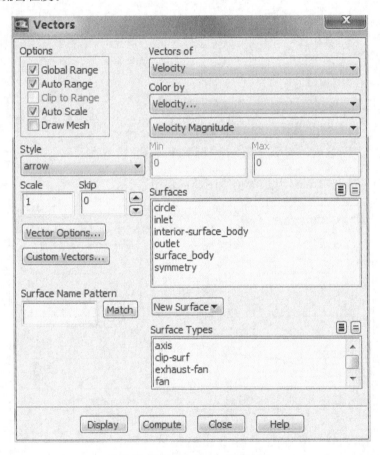

图 6-11 Vectors 对话框

(4)迹线图

双击 Graphics and Animations 任务页面下的 Pathlines 选项,出现"Pathlines"设置对话框,如图 6-12 所示。在 Release From Surfaces 列表中选择相关平面,设置 Step Size(长度)和 Steps 的最大数目,单击 Display 显示迹线图。

(5)动画显示

双击 Graphics and Animations 任务页面下的 Sweep Surface 选项,出现 Sweep Surface 对话框,如图 6-13 所示。用户可选择一个扫描方向(Sweep Axis),动画观察沿着此方向一系列

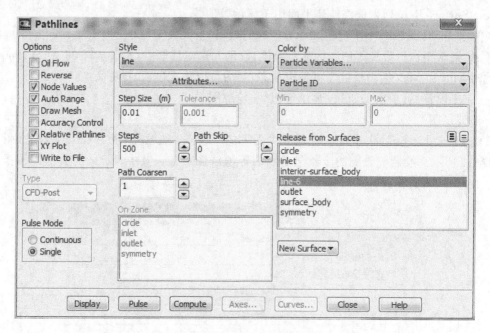

图 6-12 Pathlines 对话框

剖面上预设的 Display Type(网格、等值线图或向量图)。

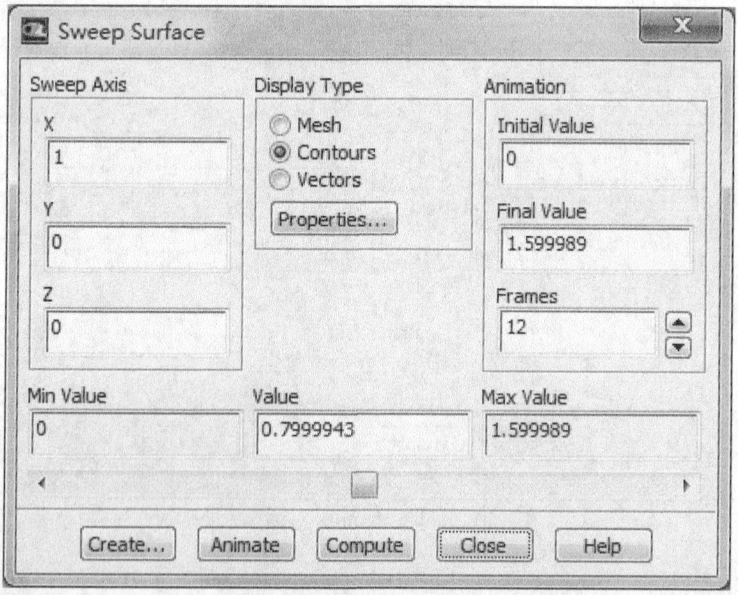

图 6-13 Sweep Surface

双击 Graphics and Animations 任务页面下的 Scene Animate 选项,出现"Animate"设置对话框,如图 6-14 所示。在此对话框中,只需定义一系列关键 Frame,即可播放这些帧组成的动画。

双击 Graphics and Animations 任务页面下的 Solution Animation Playback 选项,出现"Playback"设置对话框,如图 6-15 所示。在 Playback 对话框中单击播放按钮,此时会在 Fluent 图形窗口中进行动画回放。

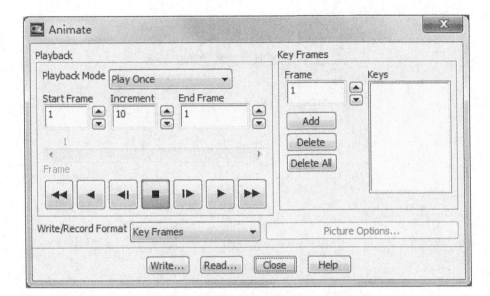

图 6-14　Animate 对话框

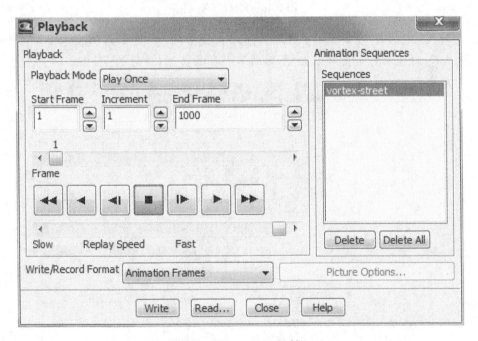

图 6-15　Playback 对话框

2. Plots 分支

Plots 分支主要用来绘制 XY 曲线和柱状图。在分析导航面板中选择 Plots 分支时,在工作区的中部出现 Plots 任务页面,如图 6-16 所示。

Plots 任务页面主要包括 XY Plot、Histogram 等数据的输出功能。

(1) XY 曲线

双击 Plots 任务页面下的 XY Plot 选项,出现"Solution XY Plot"设置对话框,如图 6-17

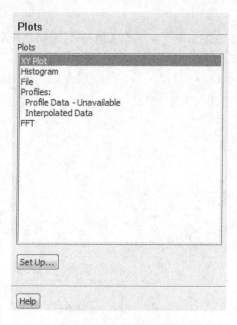

图 6-16 Plots 任务页面

所示。绘制 XY 曲线时,在 Plot Direction 下选择绘图方向,在 Y Axis Function 下选择绘图变量,在 Surfaces 下选择绘制曲线的表面,然后单击 Plot 按钮,绘制 XY 曲线。

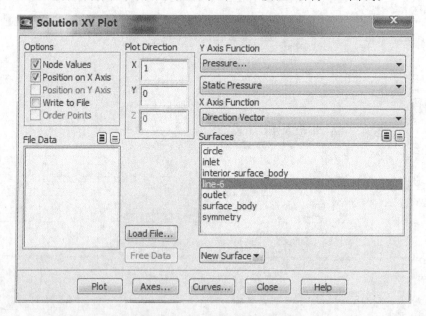

图 6-17 Solution XY Plot 对话框

(2)柱状图

双击 Plots 任务页面下的 Histogram 选项,出现"Histogram"设置对话框,如图 6-18 所示。绘制柱状图(Histogram)时,在 Divisions 选项下设定数据间隔点,默认情况下为 10 个间隔点,在 Histogram of 选项下选择绘图变量,在 Zones 选项下选择绘图区域,然后单击 Plot 按钮,绘制柱状图。

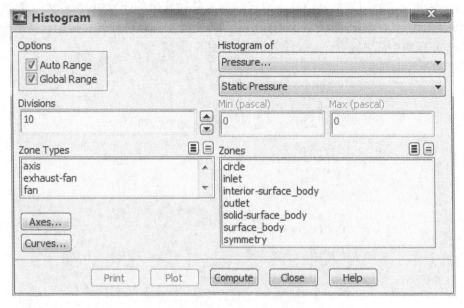

图 6-18　Histogram 对话框

(3)FFT

双击 Plots 任务页面下的 FFT 选项，出现"Fourier Transform"设置对话框，如图 6-19 所示。用户通过对话框中的"Load Input File"按钮可导入信号数据文件，然后通过"Plot FFT"显示变换结果。

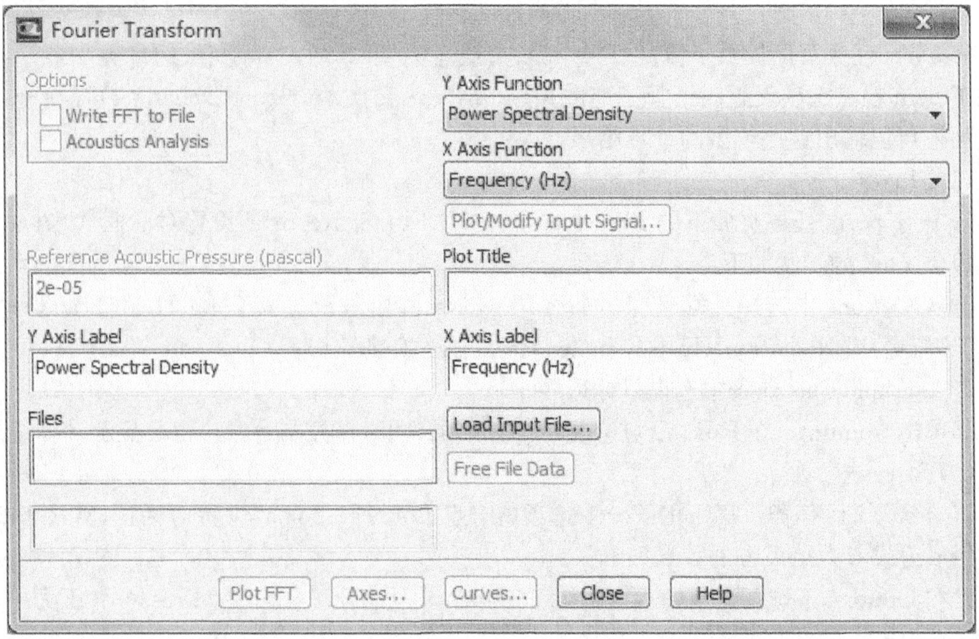

图 6-19　快速傅氏变换

3. Reports 分支

Reports 分支主要用来计算边界上或内部面上各种变量的积分值,可以计算的项目包括边界上的质量流量、热量流量、边界上的作用力和力矩等。在分析导航面板中选择 Reports 分支时,在工作区的中部出现 Reports 任务页面,如图 6-20 所示。

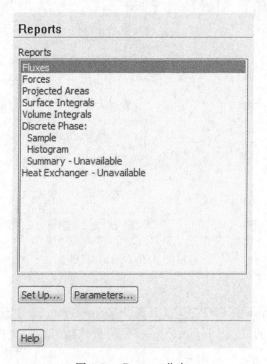

图 6-20　Reports 分支

Reports 任务页面提供了流量(Fluxes)、力或者力矩(Forces)等变量的计算功能。同时,当在 Fluent 模型选项设置时选择了离散相(DPM)、热交换器(Heat Exchanger)等模型,该任务页面还可以输出这些模型的计算结果。

(1) Fluxes

双击 Reports 任务页面下的 Fluxes 选项,出现"Fluxes Reports"设置对话框,如图 6-21 所示。报告 Flux 的步骤如下:

① 从 Options 中选择计算变量:Mass Flow Rate(质量流量)、Total Heat Transfer Rate(总的热流量)或 Radiation Heat Transfer Rate(辐射换热量)。

② 在 Boundaries 列表中选择目标边界。

③ 单击 Compute,在 Results 域会显示计算结果,同时在控制台窗口也会显示计算结果。

(2) Forces

双击 Reports 任务页面下的 Force 选项,出现"Force Reports"设置对话框,如图 6-22 所示。生成力或者力矩报告的步骤如下:

① 在 Options 下选择 Forces(作用力)、Moments(力矩)、Center of Pressure(压力中心),设定计算内容。

② 若选择生成作用力报告,则需要在 Force Vector(作用力矢量)中指定作用力方向的 X、

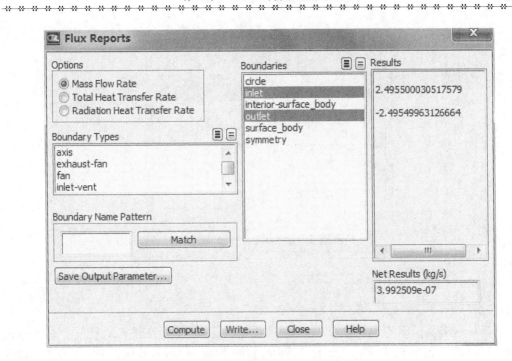

图 6-21　Flux Reports 对话框

图 6-22　Force Report 设置对话框

Y 和 Z 分量；若选择生成力矩报告，则需要在 Moment Center（力矩中心）中指定力矩中心的 X、Y 和 Z 坐标；若选择生成压力中心，则需要在 Coordinate 下指定坐标轴。

③在 Wall Zones（边界区域）列表中选择需要计算力和力矩的边界。

(3) Projected Areas

Reports 任务页面下的 Projected Areas 选项用于计算所选择的 Surface 在某个坐标方向（X、Y、Z）上的投影面积，如图 6-23 所示为计算 c-inlet（Surface 名称）在 X 方向投影面积。

图 6-23 计算投影面积

(4) Surface Integrals

Reports 任务页面下的 Surface Integrals 选项可以显示任意量在任意面上的总量、平均值或者最大和最小值。双击 Reports 任务页面下的 Surface Integrals 选项，出现"Surface Integrals"设置对话框，如图 6-24 所示。

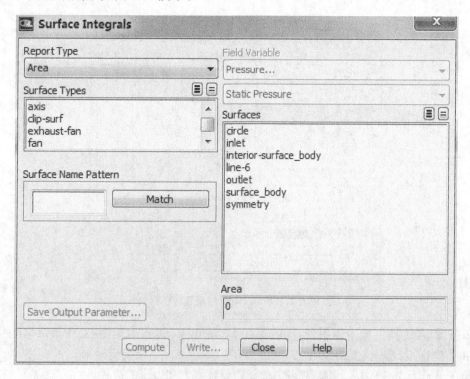

图 6-24 Surface Integrals 设置对话框

(5) Volume Integrals

Reports 任务页面下的 Volume Integrals 选项可以显示变量在一个区域的总量、平均值或者最大值和最小值。双击 Reports 任务页面下的 Volume Integrals 选项，出现"Volume Integrals"设置对话框，如图 6-25 所示。

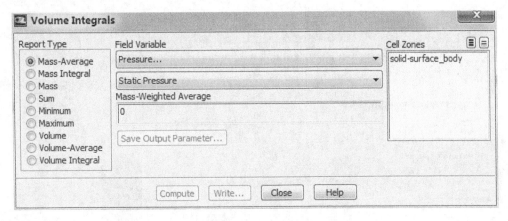

图 6-25　Volume Integrals 设置对话框

6.2　CFD-Post 后处理器的使用

CFD-Post 是一个独立的后处理器，功能十分丰富。可基于特定位置的计算结果形成等值线图、向量图、迹线图等图形，可形成变量沿路径分布的曲线，可使用各种内部函数并定义各种变量及表达式，可计算形成数据表格，可形成图形动画，还可以形成 CFD 分析报告。

6.2.1　CFD-Post 的启动及操作界面

CFD-Post 的启动方式有两种，即：在 Workbench 环境中启动或独立启动。

(1) 在 Workbench 环境中启动 CFD-Post。在 ANSYS Workbench 的 Project Schematic 界面中，双击 Fluid Flow(Fluent)分析系统的 Results 组件，或双击单独的 Results 组件，即可启动 CFD-Post 后处理器，如图 6-26 所示。

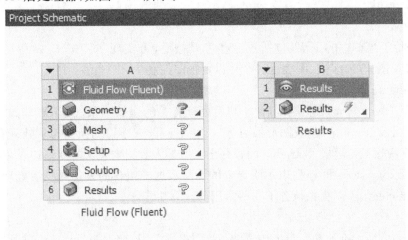

图 6-26　通过 Workbench 平台启动 CFD-Post

(2)独立启动 CFD-Post。在开始菜单 ANSYS 目录下的 Fluid Dynamics 子目录下选择 CFD-Post 菜单项,可独立启动 CFD Post 后处理器。CFD-Post 启动后,其界面如图 6-27 所示。

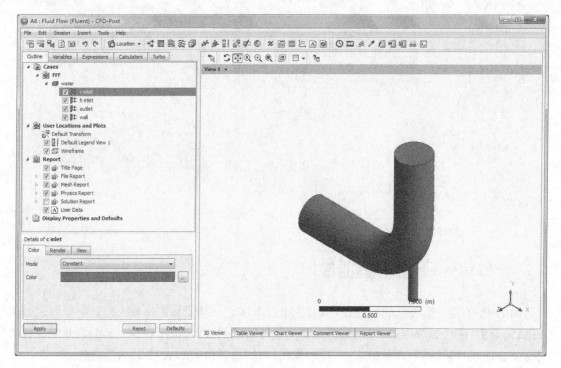

图 6-27 CFD-Post 界面

CFD-Post 界面包含菜单栏、工具条、Outline Tree、Details、Viewers 区域等部分组成,下面对各部分进行介绍。

1. 菜单栏

CFD-Post 菜单栏包括 File、Edit、Session、Insert、Tools 和 Help,通过菜单可以调用 CFD-Post 的大部分功能。

2. 工具条

工具条位于菜单栏的下面,包括了一些工具按钮,可实现文件操作、常用功能调用(如:Location、矢量图、等值线图、图表、函数等)以及视图控制。

3. Outline Tree

Outline Tree 位于界面左侧,包含了与后处理有关的全部对象(Objects),如:读入的模型边界、插入的 Location(位置)及图形项目等。Outline Tree 还可切换到与后处理有关的变量、表达式、计算器等工具面板,Variable 面板列出了所导入数据中包含的变量以及后处理过程建立的变量),Expressions 面板列出了所导入的计算数据中包含的表达式及后处理过程中建立的表达式,Calculators 面板则包含了一些常用的计算功能。

4. Details

在 Outline Tree 的下方为 Details 面板,此面板显示用户在 Outline Tree 所选中项目的细节选项。当需要插入位置、云图、矢量图、流线图、表格等后处理对象时,都需要在此对象的

Details 中进行相关的参数和选项设置。

5. Viewer 区域

Viewer 区域是后处理操作结果的显示区域,可在五种显示类型之间进行切换,即 3D Viewer、Table Viewer、Chart Viewer、Comment Viewer、Report Viewer,其中最为常用的 3D Viewer 图形显示。当建立表格或图表时,则切换到 Table Viewer 或 Chart Viewer 进行显示。

6. 右键菜单

在 CFD-Post 中,用户可通过右键菜单完成很多常用操作,在界面的不同位置显示的鼠标右键菜单通常是不同的。

6.2.2 CFD-Post 的基本使用方法

本节介绍 CFD Post 的基本使用方法。

1. 准备后处理操作相关的 Location

当利用 CFD-Post 进行结果后处理时,首先需要确定用于后处理的位置(Location),数据会在用户选择的位置(Location)处提取出来,然后基于这些数据形成各种变量图形、变量曲线以及表格。

可通过以下三种途径创建 Location:

(1)在菜单栏中选择 Insert>Location 菜单项创建位置,如图 6-28 所示。

(2)在工具栏中选择 Location 按钮,在弹出下拉列表中创建位置,如图 6-29 所示。

图 6-28　菜单创建 Location

图 6-29　工具条创建 Location

(3)在 Outline Tree 中选择 User Locations and Plots 分支,在右键菜单中选择 Insert>Location 菜单项创建位置,如图 6-30 所示。

由上述菜单列表可见,可选择的位置(Location)类型有 Point(点)、Point Cloud(点云)、Lines(线)、Plane(平面)、Volume(体)、Isosurface(等值面)等。下面对这些位置类型进行简单的介绍。

①点、点云

在弹出的菜单中选择 Point,在左侧空白区会弹出如图 6-31 所示的对话框。通过 XYZ(坐

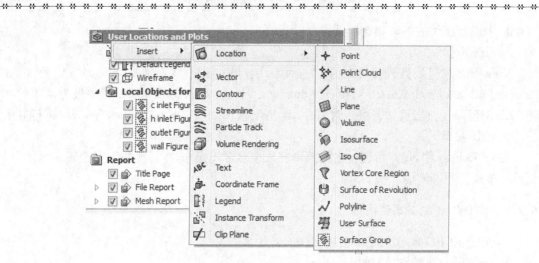

图 6-30　右键菜单创建 Location

标系)、Node Number(节点号)、Variable Minimum/Maximum(变量的最小/最大位置)三种方式定义点。在 Details 中选择合适的定义方式,单击 Apply,形成的点出现在 Outline Tree 中。点云用于创建多个点。

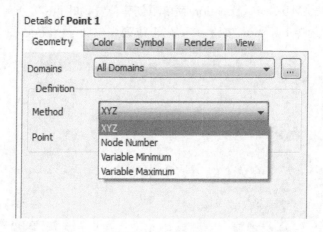

图 6-31　定义点

②线

在弹出的菜单中选择 Lines,在左侧空白区域弹出如图 6-32 所示的对话框。通过键入两个点的坐标确定一条直线。

③平面

在弹出的菜单中选择 Plane,在左侧空白区域弹出如图 6-33 所示的对话框。在 Method 处确定建立平面的方法,并在 Z 轴处键入相应的值,确定平面。

④体

在弹出的菜单中选择 Volume,在左侧空白区域弹出如图 6-34 所示的对话框。在 Method 处确定建立体的方法,并在相应选项处键入数值,确定体。

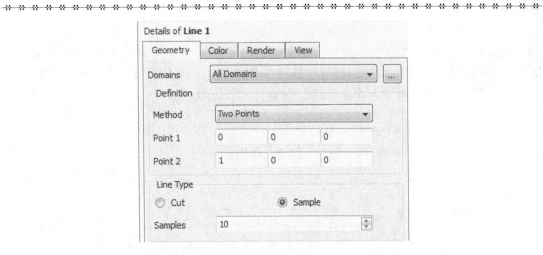

图 6-32 定义线

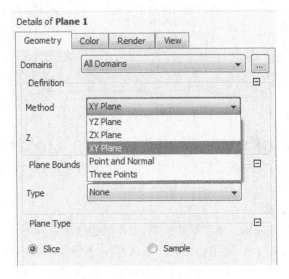

图 6-33 定义平面

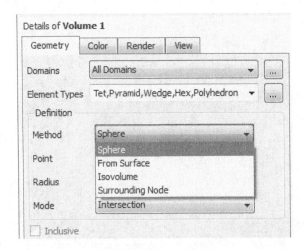

图 6-34 定义体

⑤等值面

在弹出的菜单中选择 Isosurface,在左侧空白区域弹出如图 6-35 所示的对话框。在 Variable 处选择建立等值面的变量(可以是基本求解变量,也可以是导出变量或用户变量,后面将介绍变量的类型),并在 Value 处键入数值,建立等值面。

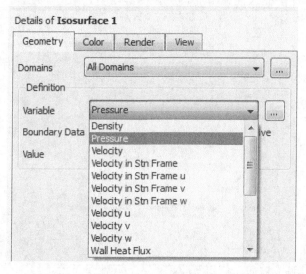

图 6-35　定义等值面

对所有的 Location 都有类似的 Color(主要用来选择变量,设置变量范围)、Render(主要用来显示固面,网格边或者网格交线)、View(主要用来对图形进行旋转、平移、镜像、缩放操作)选项设置。

2. 定义表达式与变量

CFD-Post 提供了各种表达式供后处理使用,也可以通过菜单 Insert＞Expression 创建新的表达式,在新建 Expression 的 Details 中输入表达式,可通过右键菜单在表达式中插入 Functions(函数)、表达式、变量、位置、常数等,输入完成后单击 Apply 按钮完成定义。如图 6-36 所示。

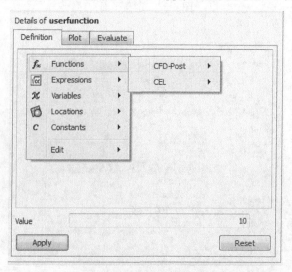

图 6-36　定义表达式及变量

切换 Variables 标签至 Expressions 标签,显示当前全部的表达式,如图 6-37 所示。

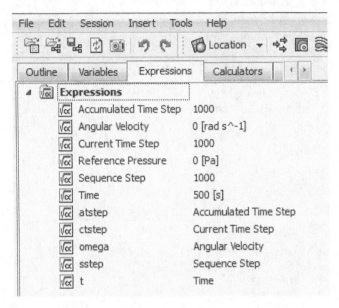

图 6-37 表达式标签

在 CFD-Post 中,提供了各种 Variables(变量)供后处理调用。这些变量包括 Derived Variables、Geometric Variables、Solution Variables、User Defined Variables、Turbo Variables 五种变量形式。

①Derived Variables

通过 CFD-Post 计算得到,这些量不包括在结果文件中。

②Geometric Variables

主要是关于一些网格信息的变量,比如:X、Y、Z、Normals、Mesh Quality Data 等。

③Solution Variables

这些变量主要来自于结果文件。

④User Defined Variables

用户根据需要自己创建新的变量。

⑤Turbo Variables

透平机械计算自动创建的变量。

用户可通过菜单 Insert>Variables 定义变量,可以把表达式定义为变量,如图 6-38 所示。

通过将 Outline Tree 切换至 Variables 标签,可显示当前所有可用变量的信息,如图 6-39 所示。

3. 后处理操作

当确定位置后,就可以对该位置进行一系列的操作。比如显示矢量图、云图、迹线图等。下面以矢量图为例,介绍如何显示这些图形。

(1)图形后处理

在工具栏选择 按钮,在弹出的对话框中定义图形名称(这里保留默认值 Vector1),单击 OK 确定。此时在树形窗口下面会出现如图 6-40 所示的对话框。从对话框中我们可以看

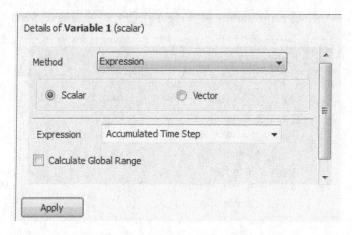

图 6-38 基于表达式定义变量

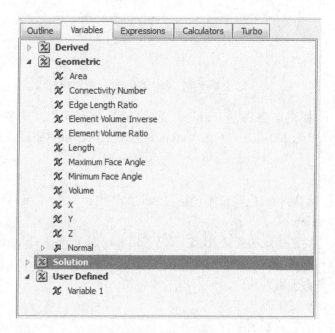

图 6-39 变量标签

出,在进行图形显示时,需要我们指定具体位置,并进行相关选项的设置。设置完成后,单击 Apply,会在 CFD-Post 的右侧图形窗口显示相关图形。

(2)生成 Table 及 Chart

在后处理过程中,为了使计算结果更具有说服性,这就需要一些定性或者定量的数据。在 CFD-Post 中,可以通过制作表格(Tables)或者图表(Charts)解决上述问题。

①Tables

在工具栏中选择 Tables 按钮,3D 视图将转化到 Tables 视图。如图 6-41 所示。

在 Tables 里可以显示数据和表达式。表格单元可以是表达式或者文本。当要在表格单元中键入表达式时,应以"="开头。

②Charts

图 6-40 矢量图设置对话框

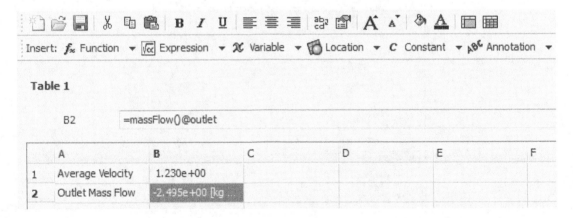

图 6-41 表格视图

在工具栏中选择 Charts 按钮,单击 OK 创建一个新图表。在树形窗下出现如图 6-42 所示的图表设置对话框。

从图中可以看出,图表分成三种形式,分别是:XY、XY-Transient or Sequence、Histogram。

✓ XY 形式的图表是基于 line 位置,绘制变量分布曲线。
✓ XY-Transient or Sequence 形式的图表基于 point 位置,典型的用于显示某个变量在某点的瞬态变化计算结果。
✓ Histogram 形式是建立各种数据类型的柱状图。

确定图表类型后，选择数据系列。切换到 Data Series 标签，弹出数据系列设置对话框。如图 6-43 所示。在图 6-43 空白处选择数据系列。

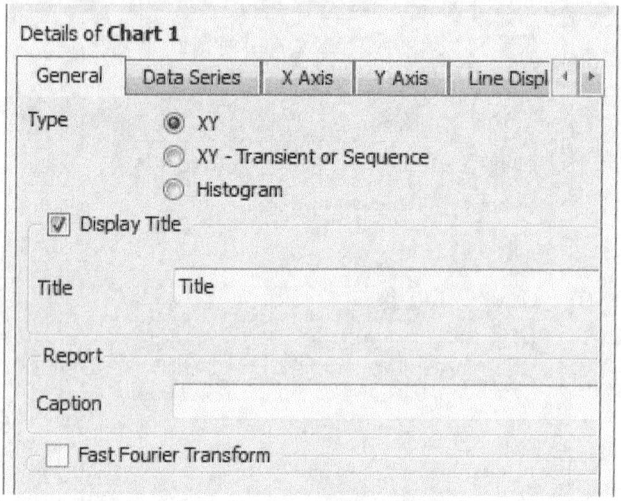

图 6-42　图表设置对话框

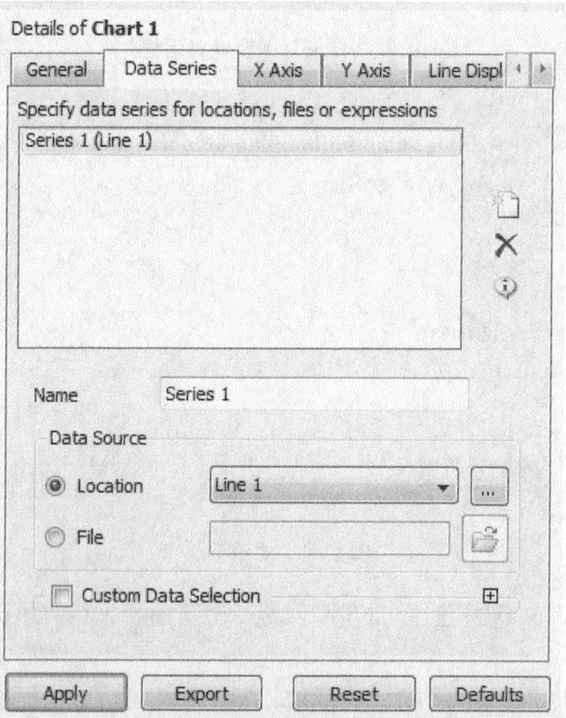

图 6-43　数据系列设置对话框

确定数据系列后，分别单击 X Axis 和 Y Axis 按钮，确定 X、Y 轴的变量名称。设置完成后，单击 Apply，在右侧窗口输出图表。

第 7 章 流动模拟例题：黏性流体的圆柱绕流

本章以黏性流体的圆柱绕流为例，介绍基于 ANSYS Fluent 的一般流动分析方法。流动过程数值模拟的核心在于正确理解流动过程并对相关信息进行正确的定义或说明，这些信息包括流体的类型及物性参数、边界条件、初始条件、计算中采用的物理模型及参数等。

7.1 问题描述

黏性流体绕过圆柱流动时，当雷诺数（Re）大于一定值时，在圆柱尾部会形成著名的卡门涡街。卡门涡街是流体力学中重要的现象，在自然界中常可遇到，在一定条件下的来流绕过某些物体时，物体两侧会周期性地脱落出旋转方向相反、排列规则的双列线涡，经过非线性作用后，形成卡门涡街。如水流过桥墩，风吹过高塔、烟囱、电线等都可能形成卡门涡街。

本章通过计算空气的圆柱绕流问题，模拟卡门涡街的形成过程。图 7-1 给出了计算区域的几何尺寸，其中 D1＝1 m，L2＝10 m，L3＝15 m，L4＝10 m，L5＝20 m。空气从左侧进入流场（速度为 1 m/s），从右侧流出。

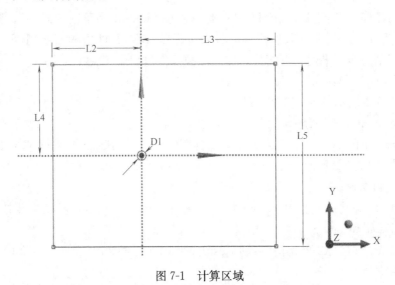

图 7-1 计算区域

模拟流动问题的关键在于边界条件的指定。在图 7-1 中看出，共有 5 个边界。

(1)圆柱的表面显然是固体壁面边界。在此边界上，流动将被滞止并产生边界层。

(2)整个流场的左侧面是速度入口边界，右侧面则是出口边界。低速流动情况按层流模拟，进口边界处速度的大小和方向均已知，因此可通过入口处的速度确定下来；对于湍流情况还需在入口边界处指定随流动进入计算域的湍流度。出口处由于速度未知，可指定一个固定不变的压力,通常定为零。因出口离开绕流物体较远,因此这样指定的边界条件不会影响流动的模拟结果。

(3) 整个流场的上、下表面,因其离开绕流物体有一定的距离,对圆柱表面的流动不会产生很大的影响,可以被看成是对称边界,流体不能穿过这两个表面。这对模拟是有益的,因为对称边界面附近的网格不需要很密。

通过上述边界条件,实际上已经大体上确定了流动的结构及可能发生的流动图景。

本例题涉及到的操作要点主要包括:

✓ ANSYS DM 二维建模,利用面切割工具对圆柱周围进行网格加密。
✓ ANSYS Mesh 网格划分方法。
✓ Fluent 稳态计算,并将稳态计算的计算结果作为瞬态问题的初始解。
✓ Fluent 瞬态问题的物理设置。
✓ Fluent 求解设置,设置多个监视器监测计算结果。
✓ Fluent 计算结果后处理。
✓ Fluent 中的 Custom Field Function 功能。

下面给出具体的建模及分析步骤。

7.2 创建分析模型

7.2.1 创建几何模型

在本例的建模中,利用 DesignModeler,创建草图 Sketch1 和草图 Sketch2。草图 1 为计算区域,草图 2 为圆 D1 的同心圆;然后以草图 2 为边界,利用 DM 中的面切割(Face Split)工具将计算区域切割为两个平面。下面是具体的建模操作过程。

1. 启动 ANSYS Workbench

通过开始菜单启动 ANSYS Workbench。

2. 建立 Fluent 分析系统

在 Toolbox 下的 Analysis Systems 中找到 Fluid Flow(Fluent),双击或拖曳该图标到右侧项目概图中,如图 7-2 所示。

3. 保存项目文件

单击 Workbench 工具栏中的 Save,将文件名改为 vortex street,保存项目文件。

4. 启动 DesignModeler

双击 Geometry 的 A2 单元格,启动 DesignModeler 界面。

5. 选择单位制

在 DM 启动后弹出的单位设置对话框中选择 m 作为建模长度单位,如图 7-3 所示。

6. 创建草图 Sketch1

(1) 单击 DesignModeler 工具栏中的 ,使坐标系正视于图纸。

(2) 在 XY 平面创建一个新草图 Sketch1,切换至 Sketching 模式。利用 Draw 下拉菜单中的 Rectangle 和 Circle 功能,将计算区域大致画出。在详细列表窗口会对画出的每条边进行命名。计算区域的示意图如图 7-4 所示。

第 7 章 流动模拟例题:黏性流体的圆柱绕流

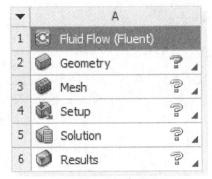

图 7-2 Workbench

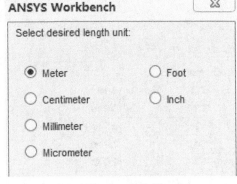

图 7-3 单位制

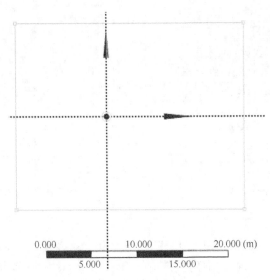

图 7-4 计算区域

7. 创建草图 Sketch2

(1)切换到 Modeling 模式,利用 DM 工具栏中的 ⌘ 选项,在 XY 平面新建草图 Sketch2。

(2)切换至 Sketching 模式,利用 Draw 下拉菜单中的 Circle 功能在草图 2 中画出一个 D1 的同心圆,半径比 D1 大即可(半径在后续尺寸标注时进行修改)。

8. 尺寸标注

(1)对 Sketch1 进行尺寸标注

在 Sketching 模式下,利用 Dimensions 下拉菜单中的 ✐Length/Distance 和 ⊖Diameter 命令进行尺寸标注,并在详细列表窗口更改每条边的长度。每条边的长度如图 7-5 所示,尺寸标注如图 7-6 所示。

(2)对 Sketch2 进行尺寸标注

重复上述操作,完成 Sketch2 的尺寸标注。此时的详细列表窗口如图 7-7 所示。图形窗口如图 7-8 所示。

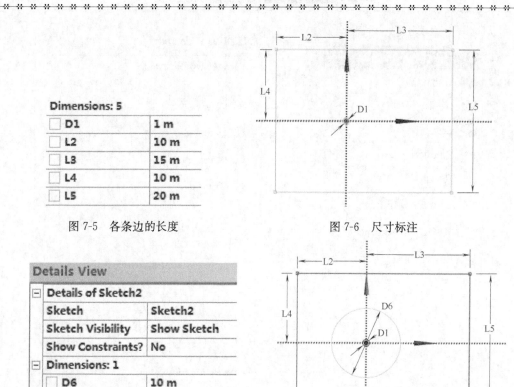

图 7-5 各条边的长度　　　　图 7-6 尺寸标注

图 7-7 详细列表窗口　　　　图 7-8 图形窗口

9. 生成平面 1

(1)切换到 Modeling 模式,单击菜单栏 concept 下拉菜单中的 Surfaces Form Sketches,从左侧树形窗口单击 Sketch1,在详细列表窗口的 Base Objects 后面单击 Apply。此时在树形窗口会出现 SurfaceSk1,树形窗口如图 7-9 所示。

(2)在树形窗口下的 SurfaceSk1 处单击鼠标右键,在弹出的菜单中选择 Generate。此时图形窗口见图 7-10。

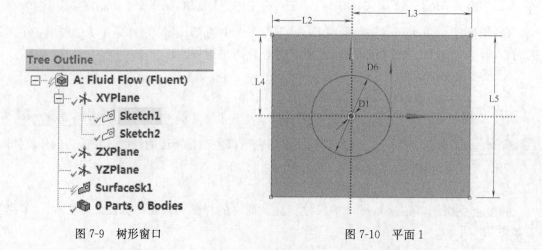

图 7-9 树形窗口　　　　图 7-10 平面 1

10. 基于草图创建线

(1) 单击菜单栏中的 concept，在下拉菜单中选择 Lines Form Sketches，在树形窗口单击 Sketch2，在详细列表窗口的 Base Objects 后面单击 Apply。此时树形窗口如图 7-11 所示。

(2) 在树形窗口下的 Line1 处单击鼠标右键，在弹出的菜单中选择 Generate。此时图形窗口如图 7-12 所示。

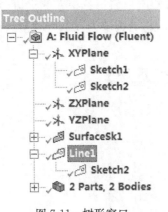
图 7-11　树形窗口

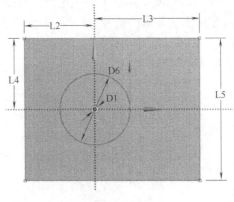
图 7-12　图形窗口

11. 用线 1 切割平面 1

(1) 单击菜单栏中的 Tools 选项，在弹出的菜单中选择 Face Split。此时详细列表窗口如图 7-13 所示。

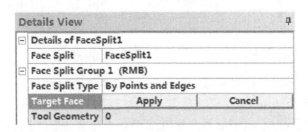
图 7-13　切割平面

(2) 单击详细列表窗口下的 Target Face，在右侧图形窗口选择平面 1，单击 Apply。

(3) 单击详细列表窗口下的 Tool Geometry，在工具栏中选中 选项，在右侧图形窗口选择 Line1，单击 Apply。

(4) 在树形窗口下的 FaceSplit1 处单击鼠标右键，在弹出的菜单中选择 Generate。

12. 退出 DM

至此，几何模型已经创建完成。关闭 DM 返回 ANSYS Workbench 界面。

7.2.2 划分网格

划分网格在 ANSYS Mesh 中进行，具体操作步骤如下。

1. 启动 ANSYS Meshing

在 ANSYS Workbench 工作界面的 A2 Geometry 后面有一个绿色的对号，说明模型已经建立。此时双击 A3 Mesh,进入 ANSYS Meshing 界面并导入几何模型。

2. 设置单位

单击菜单栏中的 Units,在下拉菜单中选择 Metric(m、kg、N、s、V、A)。

3. Create Named Selections

按照如下步骤创建命名选择集合(Named Selections)。

(1)单击 Meshing 工具栏中的线过滤选择按钮,在右侧图形窗口选择左侧进口边界,单击鼠标右键,在弹出的菜单中选择 Create Named Selections,将名称改为"inlet",单击 OK。如图 7-14 所示。

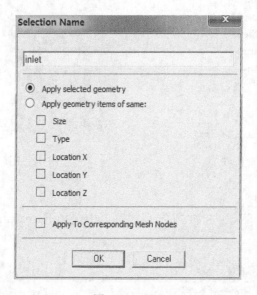

图 7-14　inlet

(2)对计算区域右侧出口边界重复上述操作,将名称改为"outlet"。

(3)对计算区域上下边界重复"1"的操作,将名称改为"symmetry"。

注意选择上边界后,用 Ctrl+鼠标左键继续选择下边界,将上边界和下边界捆绑在一起命名。

(4)对计算区域内 D1 重复"1"的操作,将名称改为"circle"。

在网格导入 Fluent 后,系统会将进口边界条件类型默认为 velocity-inlet,将出口边界条件类型默认为 pressure-outlet,将 circle 默认为 wall。Line1 无须进行命名,Fluent 会默认为 interior(内部边)。

4. 圆柱周围区域的网格设置

(1)在树形窗口中的 Mesh 处单击右键选择 Insert→Sizing。单击 Meshing 工具栏中的 ,在右侧图形窗口选择 D1。单击详细列表窗口下 Scope→Geometry 的 Apply。选择详细列表窗 Definition→Type,将其属性改为 Number of Divisions,数值更改为 100。如图 7-15 所示。

(2)在树形窗口中的 Mesh 处单击右键选择 Insert→Sizing。在右侧图形窗口选择 Line1。单击详细列表窗口下 Scope→Geometry 的 Apply。选择详细列表窗 Definition→Type,将其属

Details of "Edge Sizing" - Sizing	
Scope	
Scoping Method	Geometry Selection
Geometry	1 Edge
Definition	
Suppressed	No
Type	Number of Divisions
Number of Divisions	100
Behavior	Soft
Curvature Normal Angle	Default
Growth Rate	Default
Bias Type	No Bias

图 7-15　Number of Divisions

性改为 Number of Divisions，数值更改为 100。

(3) 在树形窗口中的 Mesh 处单击右键选择 Insert→Mapped Face Meshing。单击 Meshing 工具栏中的 ，在右侧图形窗口选择由 Line1 切割出的内部平面。单击详细列表窗口下 Scope→Geometry 的 Apply。如图 7-16 所示。

Details of "Mapped Face Meshing" - Mapped F...	
Scope	
Scoping Method	Geometry Selection
Geometry	1 Face
Definition	
Suppressed	No
Method	Quadrilaterals
Radial Number of Divisions	Default
Constrain Boundary	No

图 7-16　Mapped Face Meshing

5. 其余部分的网格设置

在树形窗口中的 Mesh 处单击右键选择 Insert→Sizing。在右侧图形窗口选择由 Line1 切割出的外部平面。单击详细列表窗口下 Scope→Geometry 的 Apply。选择详细列表窗 Definition→Type，将其属性改为 Element Size，数值更改为 0.2 m。如图 7-17 所示。

Details of "Face Sizing" - Sizing	
Scope	
Scoping Method	Geometry Selection
Geometry	1 Face
Definition	
Suppressed	No
Type	Element Size
Element Size	0.2 m
Behavior	Soft
Curvature Normal Angle	Default
Growth Rate	Default

图 7-17　Face Sizing

6. 生成网格

单击树形窗中的 Mesh,右键选择 Generate Mesh,生成网格。圆柱周围的网格如图 7-18 所示。

7. 网格质量检查

选择详细列表窗口中的 Statistics,将 Mesh Metric 的属性改为 Skewness 或其他选项以查看网格质量。如图 7-19 所示。从图中可以看出,总共划分了 14 876 个 Nodes 和 14 571 个 Elements。最大网格单元偏斜率为 0.555,网格质量较好。

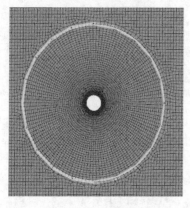

图 7-18　网格划分

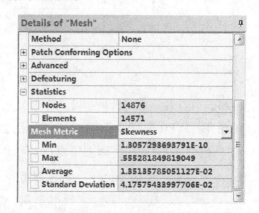

图 7-19　网格质量

8. 退出 ANSYS Mesh

关闭 Meshing,返回到 ANSYS Workbench 的工作界面。

7.3　求解及后处理

7.3.1　稳态计算及结果分析

根据 ANSYS Meshing 划分的网格,利用 Fluent 中的双精度稳态求解器,选用层流计算模型,初始化流场,计算稳态过程。在计算过程中,通过设置残差曲线和面监视器,监视计算结果的收敛性。具体的操作步骤如下:

1. 启动 Fluent

在 ANSYS Workbench 界面,双击 A4 栏中的 Setup,弹出如图 7-20 所示的 Fluent 启动设置对话框,将 Options 下的 Double Precision 勾选,单击 OK 启动 Fluent 界面。

Fluent 启动后,在图形窗口显示读入的网格。如图 7-21 所示。

2. General 设置

（1）检查网格

网格检查会报告出有关网格的任何错误,特别是要求确保最小面积(体积)不能是负值,否则 Fluent 无法进行计算。在左侧分析导航面板单击 General→Check,在控制台会显示如图 7-22 所示的信息,可看到 X 轴最大长度为 15 m,Y 轴最大长度为 10 m。

（2）确定划分网格的长度单位

在左侧分析导航面板单击 General→Scale,如图 7-23 所示。

第 7 章 流动模拟例题：黏性流体的圆柱绕流

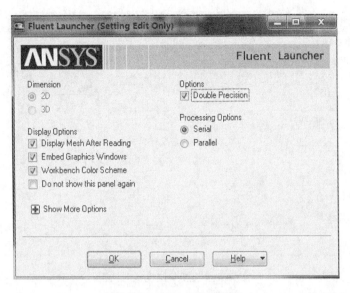

图 7-20 Fluent 启动界面

图 7-21 读入的网格

```
Domain Extents:
  x-coordinate: min (m) = -1.000000e+01, max (m) = 1.500000e+01
  y-coordinate: min (m) = -1.000000e+01, max (m) = 1.000000e+01
Volume statistics:
  minimum volume (m3): 3.977309e-03
  maximum volume (m3): 6.513885e-02
    total volume (m3): 4.992149e+02
Face area statistics:
  minimum face area (m2): 2.476064e-02
  maximum face area (m2): 3.711964e-01
Checking mesh..........................
Done.
```

图 7-22 网格检查

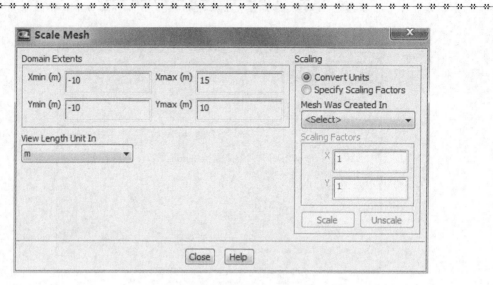

图 7-23 长度单位设置对话框

由第一步网格检查可知,本例不用进行长度单位的转换。
(3)设置求解器
在 Time 下选择 Steady,其他选项保留默认值。如图 7-24 所示。
3. 选择计算模型
在左侧分析导航面板单击 Models,如图 7-25 所示,保留默认设置即可(层流计算模型)。

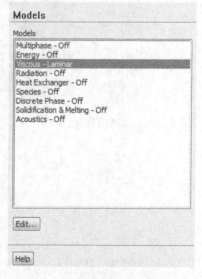

图 7-24 求解器设置对话框　　　　图 7-25 计算模型选择对话框

4. 设置流体属性
在左侧分析导航面板单击 Materials,弹出如图 7-26 所示的对话框。
单击 Materials→air→Create/Edit...,弹出如图 7-27 所示的对话框。为了跟实验数据进行对比,将空气的默认属性进行更改。在 Density 处键入 1,在 Viscosity 处键入 0.01。单击

Change/Create,完成空气的物性设置。

图 7-26 创建材料

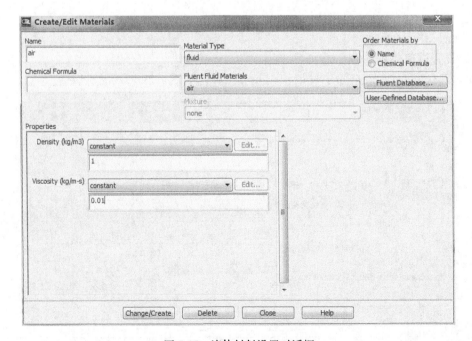

图 7-27 流体材料设置对话框

5. 设置流体区域

在左侧分析导航面板选择 Cell Zone Conditions，单击 Cell Zone Conditions→surface-body→Edit，保留对话框的默认设置。

6. 设置边界条件

在左侧分析导航面板单击 Boundary Conditions，弹出如图 7-28 所示的对话框。

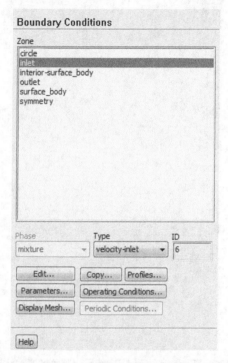

图 7-28 边界条件设置对话框

(1) 设置进口边界条件

单击 Boundary Conditions→inlet→Edit...，弹出如图 7-29 所示的对话框。

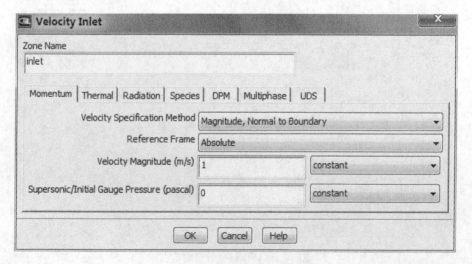

图 7-29 进口边界条件设置对话框

① 将 Velocity Magnitude 的值改为 1 m/s。
② 其他选项保留默认值。
③ 单击 OK 关闭对话框。
(2) 设置出口边界条件。
单击 Boundary Conditions→outlet→Edit，保留对话框中选项的默认设置。
(3) 其他边界条件保留默认值。
7. 设置监视器
(1) 设置残差监视器
在左侧分析导航面板单击 Monitors→Residuals→Edit...，弹出如图 7-30 所示的对话框。勾选 Plot，单击 OK 关闭对话框。

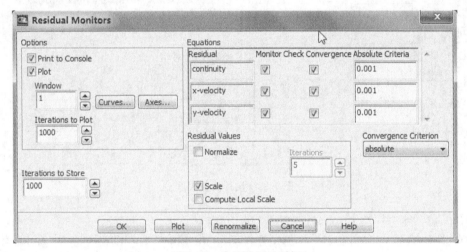

图 7-30　残差设置对话框

(2) 创建一个点，设置面监视器
在菜单栏中单击 Surface→Point，弹出如图 7-31 所示的对话框。在坐标系中输入 (2,1) 这个点，单击 Create，创建 point-6。单击 Close，关闭该对话框。在 Surface Monitors 下单击 Create，弹出如图 7-32 所示的对话框。进行如下操作，设置面监视器。

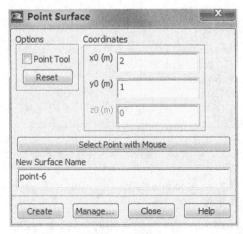

图 7-31　创建点

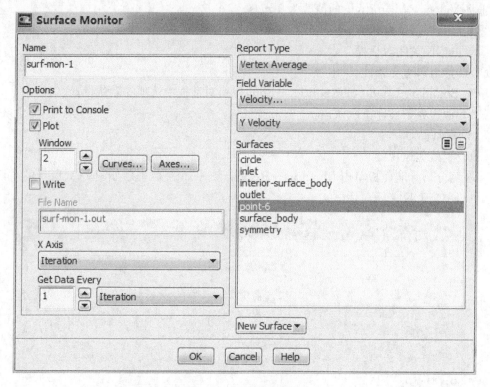

图 7-32 设置面监视器

①在 Options 下勾选 Print to Console 和 Plot 选项。

②在 Report Type 下选择 Vertex Average；在 Field Variable 下选择 Velocity 和 Y Velocity。

③在 Surfaces 下选择 point-6。单击 OK 按钮，创建面监视器。

8. 流场初始化

在左侧分析导航面板单击 Solution Initialization，进入如图 7-33 所示任务页面，在此对话框中进行如下操作。

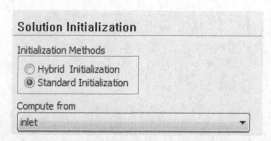

图 7-33 流场初始化设置对话框

(1)在 Initialization Methods 下选择 Standard Initialization。

(2)从 Compute from 下选择 inlet。

(3)单击 Solution Initialization 任务页面下侧的 Initialize 按钮，初始化流场。

9. 进行稳态计算

第 7 章　流动模拟例题：黏性流体的圆柱绕流　　151

在左侧分析导航面板单击 Run Calculation，弹出如图 7-34 所示的对话框。在 Number of Iterations 处键入 400。单击 Calculate，进行计算。

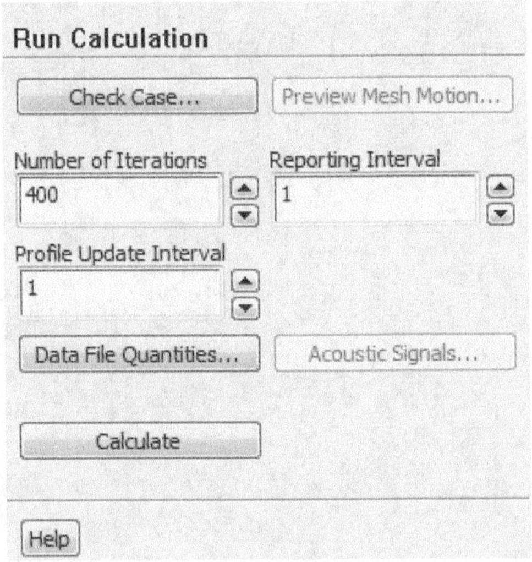

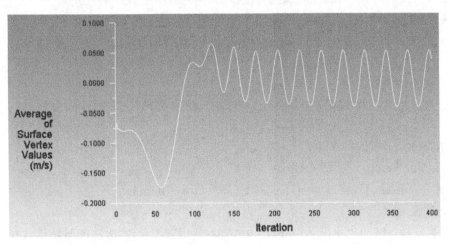

图 7-34　迭代计算设置对话框

10. 结果分析

(1)查看面监视器结果

计算完成后，右侧图形窗口显示面监视器的结果曲线，如图 7-35 所示。通过面监视器的结果可看出，Y 方向的速度在某一点处随着迭代过程的进行呈现出周期性振荡发散的特点。

图 7-35　面监视器的结果

(2)速度矢量图

在左侧分析导航面板中单击 Graphics and Animations→Graphics→Vectors→Set Up，保留弹出对话框的默认设置，单击 Display，右侧图形窗口如图 7-36 所示。

通过以上分析可知，稳态计算的速度矢量图结果是不对称的。稳态计算不能收敛，无法模拟卡门涡街的形成过程。

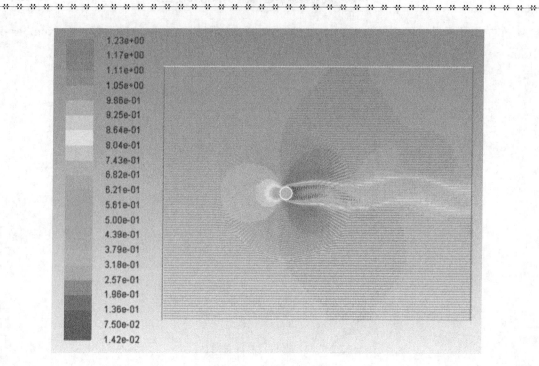

图 7-36　速度矢量图

7.3.2　瞬态计算及结果分析

下面通过瞬态计算，对绕流问题进行模拟，具体的分析步骤如下。

1. 更改求解器设置

在左侧分析导航面板单击 General，在 Time 下选择 Transient，将求解器设置为瞬态求解器。

2. 更改算法设置

在左侧分析导航面板单击 Solution Method，弹出如图 7-37 所示的对话框。进行如下设置：

(1) 在 Scheme 下选择 PISO。

(2) 在 Momentum 下选择 QUICK。

(3) 在 Transient Formulation 下选择 Second Order Implicit。

3. 更改松弛因子

在左侧分析导航面板单击 Solution Controls，弹出如图 7-38 所示的对话框。将压力项的松弛因子更改为 0.7。

4. 定义场函数

在卡门涡街的产生过程中，通过式(7-1)来量化涡流：

$$Q = \frac{\partial U}{\partial x} \cdot \frac{\partial V}{\partial y} - \frac{\partial U}{\partial y} \cdot \frac{\partial V}{\partial x} \tag{7-1}$$

在菜单栏单击 Define→Custom Field Functions，弹出如图 7-39 所示的对话框。通过 Custom Field Function 输入上述公式，Fluent 对每个网格元素进行计算。

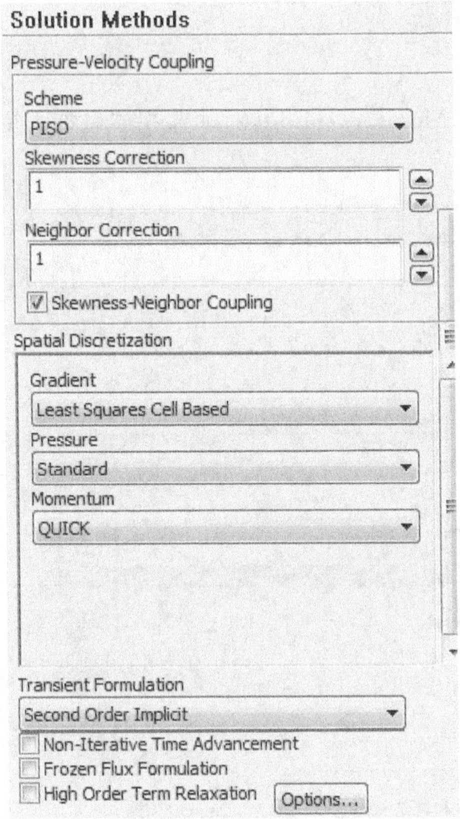

第 7 章 流动模拟例题：黏性流体的圆柱绕流

图 7-37 算法设置

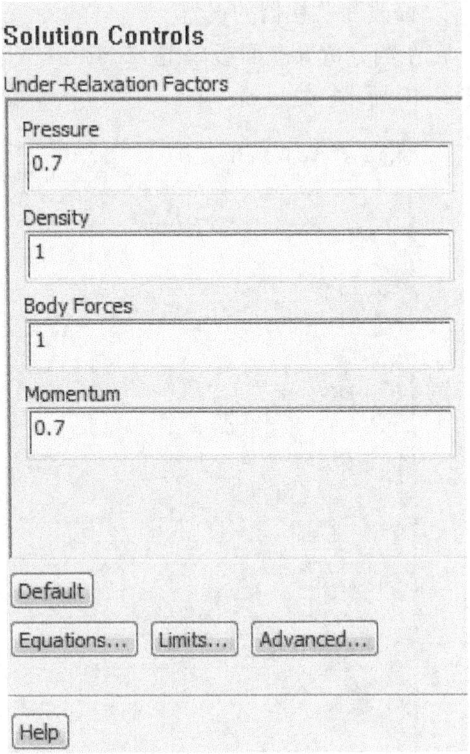

图 7-38 更改松弛因子

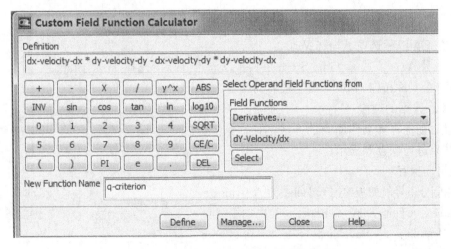

图 7-39 Custom Field Function 定义窗口

（1）在 Select Operand Field Functions from 下 Field Functions 处分别选择 Derivatives 和 dx-velocity/dx，单击 Select，确认选择。

（2）在左侧选择运算符号"乘号×"

(3)将公式输入完整,并将 New Function Name 更改为 q-criterion。

(4)单击 Define,定义函数。

5. 修改面监视器的设置

在左侧分析导航面板单击 Monitors→Surface Monitors→Edit,对面监视器做如下更改,如图 7-40 所示。

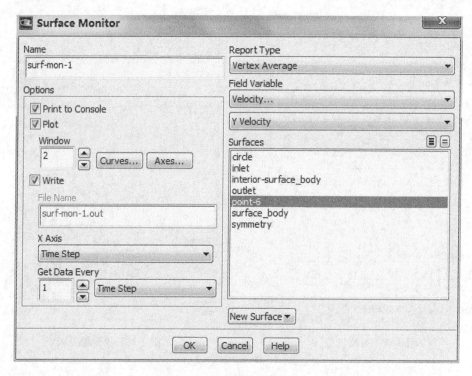

图 7-40 编辑面监视器

(1)在 Options 选项下勾选 Write。

(2)在 X Axis 下选择 Time Step;在 Get Data Every 下选择 Time Step。

(3)单击 OK 按钮,完成对面监视器的编辑。

6. 瞬态数据的提取

通过自动保存和制作动画的方法,对瞬时计算过程的结果进行保存和显示。

(1)自动保存

在左侧分析导航面板单击 Calculation Activities→Autosave Every(Time Steps)→Edit...,弹出如图 7-41 所示的对话框。将 Save Data File Every(Time Step)的数值更改为 5,单击 OK,完成自动保存选项的设置。

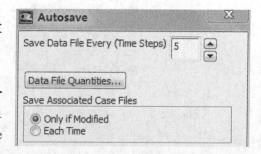

图 7-41 自动保存设置

(2)制作动画

在左侧分析导航面板单击 Calculation Activities→Solution Animations→Create/Edit,弹出如图 7-42 所示的对话框。将 Animation Sequences 的值改为 1,将 Name 改为 vortex-

第 7 章 流动模拟例题:黏性流体的圆柱绕流

street,在 When 的下拉菜单中选择 Time Step。单击 Define...,出现如图 7-43 所示的对话框。

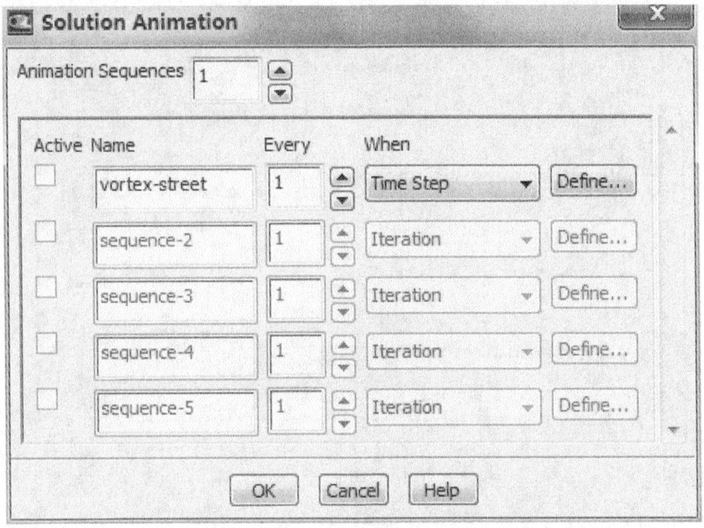

图 7-42 动画设置对话框

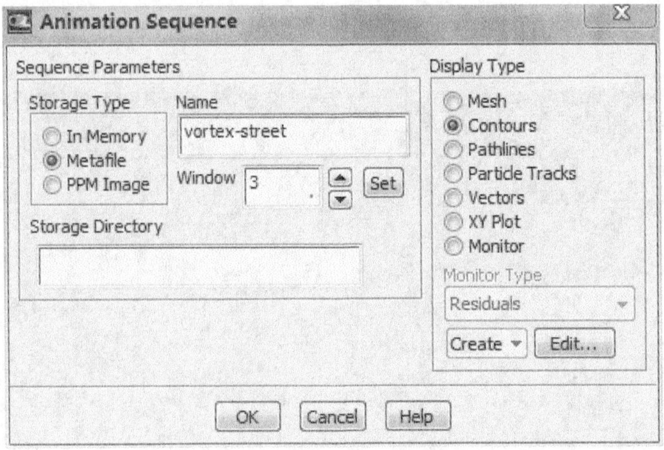

图 7-43 动画播放频率设置对话框

在 Animation Sequence 对话框中,Window 右侧的数目增加到 3,并单击 Set;在右侧图形窗口将打开图形窗口 3。在 Display Type 下选择 Contours,单击 Edit 出现如图 7-44 所示 Contours 的对话框。

在 Contours 对话框中,Options 下勾选 Filled、Node Values、Global Range;在 Options 下勾选 Clip to Range,右侧的 Min 和 Max 处于可编辑状态,分别键入 0.1 和 1.25;在 Contours of 下分别选择 Custom Field Functions 和 q-criterion。单击 Display,右侧图形窗口显示如图 7-45 所示。单击 Close 关闭 Contours 对话框,单击 OK 关闭 Animation Sequence 对话框,单击 OK 关闭 Solution Animation 对话框。

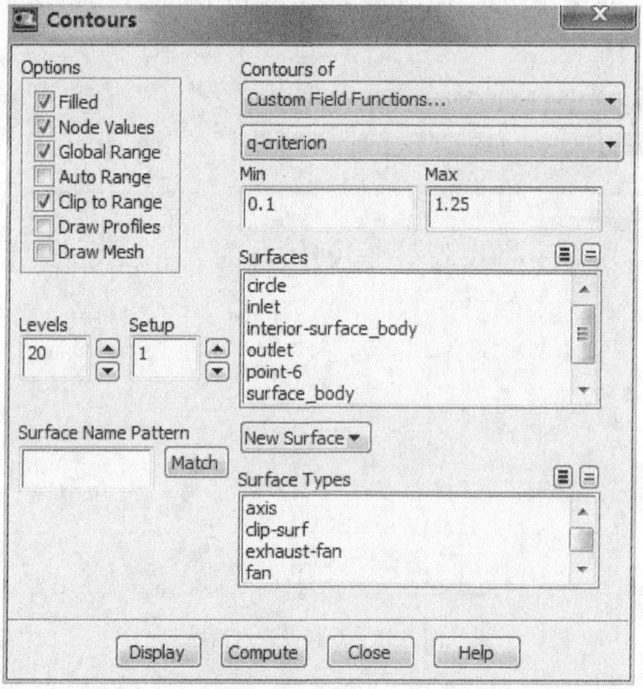

图 7-44 速度轮廓图设置对话框

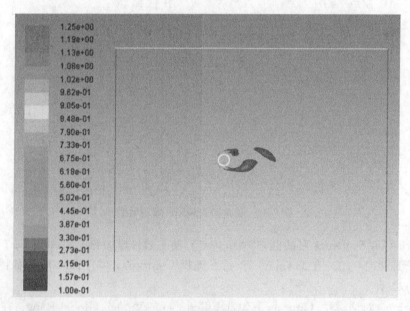

图 7-45 初始时刻的窗口

7. 进行瞬态计算

在左侧分析导航面板单击 Run Calculation，弹出如图 7-46 所示的 Run Calculation 对话框，在其中按下列步骤进行设置并求解。

(1) 将 Time Step Size(s) 更改为 0.1。

第7章 流动模拟例题:黏性流体的圆柱绕流

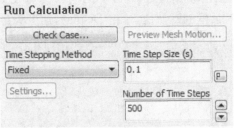

图 7-46 瞬态计算

(2)将 Number of Iterations 的值更改为 500。

(3)单击下侧的 Calculate 按钮进行计算。

8. 后处理

下面利用 Fluent 自带的后处理功能,对计算结果进行后处理。

(1)显示面监视器的结果

面监视器的结果如图 7-47 所示。

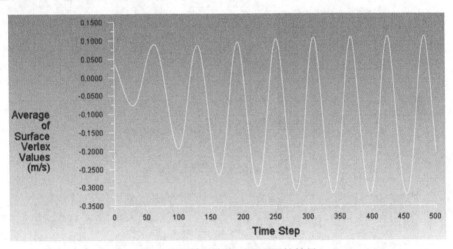

图 7-47 瞬态计算面监视器的结果

(2)显示速度矢量图

在左侧分析导航面板单击 Graphics and Animations,打开如图 7-48 所示的 Graphics and Animations 任务页面。

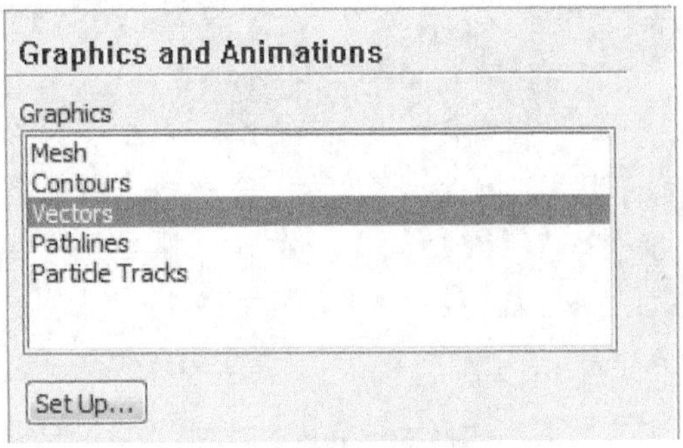

图 7-48 图形和动画设置对话框

单击 Graphics and Animations→Vectors→Set Up...，弹出如图 7-49 所示的 Vectors 对话框。保留速度矢量设置对话框的默认值，单击 Display，速度矢量图如图 7-50 所示。

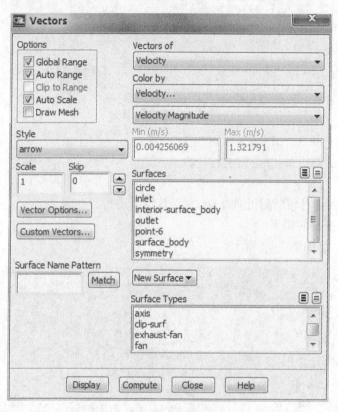

图 7-49　速度矢量图设置对话框

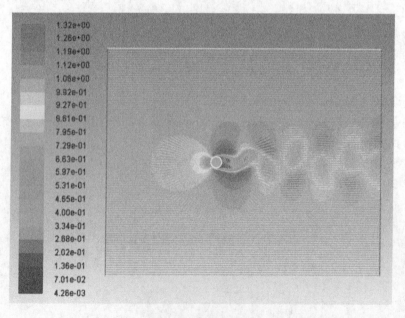

图 7-50　速度矢量图

(3)迹线图

在菜单栏单击 Surface→Line/Rake,弹出如图 7-51 所示的对话框。在 End Points 下(x0,y0)处键入(−10,−10),在(x1,y1)处键入(−10,10),创建 line-7。

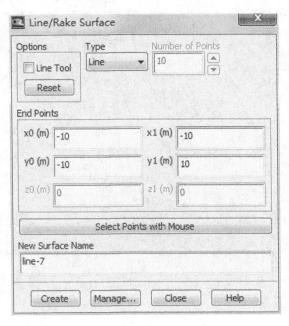

图 7-51　创建线

在左侧分析导航面板单击 Graphics and Animations→Graphics→Pathlines,弹出如图7-52所示的对话框。

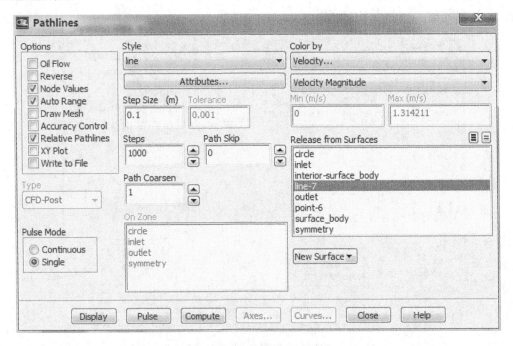

图 7-52　迹线图设置对话框

在 Pathlines 对话框中,将 Step Size 和 Steps 分别设置为 0.1 和 1000,在 Color by 下分别选择 Velocity 和 Velocity Magnitude,在 Release from Surfaces 下选择 line-7,单击 Display,显示迹线图如图 7-53 所示。

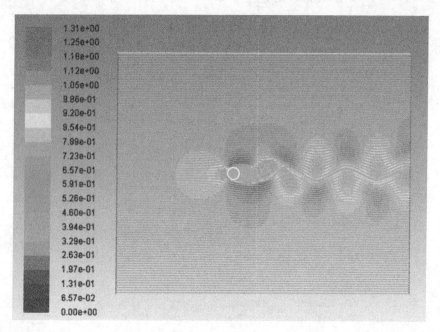

图 7-53　迹线图

(4)动画回放

在左侧分析导航面板单击 Graphics and Animations→Solution Animation Playback→Set Up…,弹出如图 7-54 所示的对话框。

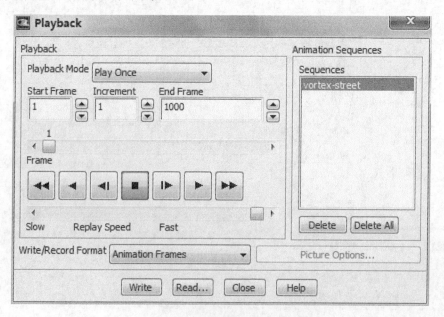

图 7-54　动画回放设置对话框

第 7 章 流动模拟例题：黏性流体的圆柱绕流

单击播放面板的播放按钮，查看卡门涡街的形成过程，图 7-55 展示了涡街的生成过程。

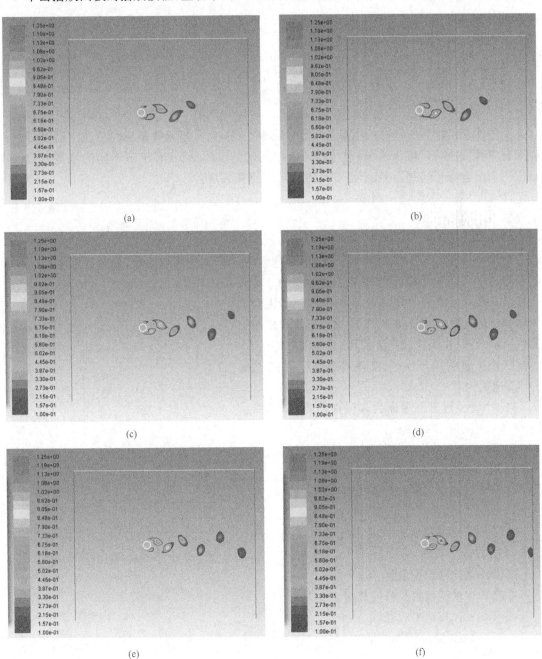

图 7-55 瞬态过程显示

第8章 流动及传热模拟例题:混合弯管

一定体积的物质所具有的热量从一处转移到另外一处,这种现象称为传热。引发传热的原因有三种:导热、对流传热、辐射传热。依据问题的不同,Fluent求解不同的能量方程。本章以一个混合弯管问题为例,介绍流动传热问题的模拟方法。

8.1 问题描述

在发电厂和工业管道系统中经常会遇到弯管混合流动和传热问题,混合区流场和温度场的预测对于合理的管道设计通常是很重要的。本节基于 Fluent 分析一个管道系统的局部三维混合流动和传热问题。如图 8-1 所示为本节计算模型的一个示意图,相关的计算参数及边界条件如下:

(1) 弯管左端面为低温液体进口,温度为 20 ℃,速度为 0.4 m/s;

(2) 小管径直管下端面为高温液体进口,温度为 40 ℃,速度为 1.2 m/s;

(3) 弯管上端为混合液体出口,为压力出口;

(4) 其他壁面均为绝热。

本节例题涉及到的知识点主要包括:
- ✓ ANSYS DM 三维建模
- ✓ ANSYS Mesh 四面体及 Inflation 网格划分方法
- ✓ Fluent 问题物理设置
- ✓ Fluent 求解设置及监控技术
- ✓ Fluent 计算结果后处理
- ✓ CFD-Post 处理计算结果

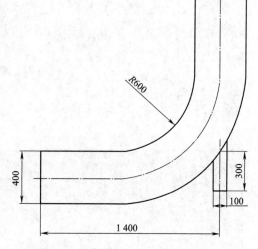

图 8-1 计算模型 2D 图(单位:mm)

8.2 建立分析模型

8.2.1 创建几何模型

利用 DesignModeler,创建草图 Sketch1,绘制出低温入口和弯管的轨迹线。通过扫描操作完成弯管的建模。绘制小直径直管的高温入口,通过拉伸操作得到小直径直管。完成混合弯管的建模。

第8章 流动及传热模拟例题:混合弯管

在 ANSYS DM 中创建流场的三维几何模型,按照如下步骤进行操作。

1. 建立分析流程

(1)启动 ANSYS Workbench 界面。

(2)在 Workbench 界面左侧工具箱中选择分析系统中的 Fluid Flow(Fluent)系统,用鼠标左键将其拖至 Project Schematic 中,创建流体分析系统 A,如图 8-2 所示。

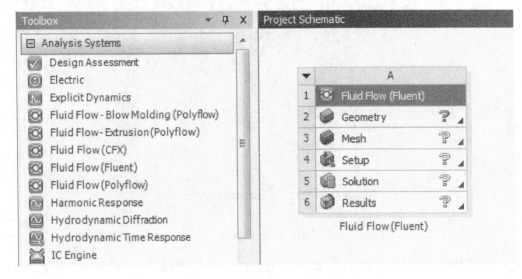

图 8-2　ANSYS Workbench

2. 启动 DM 并指定单位

(1)双击 Project Schematic 中的 Geometry(A2)单元格,启动 ANSYS DM。

(2)在 DM 启动时弹出的单位设置对话框中,选择建模长度单位为 Millimeter(mm),在对话框中选择单击 OK 按钮,进入 DM 界面。

3. 选择绘图平面 XY,进行草绘操作

(1)单击 Tree Outline→A:Fluid Flow(Fluent)→XYPlane,此时会在绘图区域中出现 XY 坐标平面,然后单击工具栏中的 按钮,使 XY 平面正视于读者。

(2)单击 Tree Outline 下面的 Sketching 选项卡,此时会切换至草绘命令操作面板。如图 8-3 所示。

(3)单击 Draw→Line 按钮,此时 Line 按钮处于凹陷状态,即被选中。移动鼠标至绘图区域中的坐标原点附近,此时会在绘图区域出现"P"字符,表示此时已经选中坐标原点。如图 8-4 所示。

(4)将鼠标沿 X 轴正向移动任意距离后,单击左键结束该段线段的绘制,然后使用鼠标

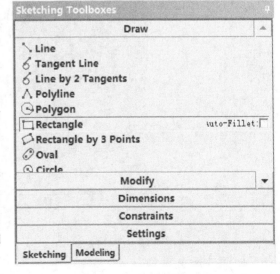

图 8-3　草绘命令操作面板

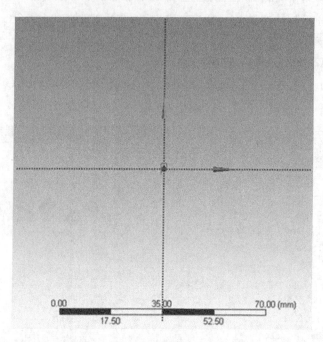

图 8-4 捕捉原点

自动捕捉刚才所草绘出线段的终点,出现"P"时点击左键,即捕捉成功。然后将鼠标沿 Y 轴正向移动任意距离后单击左键结束该线段绘制。如图 8-5 所示。

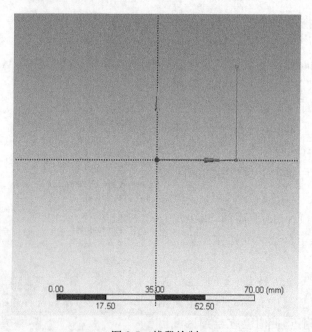

图 8-5 线段绘制

4. 尺寸标注

(1)单击 Dimensions→General 选项,此时 General 选项处于凹陷状态,表示该选项被选

第8章 流动及传热模拟例题:混合弯管

择。单击刚才绘制的第一条线段,然后再在附近位置单击,完成尺寸标注。

(2)对第二条线段重复上述操作。

(3)在 Detail View 面板中 Dimensions:2 下面的 H1 后输入 1400,V2 后输入 1400,并按 Enter 键,确定输入,完成更改长度大小的操作。

(4)单击 ,使图形显示为适合窗口大小。如图 8-6 所示。

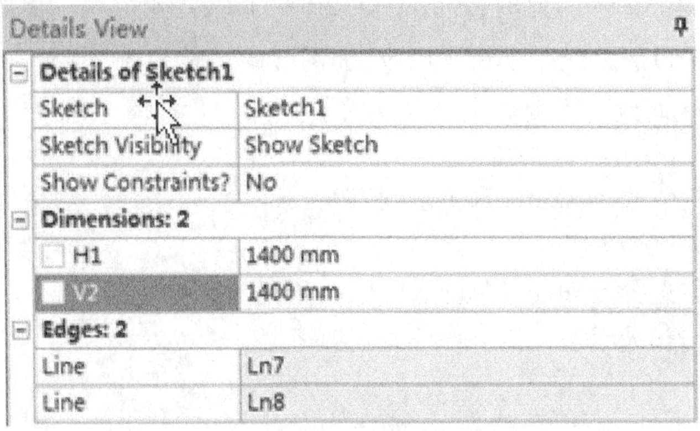

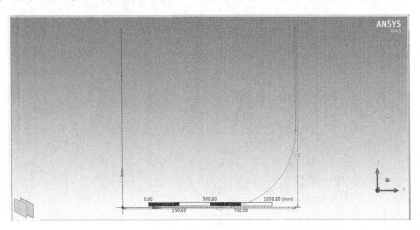

图 8-6 尺寸标注

5. 倒圆角

单击 Modify→Fillet 按钮,并将后边 Radius 的值改为 600,按 Enter 键,确定输入。然后分别单击草绘的两条线段,即完成半径为 600 的倒圆角的操作。如图 8-7 所示。

图 8-7 倒圆角

6. YZ Plane 草绘操作

(1)单击 Modeling→YZ Plane,然后单击工具栏中的 按钮,使平面正视于读者,进入 YZPlane 草绘。

(2)单击 Tree Outline 下的 Sketching 选项卡,切换至草绘命令操作面板。

(3)单击 Draw→Circle,捕捉到坐标原点后单击,然后在绘图区域任意位置(除原点外)单击。完成在 YZ 平面草绘圆的操作。

(4)单击 Dimensions→General 按钮,单击圆,然后在绘图区域任意位置单击,完成对圆的直径标注的操作。并在 Detail View 面板中 Dimensions:1 下的 D1 后输入 400。单击 ,使图形显示为适合窗口大小。如图 8-8 所示。

7. 扫描操作

单击工具栏中 Sweep ,此时在 Tree Outline 的 A:Fluid Flow(Fluent)下出现一个扫描命令,如图 8-9 所示,在 Detail View 面板中的 Details of Sweep1 下面作如下设置:

(1)在 Profile 栏中选择 Sketch2(单击 YZPlane 下的 Sketch2),然后单击 Apply。

(2)在 Path 栏中选择 Sketch1(单击 XYPlane 下的 Sketch1),然后单击 Apply。

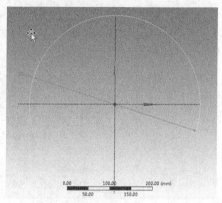

图 8-8 草绘圆

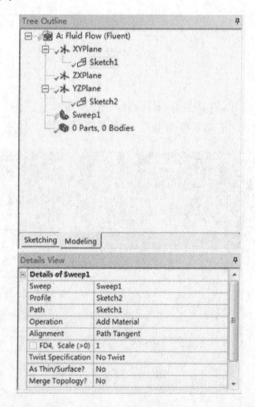

图 8-9 扫描设置

(3)其他选项保持默认设置。

(4)单击工具栏的 Generate 按钮,生成扫描实体,如图 8-10 所示。

8. 创建新平面

单击菜单栏中的 Create→New Plane,此时在 Tree Outline 的 A:Fluid Flow(Fluent)下会

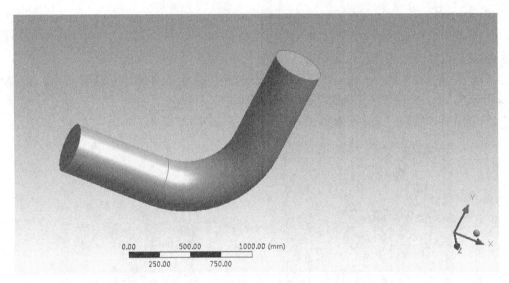

图 8-10　扫描实体

出现 Plane4 选项。在 Detail View 面板中的 Details of Plane4 下面作如下设置:

(1)在 Base Plane 栏中选择 ZXPlane(单击 ZXPlane),然后单击 Apply。

(2)在 Transform1(RMB)栏中选择 Offset GlobalY。

(3)在 FD1,Value1 栏中输入－300,并按 Enter 键,确定输入。

(4)单击工具栏的 Generate ,生成平面 Plane4。如图 8-11 所示。

Details View

Details of Plane4	
Plane	Plane4
Sketches	1
Type	From Plane
Base Plane	ZXPlane
Transform 1 (RMB)	Offset Global Y
FD1, Value 1	-300 mm
Transform 2 (RMB)	None
Reverse Normal/Z-Axis?	No
Flip XY-Axes?	No
Export Coordinate System?	No

图 8-11　创建新平面设置对话框

9. 在 Plane4 平面进行草绘操作

(1)单击 Modeling→Plane ,然后单击工具栏中的按钮,使平面正视于读者,进入 YZPlane 草绘。

(2)单击 Tree Outline 下的 Sketching 选项卡,切换至草绘命令操作面板。

(3)单击 Draw→Line,捕捉到坐标原点后单击,然后将鼠标沿 V 正向移动任意距离,点击左键结束该线段绘制。

(4)单击 Dimensions→General 按钮,此时 General 按钮处于凹陷状态,表示该选项被选择。选中刚才绘制的线段,然后再在任意位置单击。完成尺寸标注操作。

(5)在 Detail View 面板中 Dimensions:1 下面的 V1 后输入 1400 并按 Enter 键,确定输

入,如图 8-12 所示。

(6)以刚才所画线段终点为圆心画直径为 100 的圆。单击 Draw→Circle,捕捉到线段终点后单击,然后在绘图区域任意位置单击。

(7)单击 Dimensions→General 按钮,单击圆,然后在绘图区域任意位置单击。在 Detail View 面板中 Dimensions:1 下面的 D2 后输入 100。

(8)删除所画线段。选中所画线段,按 Delete,即删除,如图 8-13 所示。

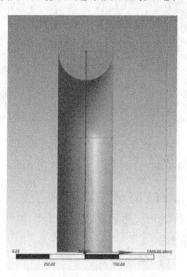
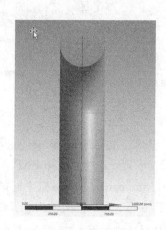

图 8-12 Plane4 平面线段   图 8-13 指定圆心处画圆

10. 拉伸生成小直径直管

单击工具栏中 Extrude,此时在 Tree Outline 的 A:Fluid Flow(Fluent)下出现一个拉伸命令。在 Detail View 面板中的 Details of Extrude2 下作如下设置:

(1)在 Geometry 栏中选择 Sketch3(单击 Plane4 下的 Sketch3),然后单击 Apply;

(2)在 Extent Type 栏中选择 To Surface,然后单击 Apply;

(3)在 Target Face,先单击输入栏,再选择圆管弯曲段,然后单击 Apply;

(4)单击工具栏的 Generate,生成实体。如图 8-14 所示。

11. 保存文件并退出 DM

单击工具栏 保存按钮,保存文件为 wanguan,关闭 Design Modeler,返回 ANSYS Workbench 界面。

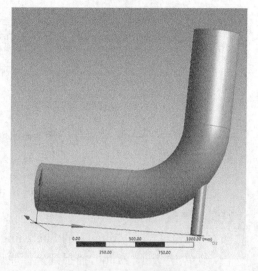

图 8-14 拉伸设置

8.2.2 网格划分

根据 ANSYS DM 建立的几何模型，利用 ANSYS Meshing 中的 Create Named Selections 功能对每条边进行命名。在弯管和小直径直管的外表面添加膨胀层，通过定义网格方法对混合弯管划分四面体网格。对网格进行质量检查，并通过切割工具查看弯管和小直径直管混合处的网格。

在 ANSYS Mesh 中进行流体域的网格划分，按如下的步骤进行操作。

1. 启动 ANSYS Mesh

双击项目 A3 Mesh，启动 ANSYS Meshing 平台。

2. 重命名

单击 Outline 中的 Project→Model(A3)→Geometry→Solid，单击右键，选择 Rename，将流体域改为"water"。

3. 将固体域更改为流体域

在 Outline 中的 Project→Model(A3)→Geometry→Solid 下单击"water"，在 Details of "water"面板中将 Material→Fluid/Solid 栏中改为 Fluid。如图 8-15 所示。

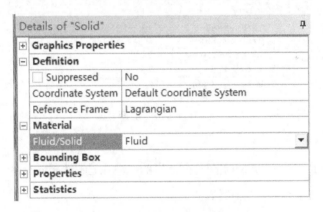

图 8-15　固体域更改为流体域

4. 指定网格划分方法

右击 Outline→Project→Mesh 命令，在弹出的菜单中选择 Insert→Method 命令，此时在 Mesh 下面会出现 Automatic Method 命令。并在"Details of Automatic Method"面板中作如下设置：

(1)在绘图区选择 water 实体，然后单击 Geometry 栏中的 Apply 确定选择，此时 Geometry 栏中显示 1Body，表示一个实体被选中；

(2)在 Definition→Method 栏中选择 Tetrahedrons；其他选项保持默认设置。如图 8-16 所示。

5. 添加膨胀层

右击 Outline→Project→Mesh 命令，在弹出的快捷菜单中选择 Insert→Inflation 命令，此时在 Mesh 下面会出现 Inflation 命令。并在"Details of Inflation"面板中作如下设置：

(1)选择 water 几何实体，然后再单击 Scope→Geometry 选项内的 Apply；

(2)选择弯管和小直径直管两圆柱的外表面，然后单击 Definition→Boundary 内的 Apply；

Details of "Patch Conforming Method" - Method	
Scope	
Scoping Method	Geometry Selection
Geometry	1 Body
Definition	
Suppressed	No
Method	Tetrahedrons
Algorithm	Patch Conforming
Element Midside Nodes	Use Global Setting

图 8-16　设置网格类型

(3)其余选项保持默认设置,完成添加膨胀层的操作。如图 8-17 所示。

Details of "Inflation" - Inflation	
Scope	
Scoping Method	Geometry Selection
Geometry	1 Body
Definition	
Suppressed	No
Boundary Scoping Method	Geometry Selection
Boundary	4 Faces
Inflation Option	Smooth Transition
Transition Ratio	Default (0.272)
Maximum Layers	5
Growth Rate	1.2
Inflation Algorithm	Pre

图 8-17　边界层设置

6. 生成网格

右击 Outline→Project→Mesh 命令,在弹出的菜单中选择 Generate Mesh 命令,划分流体域网格。如图 8-18 所示。

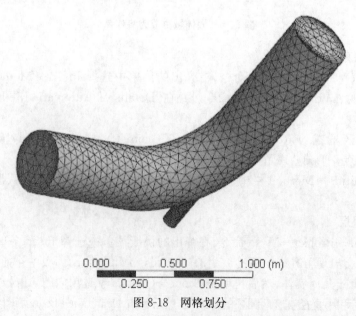

图 8-18　网格划分

7. 网格质量检查

(1)选择详细列表窗口中的 Statistics,将 Mesh Metric 的属性改为 Skewness 或其他选项以查看网格质量。如图 8-19 所示。从图中可以看出,总共划分了 12 225 个 Nodes 和 32 448 个 Elements。最大网格单元偏斜率为 0.87,网格质量较理想。

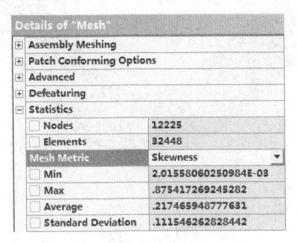

图 8-19 网格质量

(2)同时在右下侧控制台会对网格数据进行统计,读者可以很直观的了解到划分的网格质量。如图 8-20 所示。

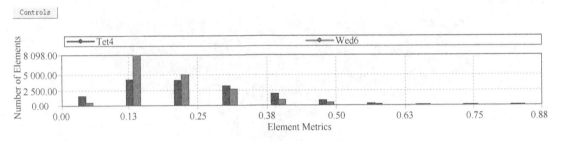

图 8-20 网格质量统计

(3)查看混合管内部网格

①单击菜单栏中的 ▓ ,弹出如图 8-21 所示的对话框。

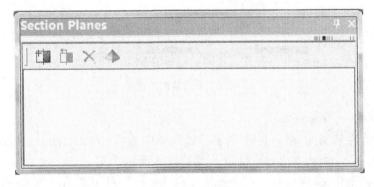

图 8-21 切割平面

②在弹出的对话框中单击 ▣ ，同时沿中心线对混合管进行切割。切割后的网格如图 8-22 所示。

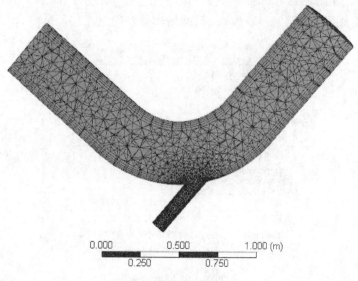

图 8-22　切割后的网格

③在弹出的对话框中单击 ▲ ，显示被切割后的网格。对小直径直管和弯管结合处进行放大如图 8-23 所示。

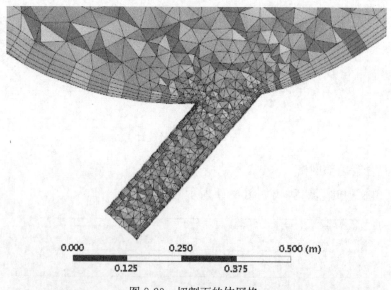

图 8-23　切割面的体网格

8. Create Named Selection

(1) 选择弯管左端圆面，单击右键，在弹出的菜单中选择 Create Named Selection 命令，在弹出对话框中输入 c-inlet，单击 OK 确定。如图 8-24 所示。

(2) 重复上述操作，分别将弯管右端命名为 outlet，小圆柱下端命名为 h-inlet，两个圆柱表面命名为 wall。

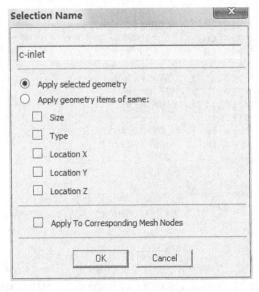

图 8-24　边界创建

9. 保存文件退出 ANSYS Meshing

关闭 Meshing 平台，返回到 Workbench 平台。

8.3　求解及后处理

8.3.1　分析设置与求解

根据 ANSYS Meshing 划分的网格，利用 Fluent 中的稳态求解器，选用 k-ε 湍流计算模型，初始化流场，计算稳态过程。在计算过程中，通过设置残差曲线，监视计算结果的收敛性。

在 Fluent 界面中进行物理参数的设置，按如下步骤进行操作。

1. 启动 Fluent 界面

在 Project Schematic 中双击 Setup(A4) 单元格，弹出 Fluent Launcher 对话框，保持对话框中的所有设置为默认，单击 OK 按钮以启动 Fluent 界面。

2. 执行网格检查

启动 Fluent 后，在分析导航面板中选择 Solution Setup 分支下的 General 分支，在导航面板右侧的 General 面板中，单击 Check 按钮，Fluent 开始执行网格检查，在 Fluent 界面右下角的命令输入窗口出现如图 8-25 所示的信息。

网格检查列出了 X 轴、Y 轴和 Z 轴的最小值和最大值。网格检查会报告出有关网格的任何错误，特别是要求确保最小面积(体积)不能为负值，否则 Fluent 无法进行计算。

3. 激活能量方程选项

在分析导航面板中选择 Solution Setup 分支下的 Models 分支，在 Models 面板中双击 Energy 选项，弹出如图 8-26 所示的 Energy 对话框，在其中勾选 Energy 选项，并单击 OK 按钮确认选择，此时 Models 面板中 Energy 选项显示为 On。

```
> 
 Domain Extents:
    x-coordinate: min (m) = 0.000000e+00, max (m) = 1.599989e+00
    y-coordinate: min (m) = -3.000000e-01, max (m) = 1.400000e+00
    z-coordinate: min (m) = -1.999999e-01, max (m) = 1.999998e-01
 Volume statistics:
    minimum volume (m3): 3.150839e-08
    maximum volume (m3): 8.233718e-05
      total volume (m3): 3.187481e-01
 Face area statistics:
    minimum face area (m2): 1.084287e-05
    maximum face area (m2): 3.887763e-03
 Checking mesh..........................
 Done.
```

图 8-25 网格检查

4. 选择湍流模型

在 Models 面板中双击 Viscous 选项，在弹出如图 8-27 所示 Viscous Models 对话框中选择 k-epsilon（2 eqn）命令；在 Near-Wall Treatment 面板下选择 Enhanced Wall Treatment，其余选项保持默认设置，并单击 OK 按钮确认模型选择。

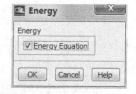

图 8-26 Energy 设置

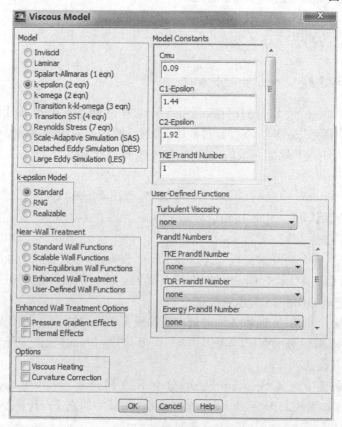

图 8-27 湍流模型设置对话框

第 8 章 流动及传热模拟例题：混合弯管

5. 创建材料

在分析导航面板中选择 Materials 分支，单击 Fluid→Create/Edit...，弹出如图 8-28 所示的对话框。

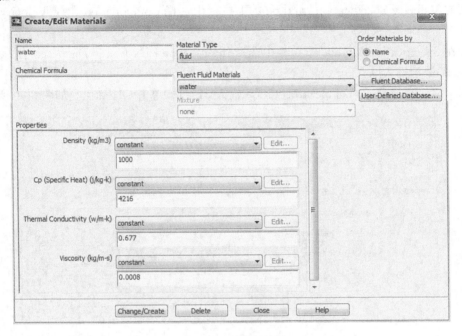

图 8-28　创建新材料

(1)在 Name 栏输入 water。
(2)在 Density 栏输入 1000。
(3)在 Cp 栏输入 4216。
(4)在 Thermal Conductivity 输入 0.677。
(5)在 Viscosity 输入 0.0008。
(6)单击 Chang/Create。在弹出的对话框中选择 NO，选择不覆盖。

6. 设置流体域的材料属性

在分析导航面板中选择 Cell Zone Conditions 分支，在弹出的 Cell Zone Conditions 命令下单击 Edit...，弹出如图 8-29 所示的窗口，将 Materials Name 后的下拉栏选为 water，单击 OK 确定。

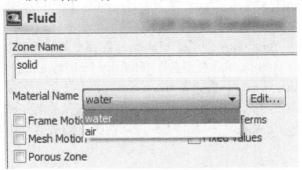

图 8-29　流体域材料类型指定

7. 流体边界条件指定

(1)在分析导航面板中选择 Boundary Condition 分支,在弹出的对话框中单击 h-inlet→Edit...,在弹出的对话框中进行如下设置:

①在 Velocity Specification Method 的下拉栏中选择 Components;在 Y-Velocity 栏中输入 1.2。

②在 Specification Method 下拉栏中选择 Intensity and Hydraulic Diameter;在 Hydraulic Diameter(m)后输入 0.025。

③单击 Thermal,在 Temperature(K)后输入 313.15,单击 OK 确认。如图 8-30 所示。

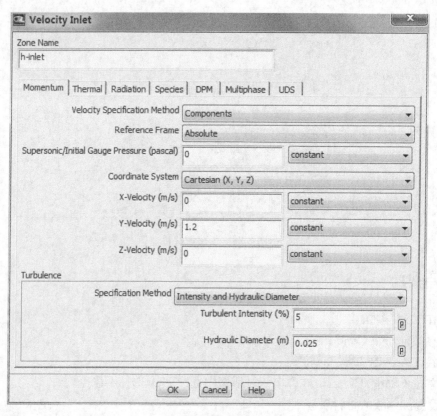

图 8-30 高温流体进口设置

(2)同理,设置 c-inlet 的 X-Velocity 为 0.4,Hydraulic Diameter(m)为 0.1,Temperature(K)为 293.15。

(3)选择 Boundary Condition→outlet→Edit...,在弹出的对话框中进行如下设置:

①在 Specification Method 下拉栏中选择 Intensity and Hydraulic Diameter。

②在 Turbulent Intensity(%)后输入 10。

③在 Hydraulic Diameter(m)后输入 0.1,单击 OK 确定。如图 8-31 所示。

(4)单击 Boundary Condition→wall→Edit...,在弹出的对话框中保留默认设置。如图 8-32 所示。

8. 选择算法

在分析导航面板中选择 Solution Methods 分支,保持默认设置。

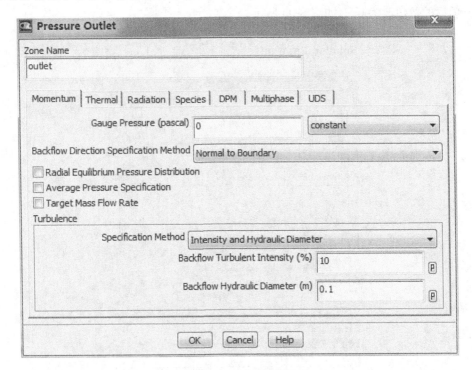

图 8-31　出口设置

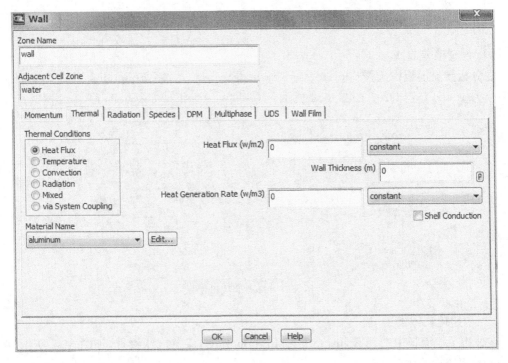

图 8-32　Wall 设置

9. 设置松弛因子

在分析导航面板中选择 Solution Controls 分支，将 Under-Relaxation Factors 下的

Energy 项后的数值改为 0.8,如图 8-33 所示。

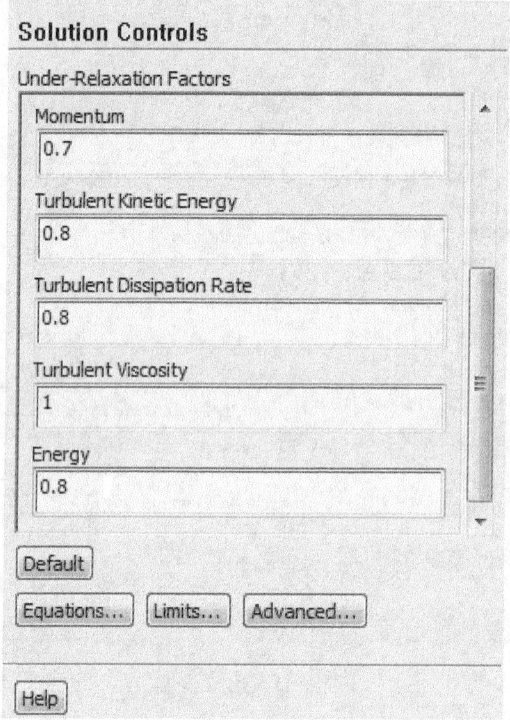

图 8-33 修改松弛因子

10. 设置残差曲线

在分析导航面板中选择 Monitors→Residuals→Edit...,将 Equations 下的 Energy 后的数值改为 1e-05,单击 OK。如图 8-34 所示。

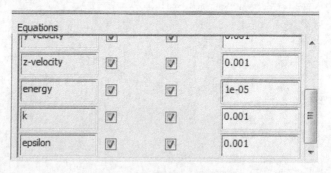

图 8-34 残差曲线设置

11. 初始化流体域

在分析导航面板中选择 Solution Initialization 分支,保持默认设置,如图 8-35 所示,单击 Initialize,完成初始化。

12. 进行计算

在分析导航面板中选择 Run Calculation 分支,将 Number of Iterations 设置为 300,单击

Calculate,开始计算。如图 8-36 所示。

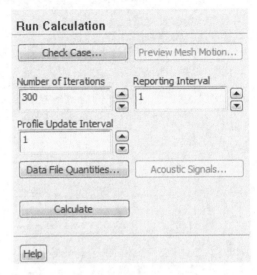

图 8-35 初始化设置　　　　　图 8-36 进行计算

8.3.2 Fluent 结果后处理

计算完成后,通过残差曲线判断计算的收敛性。定义一个平面,并显示该平面上的温度分布和速度矢量图查看计算结果。本节介绍如何利用 Fluent 自带的后处理器进行结果后处理,具体步骤如下:

1. 显示残差曲线

经过 127 步的计算,计算结果收敛。残差曲线如图 8-37 所示。

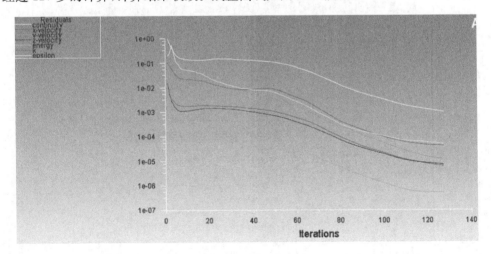

图 8-37 残差曲线

2. 创建中间对称面

单击 Surface→Plane,弹出对话框如图 8-38 所示。把三个点的 Z 坐标均改为 0,在 New Surface Name 输入 duichenmian,单击 Create 生成平面。

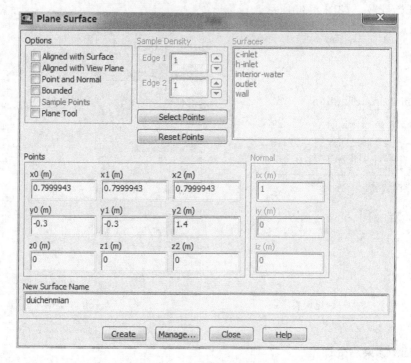

图 8-38 创建中间对称面

3. 显示对称面处的速度轮廓图

在分析导航面板中选择 Graphics and Animations→Contours→Set up...，在弹出如图 8-39 所示的对话框中进行如下设置：

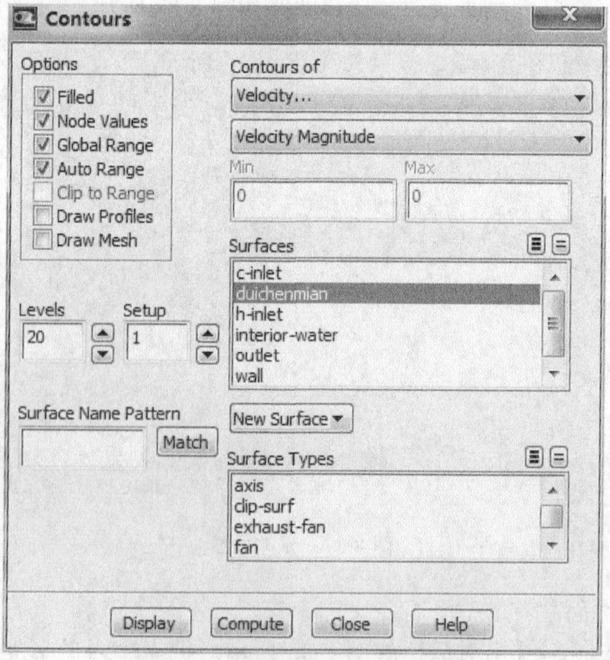

图 8-39 速度轮廓图设置对话框

选中 Filled,在 Contours of 的两个下拉栏中分别选中 Velocity... 和 Velocity Magnitude,在 Surfaces 中选中 duichenmian;单击 Display,右侧图像窗口如图 8-40 所示。

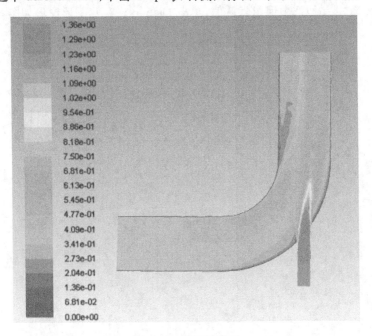

图 8-40　速度轮廓图

4. 显示对称面处的温度轮廓图

重复第二步操作,在 Contours of 的两个下拉栏中分别选中 Temperature... 和 Static Temperature,在 Surfaces 中选中 duichenmian;单击 Display,显示温度云图如图 8-41 所示。

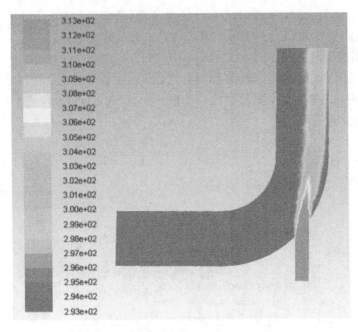

图 8-41　温度云图

5. 显示对称面处的速度矢量图

在分析导航面板中选择 Graphics and Animations→Vectors→Set up...，保持弹出对话框将 Scale 的值改为 3，其他选项保留默认值，单击 Display。右侧图形窗口如图 8-42 所示。

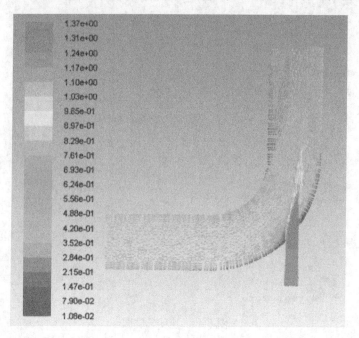

图 8-42　速度矢量图

8.3.3　利用 CFD-post 对计算结果的后处理

关闭 Fluent，回到 ANSYS Workbench 工作界面，单击 A6（Results）单元格，启动 CFD-Post。下面介绍如何利用 CFD-Post 对计算结果进行后处理。

1. 设置视图选项

（1）打开 CFD-Post 后，发现右侧视图窗口只是显示了几个线框。在树形窗口下勾选相应的面，这时在右侧视图窗口就会显示出相应的面。如图 8-43 所示。勾选 wall，在右侧视图窗口将显示混合弯管的壁面。

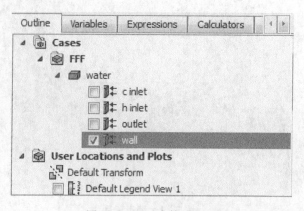

图 8-43　显示弯管的壁面

(2)在右侧视图窗口的空白处单击鼠标右键,在弹出的菜单中选择最下面的 Viewer Options 选项,得到如图 8-44 所示的对话框。将 Background 下的 Color 选项更改为白色,单击 Apply,将 CFD-Post 的背景颜色设置为白色。

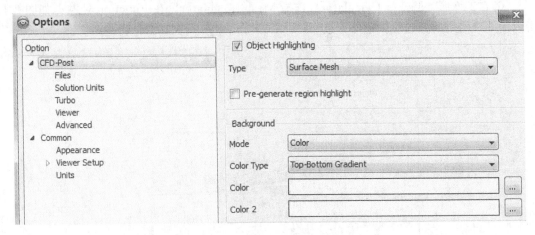

图 8-44　将背景颜色更改为白色

2. 在 CFD-Post 中检查网格

(1)在第一步的操作下,在视图窗口中的任一线框处单击鼠标右键,在弹出的菜单中选择 Show Surface Mesh,此时会在壁面上显示出划分的网格。

(2)在第一步操作下,双击 wall,在树形窗口下侧得到 Detail of wall 对话框。如图 8-45 所示。将 Color 选项设置为白色。单击 Apply,右侧壁面的颜色变为白色。

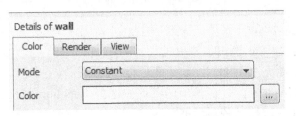

图 8-45　更改壁面的颜色

(3)选择 Render 选项,在该选项下清除 Show Faces,选择 Show Mesh Lines,如图 8-46 所示。此时在右侧视图窗口同样会显示出网格。同(1)相比,该处的图形仅仅显示出网格,而无壁面。

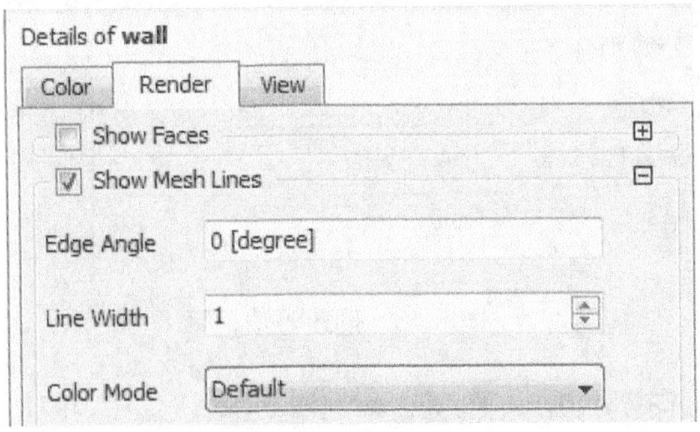

图 8-46　显示网格

(4)在 Render 选项下选择 Show Faces,清除 Show Mesh Lines。此时壁面出现。

(5)在视图窗口的任一线框处单击鼠标右键,在弹出菜单中选择 Show Surface Mesh,在右侧视图窗口关闭网格显示。

(6)在工作区上侧选择 Calculators,选择 Mesh Calculator。在 Function 处共有如图 8-47 所示的 6 种网格质量选项供选择。选择一种单击 Calculator,在空白处得到结果。

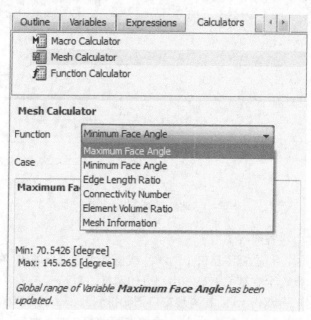

图 8-47　网格计算器

3. 插入位置(中心对称面)

通过两种方法,建立中心对称面($Z=0$)。

方法一:创建等值面

单击菜单栏中的 Insert 选项,在弹出的菜单中选择 Location→Isosurface,保留默认名称 Isosurface1,弹出如图 8-48 所示的对话框。

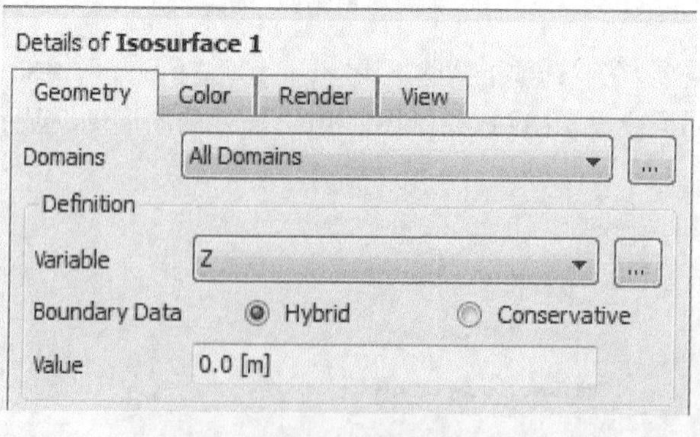

图 8-48　创建等值面

在 Variable 选项下选择 Z,并保留 Value 选项的默认值 0,单击 Apply,建立 $Z=0$ 的等值面。

第 8 章 流动及传热模拟例题：混合弯管

方法二：创建平面（Z＝0）

在工具栏中选择 Location→Plane 选项，保留默认名称 Plane1，弹出如图 8-49 所示的对话框。

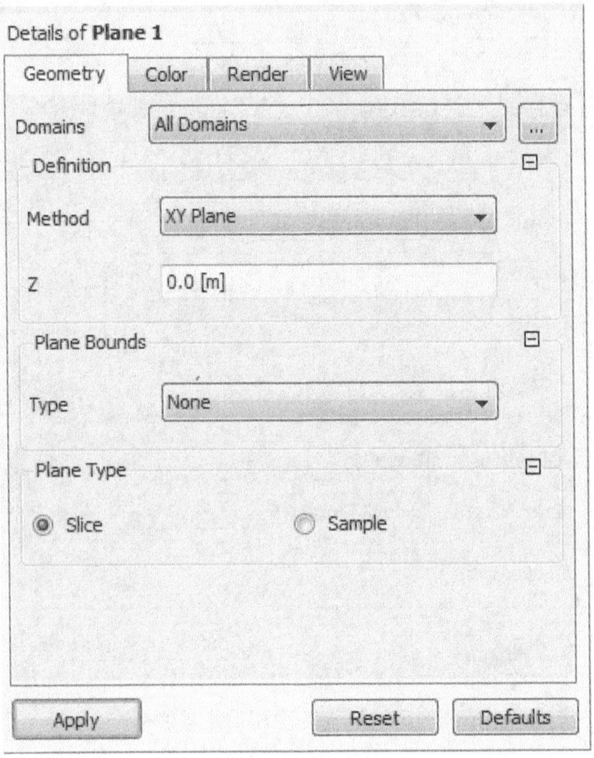

图 8-49 建立平面

在 Method 选项处选择 XY Plane，保留 Z 的默认值 0，单击 Apply，建立 Z＝0 的平面。此时在 Outline→User Locations and Plots 下会显示出创建的位置。如图 8-50 所示。不勾选壁面 wall，在右侧视图窗口，显示创建的位置。

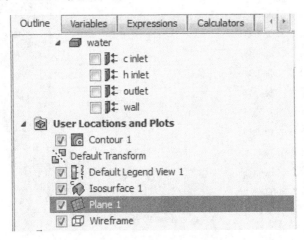

图 8-50 创建的位置

4. 显示对称面处的速度轮廓图

(1) 单击工具栏中的 按钮，保留默认名称 Contour1，弹出如图 8-51 所示的对话框。

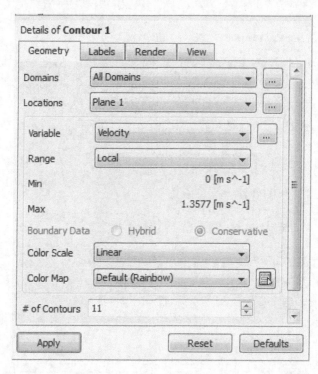

图 8-51 速度轮廓图设置对话框

在 Locations 处选择 Plane1 或者 Isosurface1；在 Variable 处选择 Velocity；在 Range 处选择 Local；其他选项保留默认值，单击 Apply，在右侧视图窗口显示速度轮廓图。如图 8-52 所示。

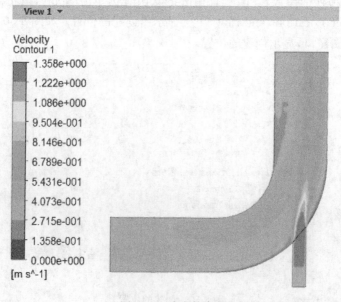

图 8-52 速度轮廓图

(2)单击 Render 选项,弹出如图 8-53 所示的菜单。

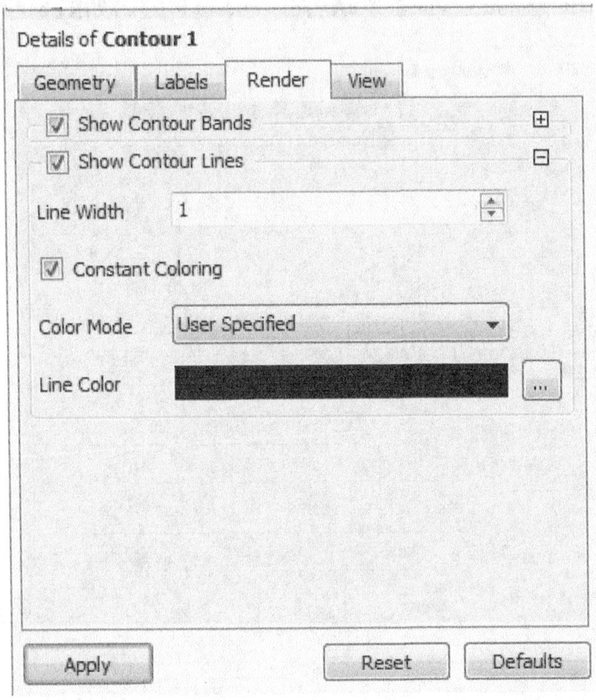

图 8-53 Render 选项

单击 Show Contour Lines 后面的加号,显示更多选项。勾选 Constant Coloring,将 Color Mode 的属性更改为 User Specified,Line Color 选项设置为黑色。单击 Apply,此时速度轮廓图如图 8-54 所示。

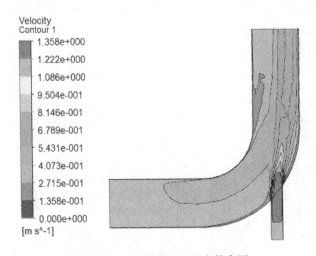

图 8-54 更改操作后的速度轮廓图

(3)在 User Locations and Plots→Contour1 前面,将对号不勾选。或者在 User Locations and Plots→Contour1 处单击鼠标右键,在弹出的菜单中选择 Hide。同时不勾选 Plane1 和 Isosurface1。

5. 显示中心对称面的速度矢量图

(1)单击工具栏中的 按钮,保留默认名称 Vector1,弹出如图 8-55 所示的对话框。

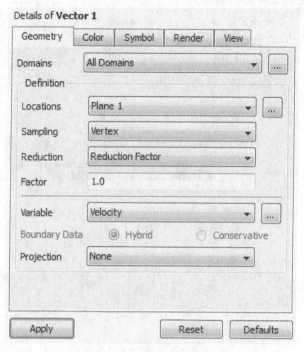

图 8-55　速度矢量图设置对话框

在 Locations 处选择 Plane1;其他选项保留默认值。单击 Apply,显示速度矢量图。如图 8-56 所示。

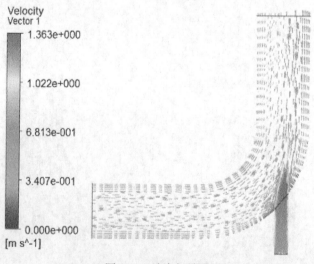

图 8-56　速度矢量图

(2)单击 Symbol 选项,弹出如图 8-57 所示的对话框。

保留 Symbol 默认设置;将 Symbol Size 的值更改为 4。单击 Apply,右侧视图窗口显示更改后的速度矢量图。如图 8-58 所示。

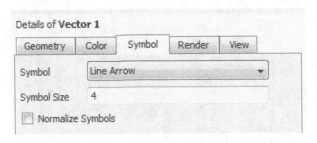

图 8-57　Symbol 选项

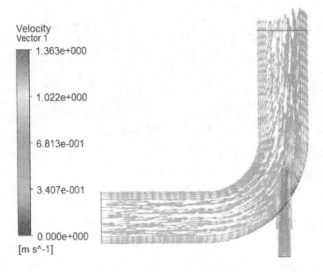

图 8-58　更改后的速度矢量图

（3）不勾选 User Locations and Plots→Vector1。

6．显示流线图

（1）单击工具栏 [图标] 按钮，保留默认名称 Sreamline1，弹出如图 8-59 所示的对话框。

在 Type 处选择 3D Streamline；单击 Start Form 后面的三个点（Location editor），弹出一个对话框，按住 Ctrl 键，同时选择 c inlet 和 h inlet，单击 OK。将流线的初始位置设置为高温入口和低温入口；单击 Preview Seed Points，在高温入口和低温入口出现代表起始位置的点；其他选项保留默认值。单击 Apply，显示流线，如图 8-60 所示。

（2）不勾选 User Locations and Plots→Streamline1。

7．显示出口的温度变化

（1）在工具栏中选择 Location→Line，保留默认名称 Line1，弹出如图 8-61 所示的对话框。

在 Point1 处键入（1.2，1.4，0），在 Point2 处键入（1.6，1.4，0），将 Line Type 的属性更改为 Cut。单击 Color 选项，弹出如图 8-62 所示的对话框。

将 Mode 的属性更改为 Variable；在 Variable 的下拉菜单中选择 Temperature；在 Range 的下拉菜单中选择 Local；其他选项保留默认值。

单击 Apply，建立位置 Line1。如图 8-63 所示。

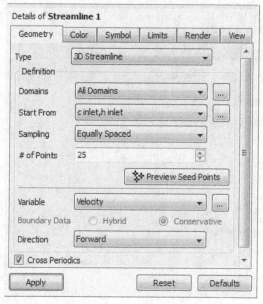

图 8-59　流线设置对话框

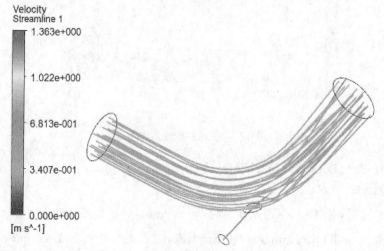

图 8-60　流线图

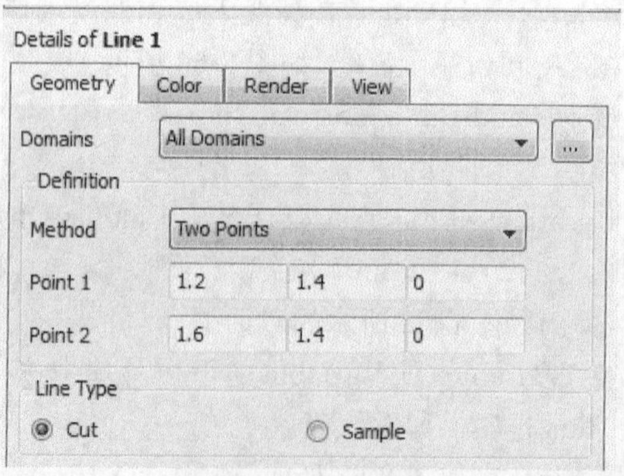

图 8-61　建立直线

第 8 章 流动及传热模拟例题:混合弯管

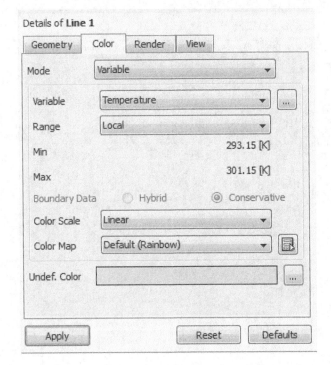

图 8-62 建立直线的 Color 选项

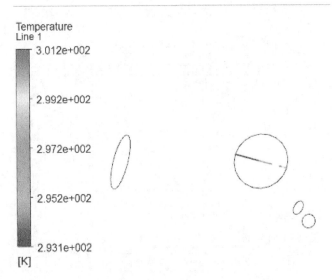

图 8-63 Line1

(2)单击工具栏中的 ![icon] 按钮,保留默认名称 Chart1,弹出如图 8-64 所示的对话框。

将 Title 更改为 Outlet Temperature,其他选项保留默认值。

单击 Data Series 选项,弹出如图 8-65 所示的对话框。

将 Name 更改为 Temperature at Line1;在 Location 的下拉菜单中选择 Line1。

单击 X Axis 选项,在 Variable 的下拉菜单中选择 X,其他选项保留默认值。

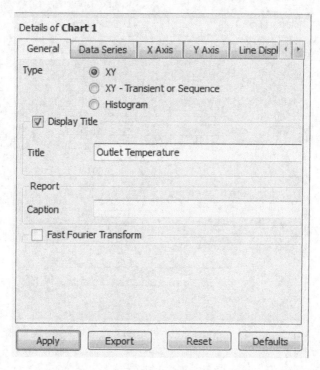

图 8-64　建立图表

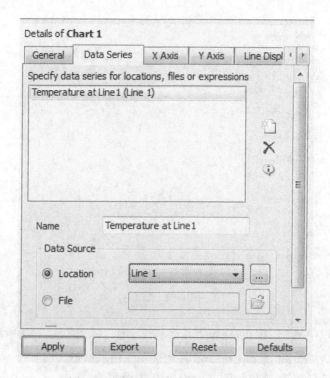

图 8-65　建立图表的 Data Series 选项

单击 Y Axis 选项,在 Variable 的下拉菜单中选择 Temperature,其他选项保留默认值。

第 8 章 流动及传热模拟例题：混合弯管

单击 Apply，在 Chart Viewer 下显示出口中心线处温度随坐标轴 X 的变化情况。如图 8-66 所示。

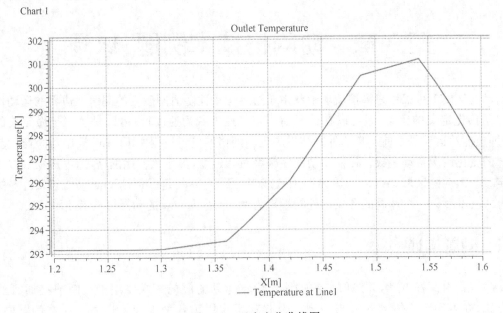

图 8-66 温度变化曲线图

第 9 章 动网格技术例题:球阀

动网格模型可以用来模拟流场形状由于边界运动而随时间改变的问题。边界的运动形式可以是预先定义的运动,即可以在计算前指定其速度或角速度;也可以是预先未做定义的运动,即边界的运动要由前一步的计算结果决定。网格的更新过程由 Fluent 根据每个迭代步中边界的变化情况自动完成。在使用动网格模型时,必须首先定义初始网格、边界运动的方式并指定参与运动的区域。可以用边界型函数或者 UDF(User-Defined Function)定义边界的运动方式。本章以一个球阀的开关过程的模拟为例,介绍 Fluent 的动网格技术使用方法。

9.1 问题描述

球阀是由阀杆带动,并绕阀杆的轴线作旋转运动的阀门。主要用于截断或接通管路中的介质,亦可用于流体的调节与控制。因此广泛应用于各种工业管道中。在本例题中,将装有球阀的管道简化为一个二维问题,模拟计算水通过管道时,球阀阀体的动作,对管道内压力和流速产生的影响。图 9-1 给出了计算区域。水从左侧流入,从右侧流出。由于 Fluent 不能计算阀体全部关闭即无流体经过的情况,故在创建几何模型时,将阀体与管壁留有一定的缝隙。

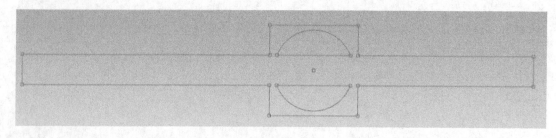

图 9-1 计算区域

本节例题涉及到的知识点主要包括:
✓ ANSYS DM 二维建模
✓ ANSYS Mesh 网格划分方法
✓ Fluent 中动网格的更新方式
✓ 利用 Profile 文件定义物体的运动
✓ Fluent 求解设置及监控技术
✓ Fluent 结果后处理
✓ CFD-Post 结果后处理

9.2 创建分析模型

9.2.1 创建几何模型

利用 DesignModeler 中的格栅选项,建立各个节点坐标。通过 Line 选项将点连接成线,最后利用 Surfaces Form Sketches 选项,得到整个计算区域。具体操作步骤如下:

1. 启动 ANSYS Workbench
2. 建立 Fluent 分析系统

在 Toolbox 下的 Analysis Systems 中找到 Fluid Flow (Fluent),双击或拖曳该图标到右侧项目概图中,如图 9-2 所示。

3. 保存文件

单击 Workbench 工具栏中的 Save,将文件名改为 ball valve,单击 OK 保存文件。

4. 启动 DesignModeler

双击 Geometry 的 A2 单元,进入 DesignModeler。

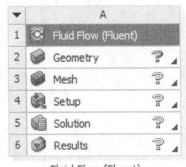

图 9-2 Workbench

5. 选择单位制

选择毫米单位制,单击 OK。

6. 创建草图 Sketch1

在 XY 平面创建一个草图 Sketch1,切换至 Sketching 模式。

7. 设置 Settings 下的格栅参数

(1)在 Grid 选项处分别勾选 Show in 2D,Snap(捕捉格栅节点)。如图 9-3 所示。

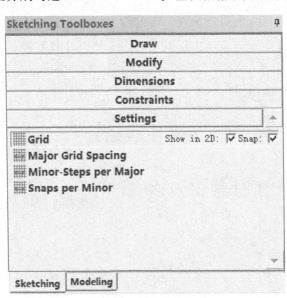

图 9-3 格栅参数设置

(2) 将 Major Grid Spacing 选项的值改为 5 mm。

(3) 将 Minor-Steps per Major 选项的值改为 1。

(4) 将 Snaps per Minor 选项的值改为 1。单击工具栏中的 图标,使坐标系正视于读者。

以上操作将在坐标系中画出间隔为 5 mm 的格栅,如图 9-4 所示。

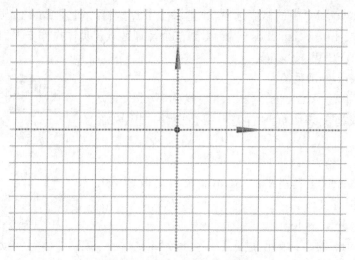

图 9-4　间距为 5 mm 的格栅

8. 创建格栅节点

利用 Draw→Construction Point,在格栅上分别创建出节点 A(30,30)、B(30,−30)、C(−30,−30)、D(−30,30)、E(30,10)、F(30,−10)、G(−30,−10)、H(−30,10)、I(25,10)、J(25,−10)、K(−25,−10)、L(−25,10)、M(−200,10)、N(−200,−10)、P(150,10)、Q(150,−10)。如图 9-5 所示。

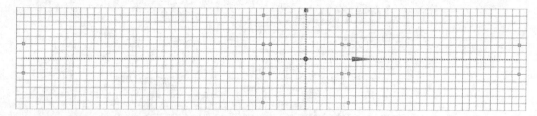

图 9-5　创建格栅节点

9. 点连接成线

利用 Draw→line 选项,将点连接成线。如图 9-6 所示。

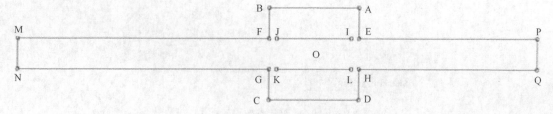

图 9-6　点连接成线

注意:单击工具栏中的 ✈ 按钮,将格栅隐藏。

10. 绘制球阀阀体草图

利用 Draw→Arc by Center 选项(第一个点选择坐标原点),将球阀阀体画出。如图 9-7 所示。

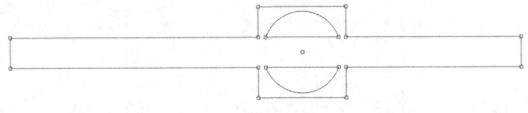

图 9-7 球阀示意图

11. 生成平面 1

(1)切换至 Modeling 模式,单击菜单栏 Concept 下拉菜单中的 Surfaces Form Sketches,从左侧树形窗口单击 Sketch1,在详细列表窗口的 Base Objects 后面单击 Apply。此时在树形窗口会出现 SurfaceSk1。

(2)在树形窗口下的 SurfaceSk1 处单击鼠标右键,在弹出的菜单中选择 Generate。此时图形窗口如图 9-8 所示。

图 9-8 几何模型

通过以上步骤的操作,创建了装有球阀管道的几何模型。关闭 ANSYS DM,回到 ANSYS Workbench 工作界面。

9.2.2 划分网格

根据 ANSYS DM 建立的几何模型,利用 ANSYS Meshing 中的 Create Named Selections 对每条边进行命名。通过对平面 1 定义 Element Size,将计算区域划分为三角形网格。

1. 启动 ANSYS Meshing

双击 A3 mesh,进入 ANSYS Meshing 界面。

2. 选择单位

单击菜单栏中的 Unit,在下拉菜单中选择 Metric(mm、kg、N、s、mV、mA)。

3. Create Named Selections

(1)单击 Meshing 工具栏中的 ▣,在右侧图形窗口选择边 MN,单击鼠标右键,在弹出的菜单中选择 Create Named Selections,将名称改为"inlet",单击 OK。如图 9-9 所示。

(2)单击边 PQ 重复上述操作,将名称改为"outlet"。

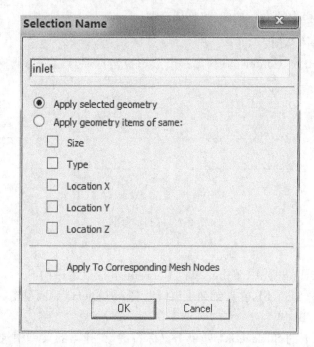

图 9-9　inlet

(3)利用 Ctrl+鼠标左键连续选择边 MF、FB、BA、AE、EP、NG、GC、CD、DH、HQ,重复(1)的操作,将名称改为"wall"。

(4)利用 Ctrl+鼠标左键连续选择边 JI、圆弧 JI、边 KL 和圆弧 KL,重复(1)的操作,将名称改为"fati"。

4. 定义面尺寸

选择树形窗中的 Mesh,单击右键选择 Insert→Sizing。单击工具栏中的 [按钮],在右侧图像窗口选择整个面,单击详细列表窗口下 Scope→Geometry 的 Apply。选择详细列表窗 Definition→Type,将其属性改为 Element Size,将其数值更改为 3,如图 9-10 所示。

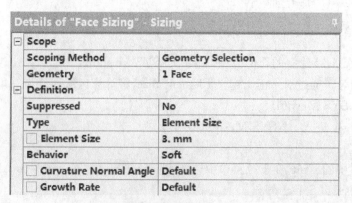

图 9-10　Element Size

5. 定义网格类型

选择树形窗中的 Mesh,单击右键选择 Insert→Method。在右侧图像窗口选择整个面,单击详细列表窗口下 Scope→Geometry 的 Apply。选择详细列表窗 Definition→Method,将其属性改为 Triangles。如图 9-11 所示。

Details of "All Triangles Method" - Method	
Scope	
Scoping Method	Geometry Selection
Geometry	1 Body
Definition	
Suppressed	No
Method	Triangles
Element Midside Nodes	Use Global Setting

图 9-11　Method

6. 细化网格

单击详细列表窗口中 Defaults→Relevance,向右拖动滑块,将其值改为 50,进行细化网格的操作。如图 9-12 所示。

Details of "Mesh"	
Defaults	
Physics Preference	CFD
Solver Preference	Fluent
Relevance	50
Sizing	
Inflation	
Assembly Meshing	
Patch Conforming Options	
Advanced	
Defeaturing	
Statistics	

图 9-12　网格相关性设置

7. 其他选项设置

详细列表中的其他选项设置保留默认设置。

8. 生成网格

单击树形窗的 Mesh,右键选择 Generate Mesh,生成网格。

9. 查看网格质量

选择详细列表窗口 Statistics,将 Mesh Metric 的属性改为 Skewness 或其他选项查看网格质量。如图 9-13 所示。最大网格单元偏斜率为 0.45,网格质量较为理想。

Details of "Mesh"	
Patch Conforming Options	
Triangle Surface Mesher	Program Controlled
Advanced	
Defeaturing	
Statistics	
Nodes	1140
Elements	1930
Mesh Metric	Skewness
Min	4.80522877621681E-06
Max	.453580979149927
Average	6.25475759283128E-02
Standard Deviation	6.10764144510906E-02

图 9-13　网格质量

通过以上步骤的操作,利用 ANSYS Meshing 对计算区域进行了网格划分。关闭 Meshing,回到 ANSYS Workbench 工作界面。

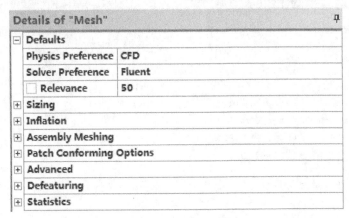

9.3 求解及后处理

9.3.1 分析设置与求解

根据 ANSYS Meshing 划分的网格,利用 Fluent 中的瞬态求解器,选用 k-e 湍流计算模型,定义进出口边界条件,激活 Fluent 中 Dynamic Mesh 选项,选择网格的更新方式,定义运动区域,选择算法,初始化流场后进行模拟计算。

1. 启动 Fluent

在 ANSYS Workbench 界面,双击 A4 栏中的 Setup,弹出如图 9-14 所示的 Fluent 启动设置对话框,保留默认值,单击 OK,启动 Fluent。

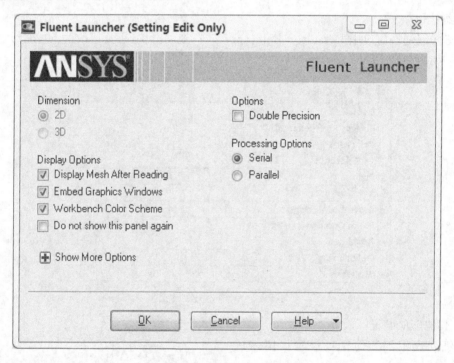

图 9-14 Fluent 启动界面

2. 读入网格文件

在图形窗口,会显示读入的网格。如图 9-15 所示。

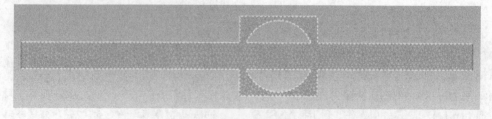

图 9-15 读入的网格

3. General 设置

(1) 检查网格

在左侧分析导航面板单击 General→Check，在信息反馈窗口会显示如图 9-16 所示的信息。

```
Domain Extents:
   x-coordinate: min (m) = -2.000000e-01, max (m) = 1.500000e-01
   y-coordinate: min (m) = -3.000000e-02, max (m) = 3.000000e-02
Volume statistics:
   minimum volume (m3): 1.591023e-06
   maximum volume (m3): 7.490050e-06
     total volume (m3): 8.177774e-03
Face area statistics:
   minimum face area (m2): 1.867594e-03
   maximum face area (m2): 4.693745e-03
 Checking mesh.........................
Done.
```

图 9-16　网格检查

① 网格检查可以看出 X 轴最大长度为 0.15 m，Y 轴最大长度为 0.03 m。

② 网格检查会报告出有关网格的任何错误，特别是要求确保最小面积(体积)不能是负值，否则 Fluent 无法进行计算。

(2) 确定划分网格的长度单位

在左侧分析导航面板单击 General→Scale，弹出如图 9-17 所示的对话框。

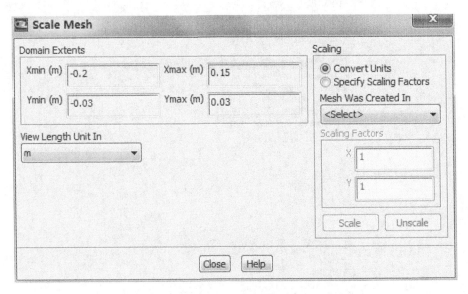

图 9-17　长度单位设置对话框

由第一步网格检查可知，本案例不用进行长度单位的转换。

(3) 定义求解器

在 Time 下选择 Transient，其他选项保留默认值。如图 9-18 所示。

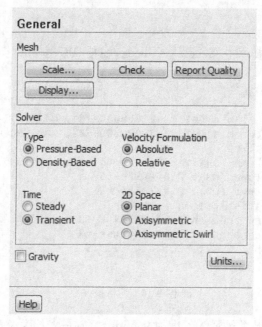

图 9-18　求解器设置对话框

4. 选择计算模型

在左侧分析导航面板单击 Models，弹出如图 9-19 所示的任务页面。

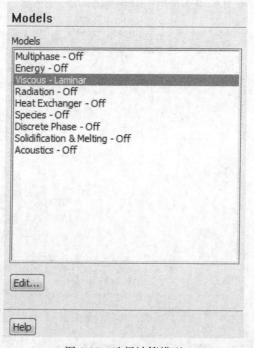

图 9-19　选择计算模型

单击 Models→Viscous→Edit...，弹出如图 9-20 所示的对话框。选择 k-epsilon 模型，并保留默认设置，单击 OK 关闭对话框。

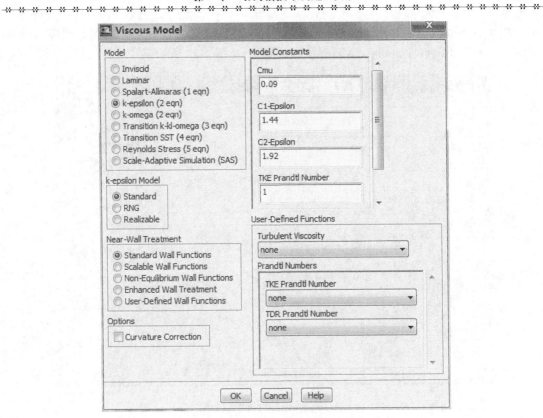

图 9-20　湍流计算模型设置对话框

5. 设置流体属性

在左侧分析导航面板单击 Materials，弹出如图 9-21 所示的任务页面。

图 9-21　创建材料

单击 Materials→air→Create/Edit...，弹出如图 9-22 所示的对话框。单击 Fluent Database，打开 Fluent Database Materials 对话框。如图 9-23 所示。

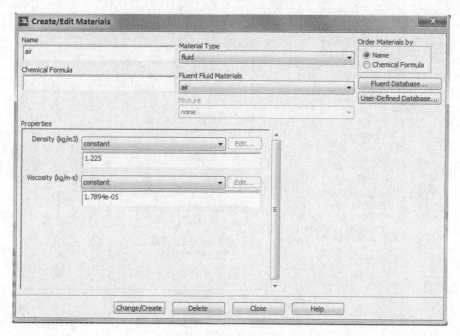

图 9-22　流体材料设置对话框

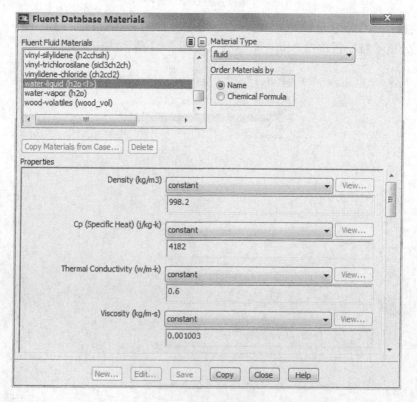

图 9-23　流体材料数据库

从 Fluent Fluid Materials 中选择 water-liquid(h2o⟨l⟩),点 Copy 按钮,再点 Close 按钮关闭 Fluent Database Materials 对话框。单击 Change/Create。点 Close 按钮关闭 Create/Edit Materials 对话框。

6. 设置流体区域

在左侧分析导航面板单击 Cell Zone Conditions,弹出如图 9-24 所示的任务页面。

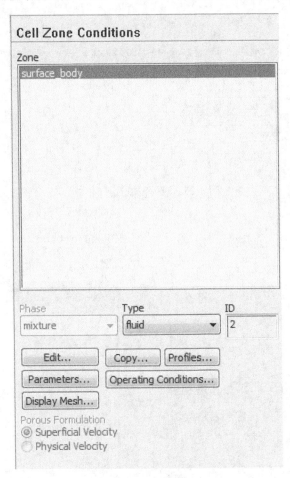

图 9-24　流体区域设置对话框

选择 Cell Zone Conditions→surface-body→Edit…,弹出如图 9-25 所示的对话框。在 Material Name 的下拉菜单中选择 water-liquid,单击 OK 按钮关闭对话框。

7. 设置操作压力

在左侧分析导航面板单击 Boundary Conditions→Operating Conditions,弹出如图 9-26 所示的对话框。保留默认值,单击 OK 关闭对话框。

8. 设置边界条件

在左侧分析导航面板单击 Boundary Conditions,弹出如图 9-27 所示的任务页面。

(1)更改进口边界类型

在 Type 的下拉框中选择 mass-flow-inlet。如图 9-28 所示。

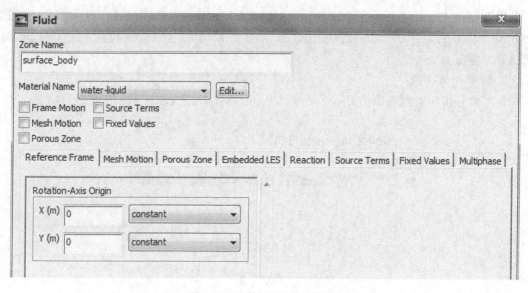

图 9-25　流体区域选择对话框

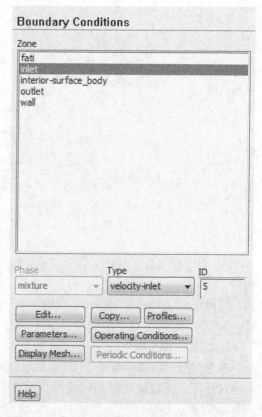

图 9-26　操作压力设置对话框　　　　图 9-27　边界条件设置对话框

第 9 章 动网格技术例题:球阀

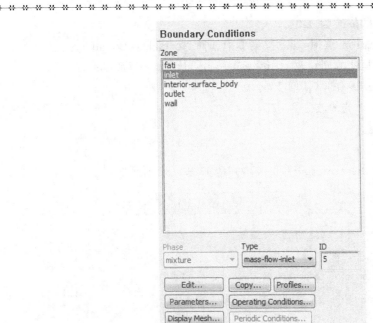

图 9-28 边界条件设置对话框

(2)定义进口边界条件

单击 Boundary Conditions→inlet→Edit...,弹出如图 9-29 所示的对话框,在其中进行相关设置如下:

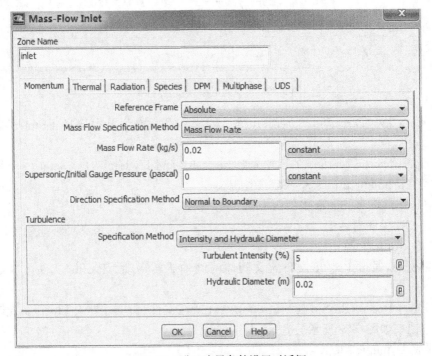

图 9-29 进口边界条件设置对话框

①将 Mass Flow Rate 的值改为 0.02。
②从 Direction Specification Method 下拉菜单中选择 Normal to Boundary。
③将 Specification Method 的属性改为 Intensity and Hydraulic Diameter。
④保留 Turbulent Intensity 的默认值 5%。
⑤将 Hydraulic Diameter 的值改为 0.02。
⑥单击 OK 关闭对话框。
(3) 定义出口边界条件。
单击 Boundary Conditions→outlet→Edit…，弹出如图 9-30 所示的对话框。

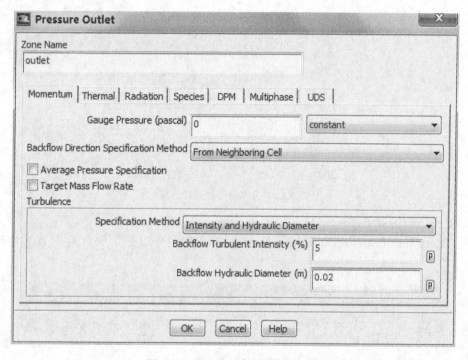

图 9-30　出口边界条件设置对话框

①从 Backflow Direction Specification Method 的下拉菜单中选择 From Neighboring Cell。
②将 Specification Method 的属性改为 Intensity and Hydraulic Diameter。
③保留 Turbulent Intensity 的默认值 5%。
④将 Hydraulic Diameter 的值改为 0.02。
⑤单击 OK 关闭对话框。

9. 定义 Profile 文件

在本案例中，通过 Profile 文件定义阀体的绕轴旋转运动。Profile 文件内容如图 9-31 所示。

通过 File→Read→Profile 找到 rotating.txt 所在文件目录，并导入 Fluent。此时在信息反馈窗口会出现如图 9-32 所示的提示。

10. 设置 Dynamic Mesh

(1) 激活 Dynamic Mesh，设置网格的更新方式。

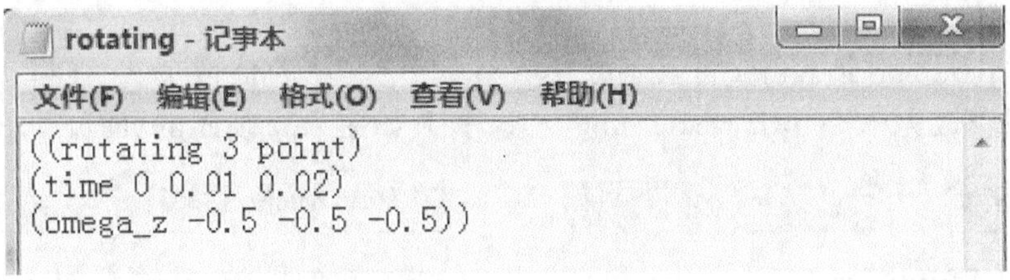

图 9-31　Profile 文件

```
Reading "E:\WB Fluent\ball valve\rotating.txt"...

Reading profile file...
      3 "rotating" point-profile points, time, omega_z.
```

图 9-32　导入 Profile 文件

本案例采用弹簧光滑模型和局部重划模型进行计算，如图 9-33 所示。勾选 Dynamic Mesh 选项，勾选 Smoothing 及 Remeshing 选项。点 Settings...，弹出如图 9-34 所示的对话框。

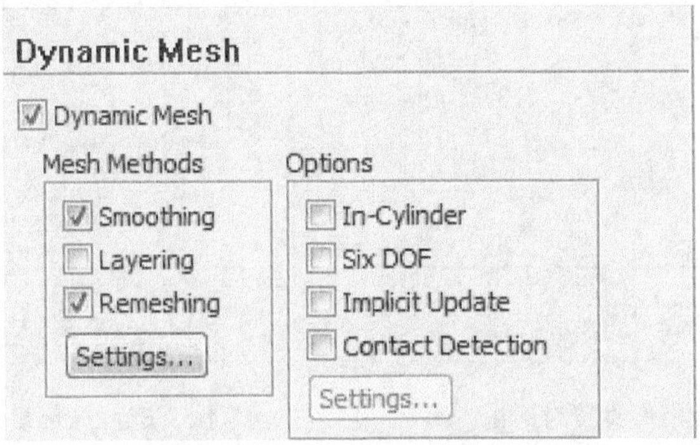

图 9-33　网格更新方式设置对话框

在弹簧光滑模型中，网格的边被理想化为节点间相互连接的弹簧。移动前的网格间距相当于边界移动前由弹簧组成的系统并处于平衡状态。在网格边界节点发生位移后，会产生与位移成比例的力，力量的大小根据胡克定律计算。激活弹簧光顺模型，相关参数设置位于 Smoothing(光顺)标签下，可以设置的参数包括 Spring Constant Factor(弹簧弹性系数)、Boundary Node Relaxation(边界节点松弛因子)、Convergence Tolerance(收敛判据)和 Number of Iterations(迭代次数)。弹簧弹性系数应该在 0～1 之间变化，弹性系数等于 0 时，可以将边界位移扩散至计算域很远的地方；当弹性系数等于 1 时，边界位移扩散将局限在一个很小的位移内。因此在实际计算中应该在 0～1 之间选择一个适当的值。边界节点松弛因子用于控制动边界上网格点的移动。当这个值为 0 时，边界节点不发生移动；在这个值为 1 时，则边界节点的移动计算中不采用松弛格式。在大多数情况下，这个值应该取为 0～1 之间的一个值，以保证边界节点以合适的移动量发生移动。

收敛判据就是网格节点移动计算中，迭代计算的判据。迭代次数是指网格节点移动计算的最大迭代次数。

在图 9-34 所示对话框中,将 Spring Constant Factor 的值改为 0.5;将 Laplace Node Relaxation 的值改为 0.4;单击 Remeshing 标签,打开如图 9-35 所示的页面。

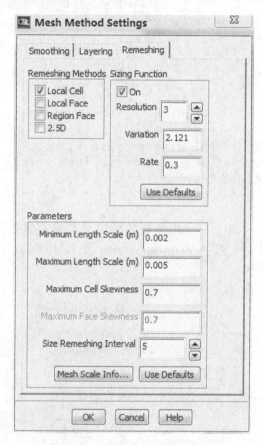

图 9-34　弹簧光顺模型设置对话框　　　图 9-35　局部重划模型设置对话框

当采用弹簧光顺模型时,可能会出现网格质量下降、负网格,或因网格畸变过大导致计算不收敛等问题。为了解决这个问题,Fluent 在计算过程中将畸变率过大,或尺寸变化过于剧烈的网格集中在一起进行局部网格的重新划分,如果重新划分后的网格可以满足畸变率要求和尺寸要求,则用新的网格代替原来的网格,如果新的网格仍然无法满足要求,则放弃重新划分的结果。在 Remeshing(重划网格)标签下,设置与局部重划模型相关的参数。可以设置的参数包括 Maximum Cell Skewness(最大畸变率)、Maximum Length/Cell Volume(最大长度/网格体积)和 Minimum Length/Cell Volume(最大长度/网格体积),其含义如前所述,主要用于确定哪些网格需要被重新划分。在缺省设置中,如果重新划分的网格优于原网格,则用新网格代替旧网格;否则,将保持原网格划分不变。如果无论如何都要采用新网格的话,则可以在标签下勾选 Local Face 以激活 Must Improve Skewness(必须改善畸变率)选项。如果 Options(选项)下面的 Size Function(尺寸函数)被激活,则还可以用网格尺寸分布函数标记需要重新划分的网格。

在图 9-35 勾选 Sizing Function,并保留默认值。单击 Mesh Scale Info... 弹出如图 9-36

所示的 Mesh Scale Info 对话框。在 Mesh Scale Info 对话框中将 Minimum Length Scale 的值更改为 0.002，将 Maximum Length Scale 的值更改为 0.005。保留 Maximum Cell Skewness 的默认值 0.7。单击 Close 按钮关闭 Mesh Scale Info 对话框。随后单击 OK 按钮关闭 Mesh Method Settings 对话框。

(2) 设置运动区域

单击 Dynamic Mesh Zones→Create/Edit...，打开如图 9-37 所示的 Dynamic Mesh Zones 对话框。在 Zones Names 下选择 fati，在 Type 下选择 Rigid Body，单击 Create，在 Dynamic Mesh Zones 出现 fati，表示已经定义阀体的运动方式。

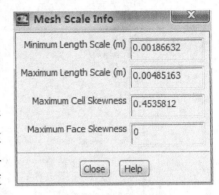

图 9-36 网格尺寸信息

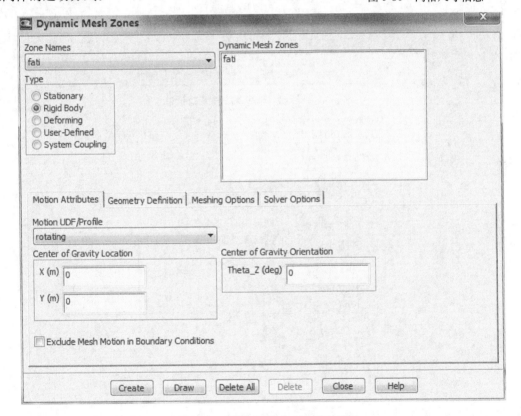

图 9-37 动网格区域 fati 设置对话框

(3) 定义墙体为静止域

按如下步骤进行操作：

① 在 Zones Names 下选择 wall，并将 Type 更改为 Stationary。

② 单击 Create，在 Dynamic Mesh Zones 出现 wall，定义墙为静止状态。如图 9-38 所示。

③ 单击 Close 关闭对话框。此时 Dynamic Mesh 面板如图 9-39 所示。

(4) 预览网格

在网格预览时，网格会发生变化。因此在预览网格运动前要保存原始网格。

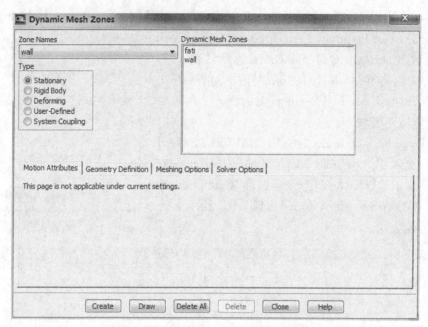

图 9-38 动网格区域 wall 设置对话框

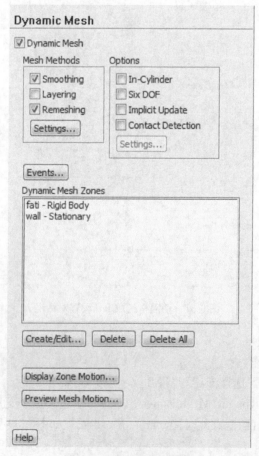

图 9-39 动网格设置完成

第 9 章 动网格技术例题：球阀

①单击 Preview Mesh Motion，弹出如图 9-40 所示的对话框。

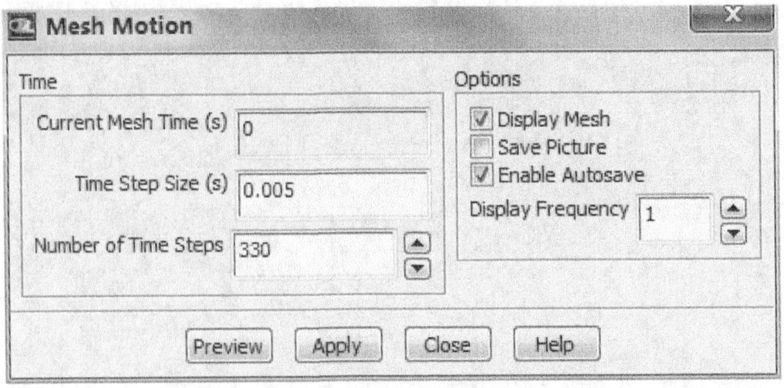

图 9-40　动网格预览设置对话框

✓ 将 Time Step Size 的值改为 0.005。
✓ 将 Number of Time Steps 的值改为 330。
✓ 勾选 Options 下的 Enable Autosave，弹出如图 9-41 所示的窗口。

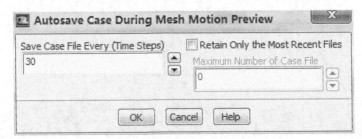

图 9-41　动网格自动保存设置对话框

✓ 在 Save Data File Every(Time Steps)出输入 30。
✓ 单击 OK 关闭 Auto Case During Mesh Motion Preview 对话框。
✓ 在 Mesh Motion 下单击 Apply，保存设置。

②单击 Fluent 菜单栏中 File→export→case，保存 case 文件。
③单击 Preview，预览网格。阀体附近的网格运动如图 9-42 和图 9-43 所示。
④File→Import→case，读取没有运动之前的 case 文件，继续以下选项设置。

11. 选择算法

在左侧分析导航面板单击 Solution Methods，弹出如图 9-44 所示的对话框。从 Scheme 下拉列表中选择 SIMPLEC，其他选项保留默认值。

12. 设置松弛因子

在左侧分析导航面板单击 Solution Controls，弹出如图 9-45 所示的任务页面，各个选项保留默认值即可。

13. 设置残差曲线

在左侧分析导航面板单击 Monitors→Residuals→Edit...，弹出如图 9-46 所示的对话框。勾选 Plot，单击 OK 关闭对话框。

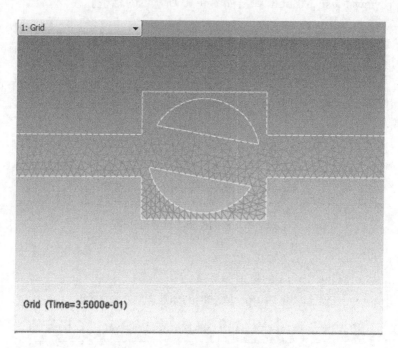

图 9-42　0.35 s 后阀体附近的网格

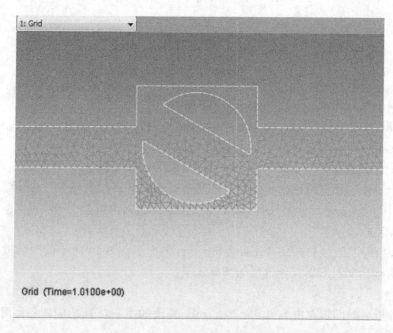

图 9-43　1.01 s 后阀体附近的网格

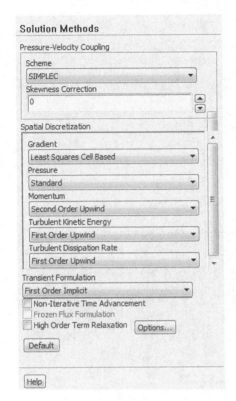

图 9-44 算法设置对话框　　　　图 9-45 松弛因子设置对话框

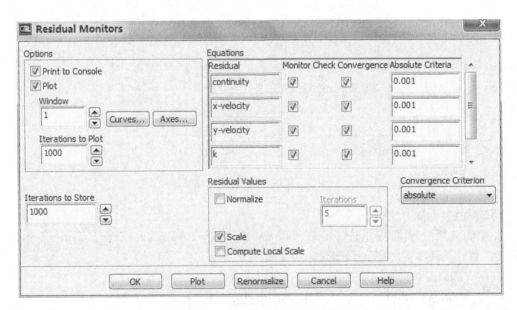

图 9-46 残差曲线设置对话框

14. 流场初始化

在左侧分析导航面板单击 Solution Initialization,打开如图 9-47 所示的任务页面。在 Initialization Methods 下选择 Standard Initialization,在 Compute from 下选择 inlet,单击

Initialize 选项初始化流场。

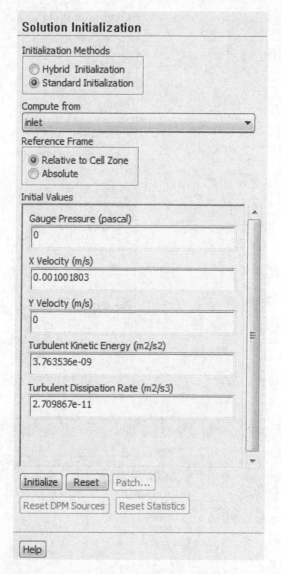

图 9-47 流场初始化设置对话框

15. 设置自动保存文件

在左侧分析导航面板单击 Calculation Activities→(Autosave Every(Time Steps))→Edit...,弹出如图 9-48 所示的对话框。

(1)Save Data File Every(Time Steps)出输入 30。

(2)在 Append File Name with 下拉菜单中选择 time-step。

(3)单击 OK 关闭对话框。

16. 进行计算

在左侧分析导航面板单击 Run Calculation,弹出如图 9-49 所示的对话框。

(1)将 Time Step Size(s)更改为 0.005。

第 9 章 动网格技术例题:球阀

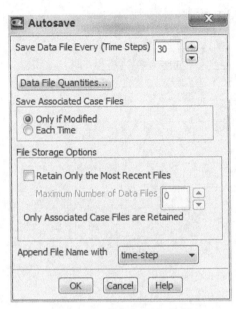

图 9-48 自动保存设置对话框

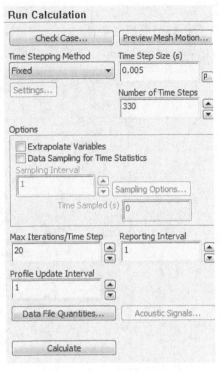

图 9-49 迭代计算设置对话框

(2)将 Number of Iterations 的值更改为 330。

(3)单击下侧的 Calculate 按钮进行计算。

9.3.2 Fluent 结果后处理

计算完成后,通过残差曲线判断计算结果是否收敛。在利用 Fluent 自带的后处理器中,通过压力云图判断球阀内的压力分布,通过速度矢量图判断球阀内的流场分布。下面介绍具体方法:

1. 显示残差曲线

经过 4 000 多步的计算后达到收敛,计算结束。残差曲线图如图 9-50 所示。

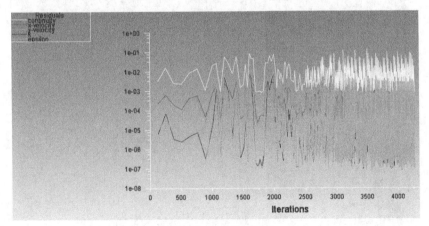

图 9-50 残差曲线

2. 显示压力云图

在分析导航面板中选择 Graphics and Animations 分支，单击 Graphics and Animations 面板下的 Contours→Set up...，在弹出如图 9-51 所示的对话框中进行如下设置：

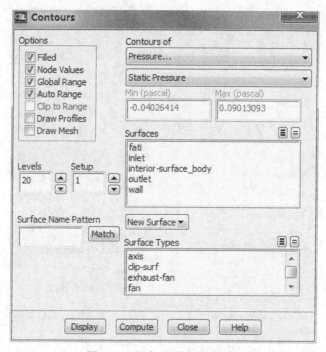

图 9-51　压力云图设置对话框

(1)勾选 Filled；
(2)在 Contours of 的两个下拉栏中分别选中 Pressure 和 Static Pressure；
(3)单击 Display，图形窗口如图 9-52 所示。

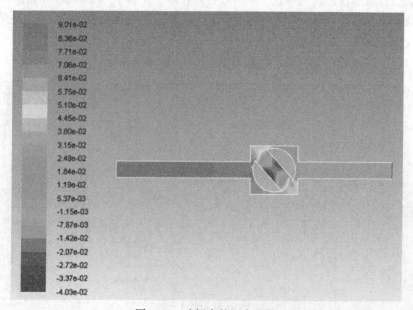

图 9-52　球阀内的压力云图

第 9 章 动网格技术例题:球阀

3. 显示速度矢量图

在左侧分析导航面板单击 Graphics and Animations→Vectors→Set Up,弹出如图 9-53 所示的对话框。

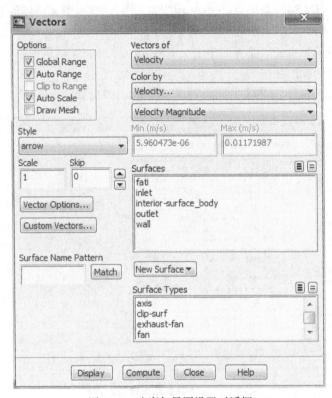

图 9-53 速度矢量图设置对话框

保留速度矢量设置对话框的默认值,单击 Display,速度矢量图如图 9-54 所示。

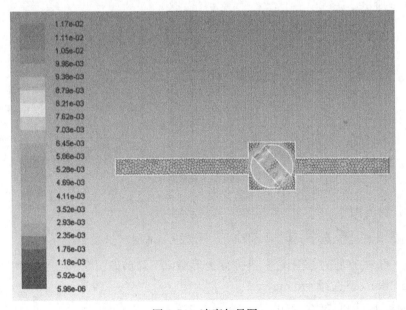

图 9-54 速度矢量图

9.3.3 CFD-Post 结果后处理

关闭 Fluent,回到 ANSYS Workbench 工作界面。下面介绍如何利用 CFD-Post 进行结果的后处理。利用 CFD-Post 进行结果后处理,显示压力云图,速度云图和阀体附近的矢量图。

1. 启动 CFD-Post

在 ANSYS Workbench 工作界面单击 A6 Results,启动 CFD-Post。

2. 读入各个时间段的数据

单击菜单栏 File,从下拉菜单中选择 Load Results,弹出如图 9-55 所示的对话框。

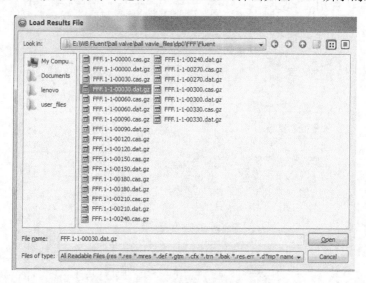

图 9-55 读入计算结果设置对话框

在文件夹中找到 FFF.1-1-00030.dat.gz 所在位置,单击 Open 读入计算结果。右侧图形窗口如图 9-56 所示。

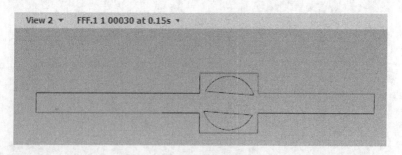

图 9-56 图形窗口

3. 显示压力云图

(1)单击工具栏 选项,弹出如图 9-57 所示的对话框。

(2)点击 OK 进行压力云图设置,在左侧树形窗口下弹出如图 9-58 所示的对话框。

①在 Locations 下选择 symmetry 1。

②在 Variable 下选择 Pressure。

第 9 章 动网格技术例题:球阀

图 9-57 添加压力云图 1 设置对话框

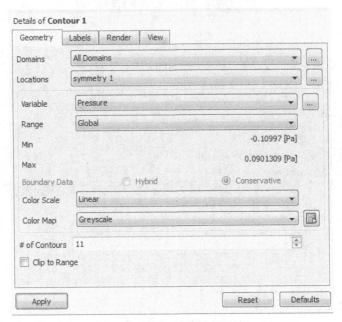

图 9-58 压力云图设置对话框

③在 Color Map 下选择 Greyscale(读者可自行选择,以挑选符合自己要求的云图)。
④单击 Apply,右侧图形窗口如图 9-59 所示。

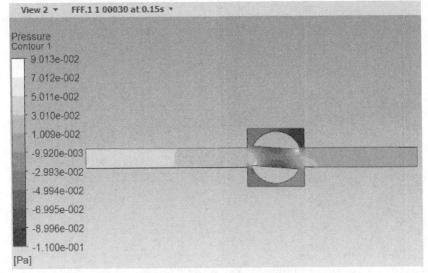

图 9-59 0.15 s 时压力云图

4. 显示速度云图

(1) 单击工具栏 选项,弹出如图 9-60 所示的对话框。单击 OK 创建云图 2。

图 9-60　添加压力云图 2 设置对话框

(2) 在左侧树形窗口不勾选 Contour 1。如图 9-61 所示。

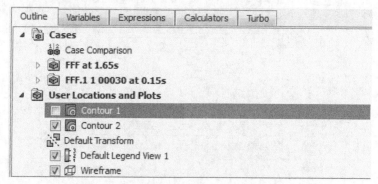

图 9-61　不勾选 Contour 1

(3) 进行速度云图设置,具体选项如图 9-62 所示。

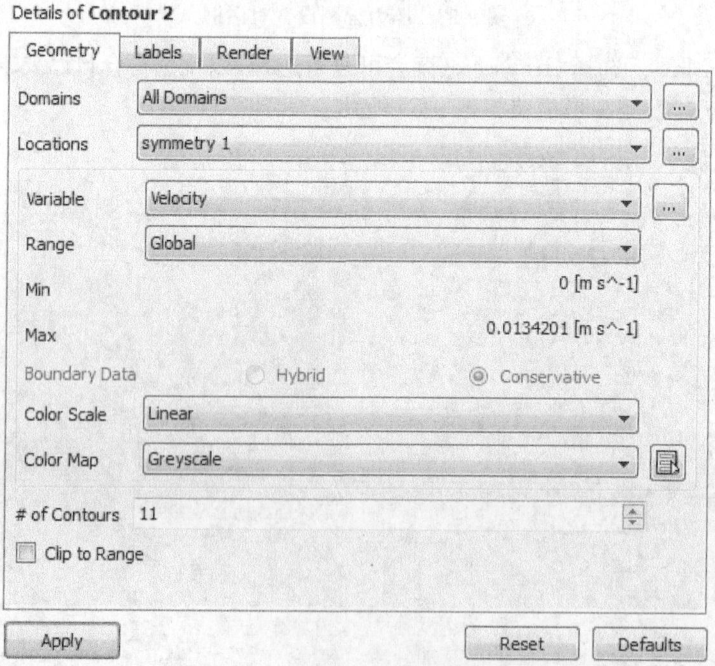

图 9-62　速度云图设置对话框

① 在 Locations 下选择 symmetry 1。
② 在 Variable 下选择 Velocity。
③ 在 Color Map 下选择 Greyscale。
④ 单击 Apply,右侧图形窗口如图 9-63 所示。

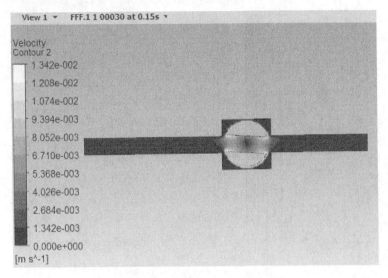

图 9-63　0.15 s 速度云图

5. 显示阀体附近速度矢量图

(1) 单击工具栏 选项,弹出如图 9-64 所示的对话框。单击 OK 创建速度矢量 1。

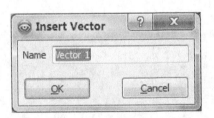

图 9-64　添加速度矢量图设置对话框

(2) 在左侧树形窗口不勾选 Contour 1 和 Contour 2。如图 9-65 所示。

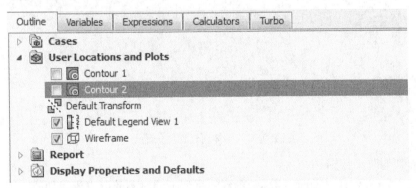

图 9-65　不勾选 Contour 1 和 Contour 2

(3) 进行速度矢量设置。如图 9-66 所示。

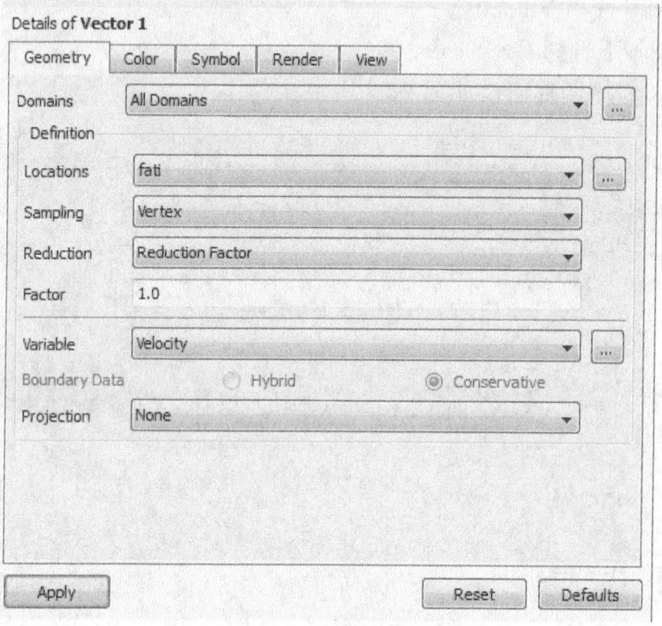

图 9-66 速度矢量图设置对话框

①在 Locations 下选择 fati。
②其他选项保留默认设置。
③单击 Apply，右侧图形窗口如图 9-67 所示。

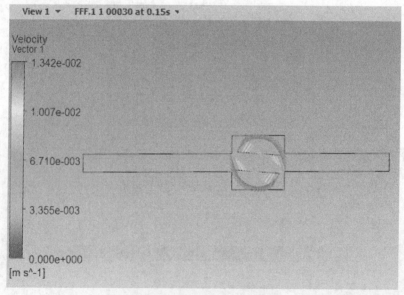

图 9-67 阀体附近速度矢量图

6. 处理其他时刻数据

重复上述操作，处理其他时刻数据，得到一系列不同时刻的压力云图如图 9-68 所示。

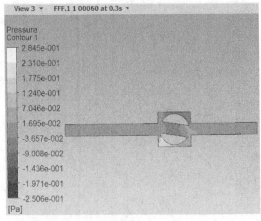

(a) Time=0.3 s

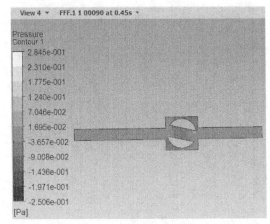

(b) Time=0.45 s

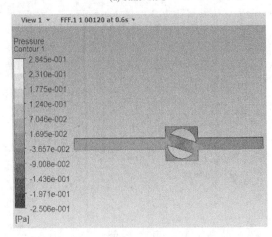

(c) Time=0.6 s

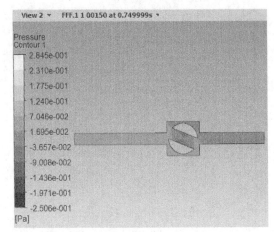

(d) Time=0.75 s

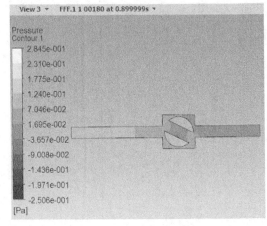

(e) Time=0.9 s

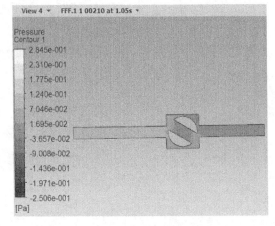

(f) Time=1.05 s

图 9-68

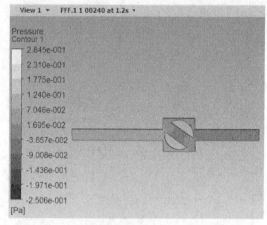

(g) Time=1.2 s

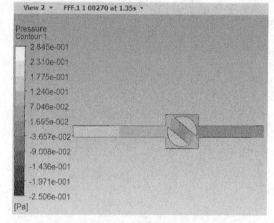

(h) Time=1.35 s

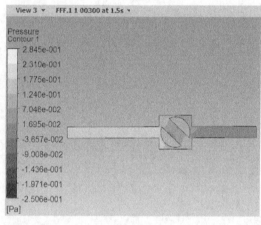

(i) Time=1.5 s

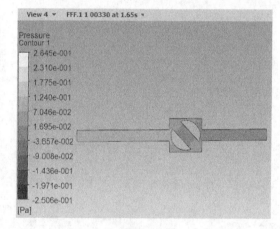

(j) Time=1.65 s

图 9-68　不同时刻的压力云图

第 10 章 多相流的数值模拟例题

多相流中以两相流动最为常见。本章以打印机喷墨过程及水流过渐缩喷管产生的气穴现象的模拟为例,介绍 Fluent 中的 VOF 模型、Mixture 模型等常用多相流模型的应用。通过本章内容的学习,有助于更好掌握 Fluent 多相流模型的具体参数设置和使用方法。

10.1 VOF 模型应用例题:打印机喷墨过程模拟

10.1.1 问题描述

喷墨打印机在打印图像时,需要进行一系列的繁杂程序。当打印机喷头快速扫过打印纸时,它上面的无数喷嘴就会喷出无数的小墨滴,从而组成图像中的像素。本案例利用 ANSYS Fluent 多相流模型中的 VOF 模型,模拟墨滴从喷嘴喷出后,在下落过程中墨滴的形状和运动轨迹。

图 10-1 给出了上述问题的几何区域。该区域包括墨水室和空气室。各个部分的尺寸如表 10-1 所示。在初始时刻,喷嘴内充满墨水,剩下的区域充满空气,并且假定墨水和空气都是静止的。当打印机开始工作后,入口速度突然从 0 加速至 2.864 m/s,然后按照抛物线规律递减。经过 8 μs 后,速度减为 0。

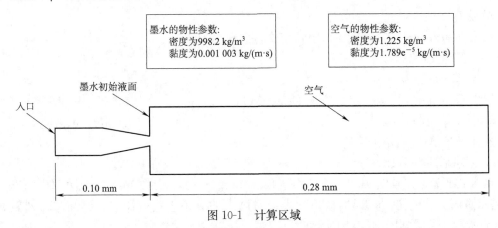

图 10-1 计算区域

表 10-1 墨水室和空气室的尺寸　　　　　　　　　　　　　　　　　　　单位:mm

墨水室,圆柱区的半径	0.015
墨水室,圆柱区的长度	0.050
墨水室,圆锥区下部半径	0.009
墨水室,圆锥区的长度	0.050
空气室,半径	0.030
空气室,长度	0.280

在 ANSYS Fluent 设置中,将具体化表面张力和接触角。墨水室喷嘴处的表面将看成是可浸润的,而喷嘴出口孔板附近的表面看成是不可浸润的。

由于示意图可以看成轴对称的图形,所以在后续绘制草图的过程中,可以只画出图形的一半,然后利用 Fluent 的镜面反射功能,以对称面为镜面,进行对称反射并构成一个整体。

本节例题涉及到的知识点主要包括:
✓ ANSYS DM 二维建模
✓ ANSYS Mesh 网格划分方法
✓ Fluent 镜面反射功能
✓ Fluent 求解设置及监控技术
✓ Fluent 自动保存
✓ Fluent 结果后处理

下面给出具体的建模及分析步骤。

10.1.2 创建几何模型

利用 DesignModeler,在 XY 平面下创建草图 Sketch1。在草图 1 上将计算区域内的各条边画出,最后利用 Surfaces Form Sketches 选项,得到整个计算区域。

1. 启动 ANSYS Workbench
2. 建立 Fluent 分析系统

在 Toolbox 下的 Analysis Systems 中找到 Fluid Flow (Fluent),双击或拖曳该图标到右侧项目概图中,如图 10-2 所示。

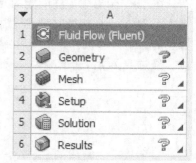

图 10-2　Workbench

3. 保存文件

单击 Workbench 工具栏中的 Save,将文件名改为 VOF,单击 OK 保存文件。

4. 启动 DesignModeler

双击 Geometry 的 A2 单元,进入 DesignModeler。

5. 选择单位制

选择毫米单位制,单击 OK。

6. 创建草图 Sketch1

在 XY 平面创建草图 Sketch1,切换至 Sketching 模式。利用 Draw 下拉菜单中的 line 功能,将示意图大致画出。在详细窗口列表会对画出的每条边进行命名。详细窗口列表如图 10-3(a)所示。草图如图 10-3(b)所示。

7. 尺寸标注

利用 Dimensions 下拉菜单中的 Length/Distance 进行尺寸标注,并在详细列表窗口更改尺寸长度。详细列表窗口如图 10-4 所示,最终结果如图 10-5 所示。

8. 生成平面 1

(1)切换至 Modeling 模式,单击菜单栏 Concept 下拉菜单中的 Surfaces Form Sketches,从左侧树形窗口单击 Sketch1,在详细列表窗口的 Base Objects 后面单击 Apply。此时在树形窗口会出现 SurfaceSk1。

Details View	
Show Constraints?	No
⊟ Edges: 7	
Line	Ln7
Line	Ln8
Line	Ln9
Line	Ln10
Line	Ln11
Line	Ln12
Line	Ln13

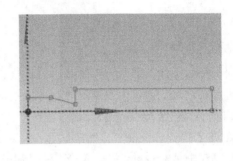

(a) 详细列表窗口

(b) 草图

图 10-3　创建几何模型

⊟ Dimensions: 6	
L1	0.009 mm
L2	0.015 mm
L3	0.03 mm
L4	0.05 mm
L5	0.05 mm
L6	0.28 mm

图 10-4　各条边的长度

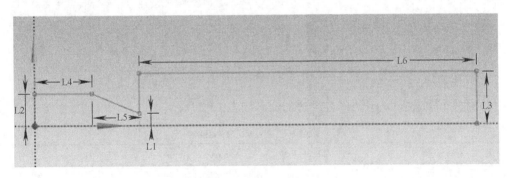

图 10-5　尺寸标注

(2)在树形窗口下的 SurfaceSk1 处单击鼠标右键，在弹出的菜单中选择 Generate。此时图形窗口如图 10-6 所示。

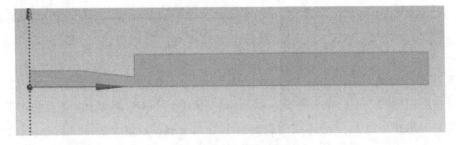

图 10-6　几何模型

通过以上步骤的操作完成几何建模。关闭 ANSYS DM，回到 ANSYS Workbench 工作界面。

10.1.3 划分网格

根据 ANSYS DM 建立的几何模型，利用 ANSYS Meshing 中的 Create Named Selections 对每条边进行命名。通过定义平面 1 的 Element Size（内部尺寸），对计算区域进行网格划分。

1. 启动 ANSYS Meshing

在 ANSYS Workbench 工作界面的 A2 Geometry 后面有一个绿色的对号，说明模型已经建立。此时双击 A3 mesh，进入 ANSYS Meshing 界面。

2. 选择单位

单击菜单栏中的 Unit，在下拉菜单中选择 Metric(mm、kg、N、s、mV、mA)。

3. Create Named Selections

(1)为了方便对各条边进行命名，作者对示意图中每条边进行编号（读者不需要进行此步操作），如图 10-7 所示。在工具栏选择 ▭，选择边"1"，单击鼠标右键，选择 Create Named Selections，将名称改为"inlet"。

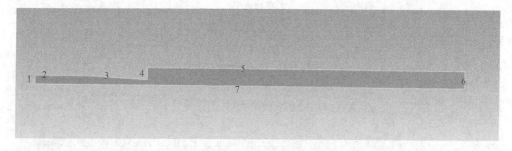

图 10-7 各条边的编号

(2)对各个边重复以上操作，各个边的命名如表 10-2 所示。

表 10-2 Named Selections

编 号	Named Selections
1	inlet
2、3	wall-wet
4	wall-not-wet
5、6	outlet
7	axis

注意：选择边"2"后，继续用 Ctrl＋鼠标左键选择边"3"，即将边"2"和边"3"一起命名为 wall-wet。

4. 对平面 1 定义 Element Size

选择树形窗中的 Mesh，单击右键选择 Insert→Sizing。单击 Meshing 工具栏中的 ▭，在右侧图像窗口选择平面 1，单击详细列表窗口下 Scope→Geometry 后的 Apply。选择详细列表窗 Definition→Type，选择 Element Size，数值更改为 0.000 5 mm。如图 10-8 所示。

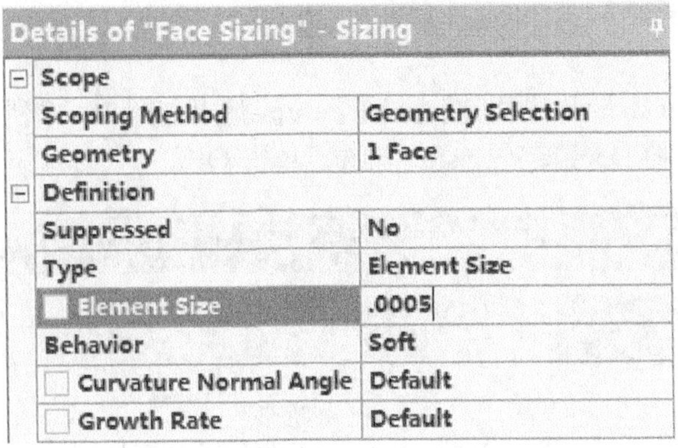

Details of "Face Sizing" - Sizing	
Scope	
Scoping Method	Geometry Selection
Geometry	1 Face
Definition	
Suppressed	No
Type	Element Size
Element Size	.0005
Behavior	Soft
Curvature Normal Angle	Default
Growth Rate	Default

图 10-8　Element Size

5. 其他选项设置

详细列表中的其他选项保留默认设置。

6. 划分网格

单击 Project 树的 Mesh 分支，右键选择 Generate Mesh，生成网格。

7. 查看网格质量

选择详细列表窗口 Statistics，将 Mesh Metric 的属性改为 Skewness 或其他选项查看网格质量。从图中可以看出，总共划分了 39 892 个 Nodes 和 39 068 个 Elements。网格质量较为理想。如图 10-9 所示。

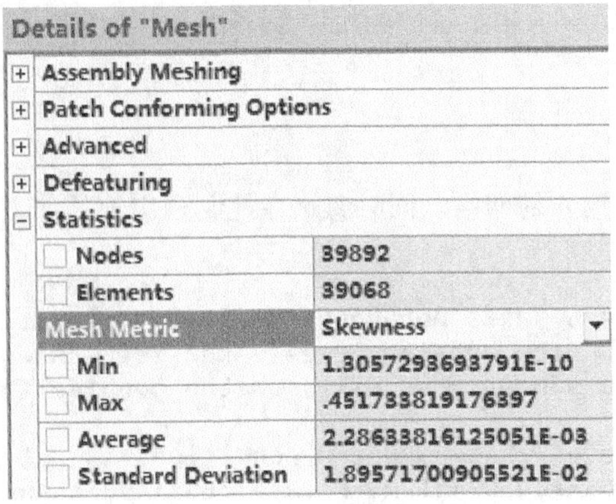

Details of "Mesh"	
Assembly Meshing	
Patch Conforming Options	
Advanced	
Defeaturing	
Statistics	
Nodes	39892
Elements	39068
Mesh Metric	Skewness
Min	1.3057293693791E-10
Max	.451733819176397
Average	2.28633816125051E-03
Standard Deviation	1.89571700905521E-02

图 10-9　网格质量

通过以上步骤的操作，利用 ANSYS Meshing 对计算区域进行了网格划分。关闭 Meshing，回到 ANSYS Workbench 工作界面。

10.1.4　数值模拟

根据 ANSYS Meshing 划分的网格，利用 Fluent 双精度瞬态求解器，激活 Fluent 多相流模型中的 VOF 模型，空气设置为第一相，墨水设置为第二相（墨水的物性参数用液态水代替）。在计算过程中不考虑重力。默认层流计算模型，定义进出口边界条件，选择算法，初始化流场后进行模拟计算。

1. 启动 Fluent

回到 ANSYS Workbench 界面，双击 A4 Setup，弹出如图 10-10 所示的 Fluent 启动设置对话框，将 Options 下的 Double Precision 勾选。单击 OK。

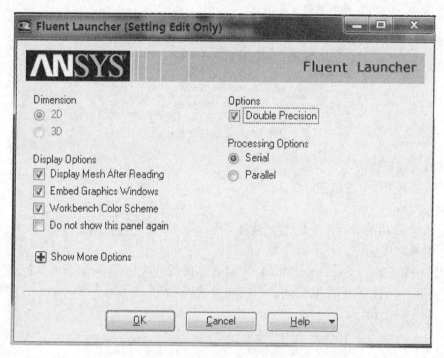

图 10-10　Fluent 启动界面

2. 读入网格文件

在图形窗口，会显示读入的网格。同时忽略在控制台出现的如图 10-11 所示的警告，在后续的设置中会解决这个问题。

```
Warning: The use of axis boundary conditions is not appropriate for
         a 2D/3D flow problem. Please consider changing the zone
         type to symmetry or wall, or the problem to axisymmetric.

Warning: The use of axis boundary conditions is not appropriate for
         a 2D/3D flow problem. Please consider changing the zone
         type to symmetry or wall, or the problem to axisymmetric.
```

图 10-11　警告

3. 对称反射

在左侧分析导航面板单击 Graphics and Animations→Views，弹出如图 10-12 所示的对话框。

(1) 在 Views 下选择 front。
(2) 在 Mirror Planes 下选择 axis。
(3) 单击 Apply。

(4)单击 Close,关闭 Views 对话框。此时右侧图形窗口如图 10-13 所示。完成对称反射功能的操作。

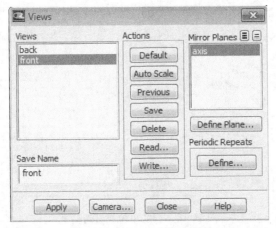

图 10-12　Views 设置对话框

图 10-13　对称反射

4. General 设置

(1)检查网格

在左侧分析导航面板单击 General→Check,在信息反馈窗口会显示如图 10-14 所示的信息。网格检查可以看出 X 轴最大长度为 0.38 mm,Y 轴最大长度为 0.03 mm。

```
Domain Extents:
  x-coordinate: min (m) = 0.000000e+00, max (m) = 3.800000e-04
  y-coordinate: min (m) = 0.000000e+00, max (m) = 3.000000e-05
Volume statistics:
  minimum volume (m3): 1.095124e-13
  maximum volume (m3): 2.978185e-13
    total volume (m3): 9.750000e-09
Face area statistics:
  minimum face area (m2): 3.109715e-07
  maximum face area (m2): 6.845606e-07
Checking mesh.........................
Done.
```

图 10-14　网格检查

(2)确定划分网格的长度单位

单击 General→Scale ,弹出如图 10-15 所示的对话框。由第一步网格检查可知,本案例不用进行长度单位的转换。

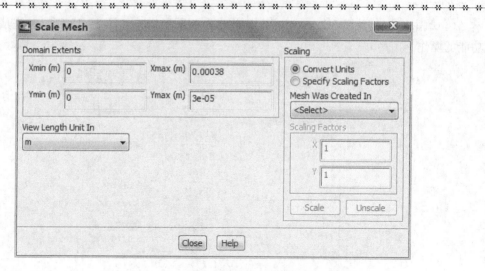

图 10-15　长度单位设置对话框

(3) 确定单位

单击 General→Units,弹出如图 10-16 所示的对话框。

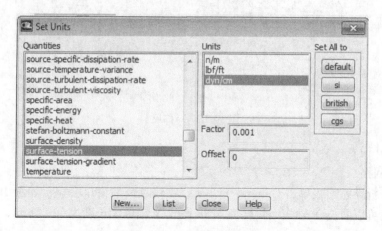

图 10-16　单位设置对话框

① 在 Quantities 列表中选择 Length。
② 在 Units 列表下选择 mm。
③ 在 Quantities 列表中选择 surface-tension。
④ 在 Units 列表下选择 dyn/cm。
⑤ 单击 Close,关闭对话框。

(4) 定义求解器

在 General 面板的 Time 区域选择 Transient,Time 下选择 Transient,在 2D Space 下选择 Axisymmetric。如图 10-17 所示。

5. 激活 VOF 模型

在左侧分析导航面板单击 Models→Multiphase→Edit…,弹出如图 10-18 所示的对话框。在 Models 下选择 VOF,保留默认设置单击 OK。

第 10 章 多相流的数值模拟例题

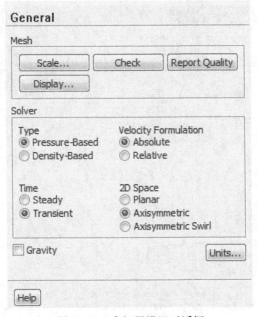

图 10-17 求解器设置对话框

6. 设置流体属性

在左侧分析导航面板单击 Materials，弹出如图 10-19 所示的对话框。选择 Materials→air→Create/Edit...，弹出如图 10-20 所示的对话框，在其中进行如下设置。

图 10-18 VOF 模型设置对话框　　　　　　　　图 10-19 创建材料

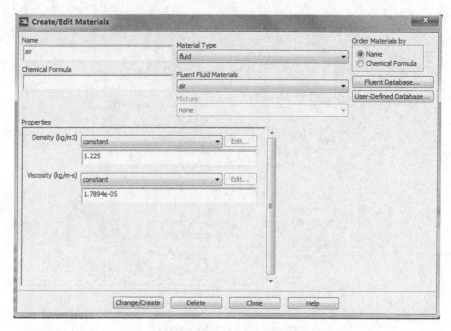

图 10-20　流体材料设置对话框

(1)单击 Fluent Database，打开 Fluent Database Materials 对话框。如图 10-21 所示。

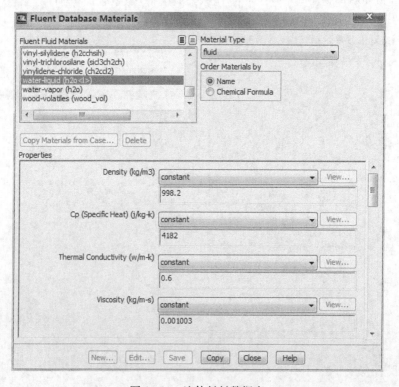

图 10-21　流体材料数据库

(2)从 Fluent Fluid Materials 中选择 water-liquid(h2o ⟨l⟩)。

(3)单击 Copy,再单击 Close,关闭 Fluent Database Materials 对话框。
(4)单击 Change/Create。
(5)单击 Close,关闭 Create/Edit Materials 对话框。

7. 设置第一相和第二相

在左侧分析导航面板单击 Phases,弹出如图 10-22 所示的任务页面。

(1)将 air 定义为初级相

单击 Phases→phase-1-Primary Phase→Edit...,弹出如图 10-23 所示的对话框。

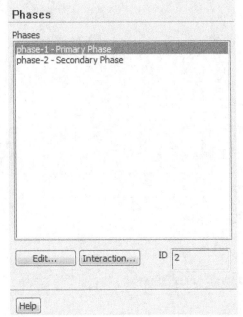

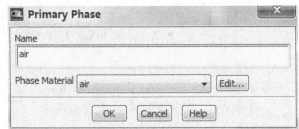

图 10-22　第一相和第二相设置对话框　　　　图 10-23　第一相设置对话框

①将名称改为 air。
②保留 Phase Material 中 air 的默认设置。
③单击 OK 关闭对话框。

(2)将 water-liquid 定义为第二相

单击 Phases→phase-2-Secondary Phase→Edit...,弹出如图 10-24 所示的对话框。

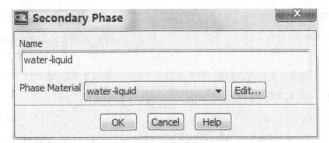

图 10-24　第二相设置对话框

①将名称改为 water-liquid。
②在 Phase Material 下拉菜单中选择 water-liquid。
③单击 OK 关闭对话框。
(3) 指定相间的相互作用
单击 Phases→Interaction，弹出如图 10-25 所示的对话框。

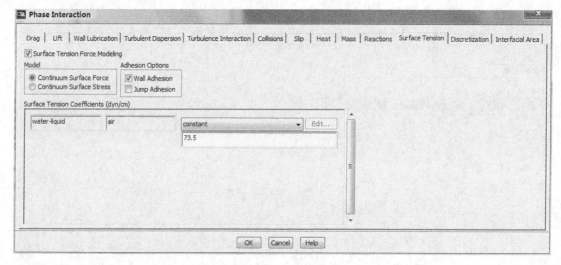

图 10-25　相间相互作用设置对话框

①选择 Surface Tension。
②勾选 Surface Tension Force Modeling。
③勾选 Wall Adhesion，在后续设置中确定接触角。
④从 Surface Tension Coefficient 的下拉菜单中选择 constant，将数值改为 73.5。
⑤单击 OK 关闭对话框。
8. 设置操作压力
在左侧分析导航面板单击 Boundary Conditions→Operating Conditions，弹出如图 10-26 所示的对话框。
(1) 在 X 后面输入 0.1。
(2) 在 Y 后面输入 0.03。
(3) 单击 OK 关闭对话框。
9. 定义 User-Defined Function (UDF)
(1) 编写 inlet1.c 的程序代码（参考代码如图 10-27 所示）。
(2) 导入 UDF 文件。

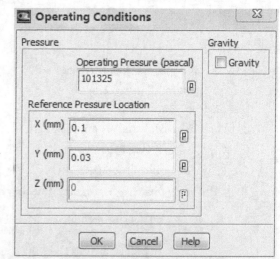

图 10-26　操作压力设置对话框

在菜单栏单击 Define→User-Defined Functions→Interpreted，弹出如图 10-28 所示的对话框。通过右侧的 Browse 找到 inlet1.c，单击 Interpret（在右侧信息反馈窗口会有相应的提示）。单击 Close，关闭对话框。

```c
#include "udf.h"
#include "sg.h"
#include "sg_mphase.h"
#include "flow.h"

DEFINE_PROFILE(membrane_speed,th,nv)

/* membrane spped   - function name   */
/* th               - thread          */
/* nv               - variable number */
{
  face_t f;
  real x[ND_ND];
  real f_time = RP_Get_Real("flow-time");

  begin_f_loop (f,th)
  {
    F_CENTROID(x,f,th);
    if (f_time<=10e-6)
    {F_PROFILE(f,th,nv) = 2.864-0.022*((f_time/1e-6)*(f_time/1e-6));
    }
    else
    F_PROFILE(f,th,nv) = 0;
  }
  end_f_loop (f,th)
}
```

图 10-27　程序代码

10. 设置边界条件

在左侧分析导航面板单击 Boundary Conditions，弹出如图 10-29 所示的对话框。

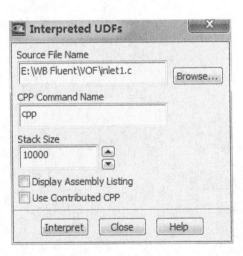

图 10-28　导入 UDF

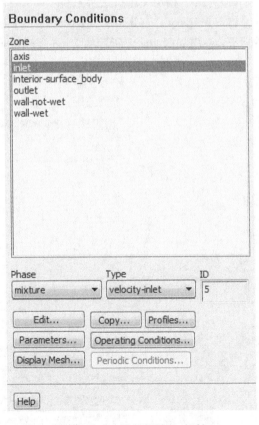

图 10-29　边界条件设置对话框

(1) 为混合相定义进口边界条件

单击 Boundary Conditions→inlet→Edit...,弹出如图 10-30 所示的对话框。在 Velocity Magnitude 的下拉菜单中选择 udf membrane_speed,单击 OK 关闭对话框。

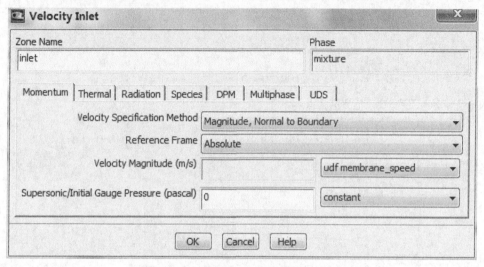

图 10-30　混合相入口边界设置对话框

(2) 为第二相定义进口边界条件

将 Boundary Conditions 对话框内的 Phase 更改为 water-liquid。如图 10-31 所示。单击 Edit...,弹出如图 10-32 所示的 Velocity Inlet 对话框。

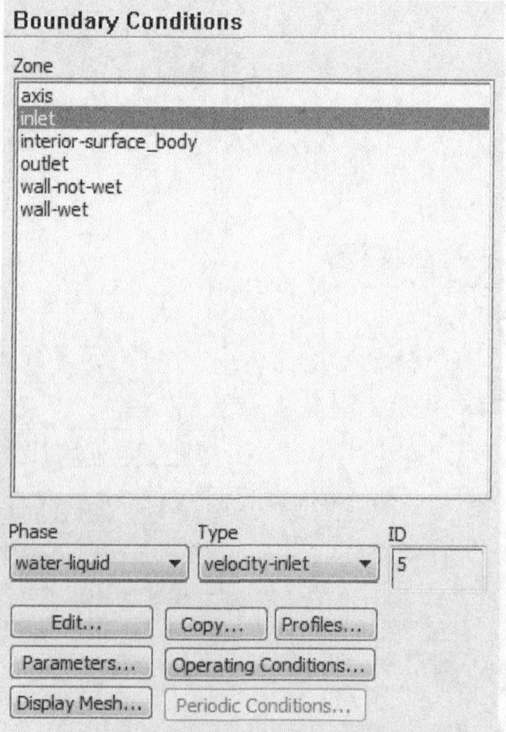

图 10-31　定义第二相进口边界条件

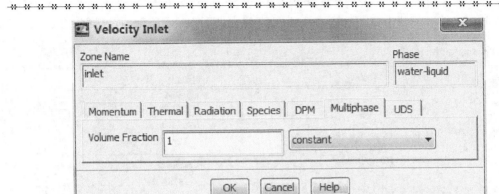

图 10-32 第二相进口边界条件设置对话框

在 Velocity Inlet 对话框中单击 Multiphase 标签,并在 Volume Fraction 处输入 1,单击 OK 关闭对话框。

(3) 为混合相定义出口边界条件

将 Boundary Conditions 对话框下的 Phase 更改为 mixture,如图 10-33 所示。

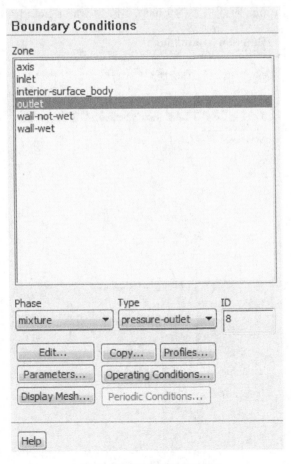

图 10-33 混合相出口边界

单击 Boundary Conditions→outlet→Edit...，弹出如图 10-34 所示的对话框。

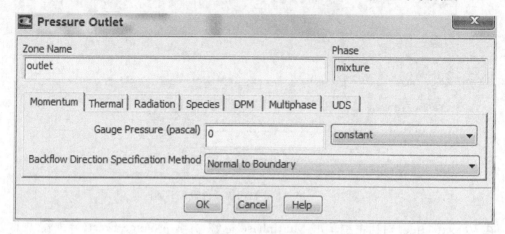

图 10-34　混合相出口边界设置对话框

保留默认设置，单击 OK 关闭对话框。

(4) 为第二相定义出口边界条件

将 Boundary Conditions 对话框下的 Phase 更改为 water-liquid。如图 10-35 所示。

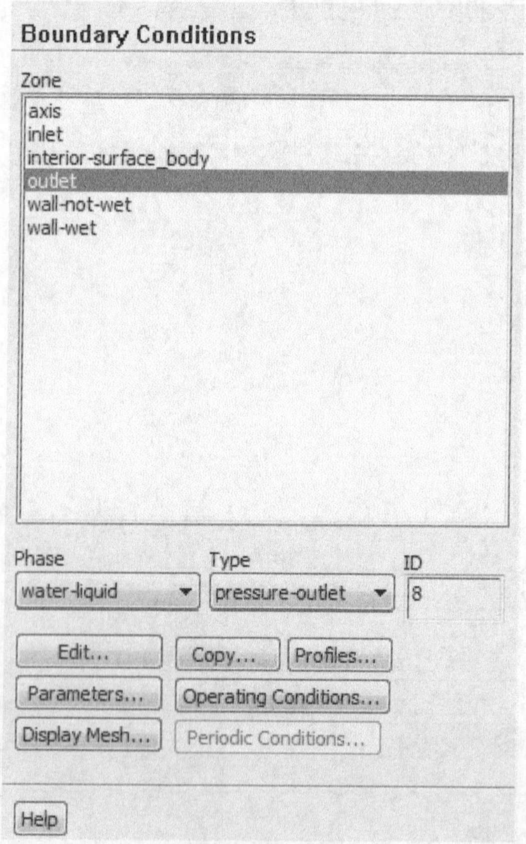

图 10-35　第二相出口边界

单击 Edit...,弹出如图 10-36 所示的对话框。单击其中的 Multiphase 标签并保留默认设置。单击 OK 关闭对话框。

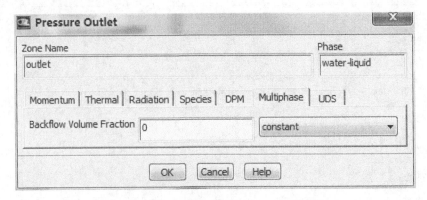

图 10-36 第二相出口边界条件设置对话框

(5)在混合相下定义 wall-no-wet 边界条件

将 Boundary Conditions 对话框下的 Phase 更改为 mixture,如图 10-37 所示。

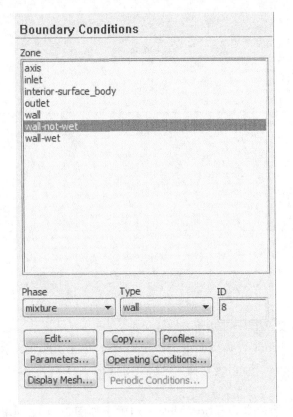

图 10-37 wall-no-wet 边界条件

单击 Edit...,弹出如图 10-38 所示的对话框。在 Contact Angles 处输入 175°,单击 OK 按钮关闭对话框。

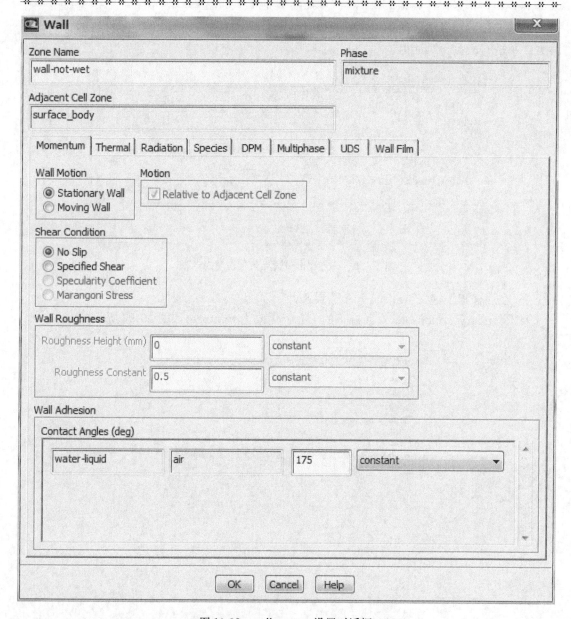

图 10-38　wall-no-wet 设置对话框

(6) 在混合相下定义 wall-wet 边界条件

在 Boundary Conditions 任务页面下选择 wall-wet，单击 Edit...，弹出如图 10-39 所示的对话框。在其中的 Contact Angles 处输入 90°，单击 OK 关闭对话框。

11. 选择算法

在左侧分析导航面板单击 Solution Methods，弹出如图 10-40 所示的对话框。

(1) 激活 Non-Iterative Time Advancement。

(2) 在 Scheme 下拉菜单中选择 Fractional Step。

(3) 在 Momentum 下拉菜单中选择 QUICK。

(4) 其他选项保留默认值。

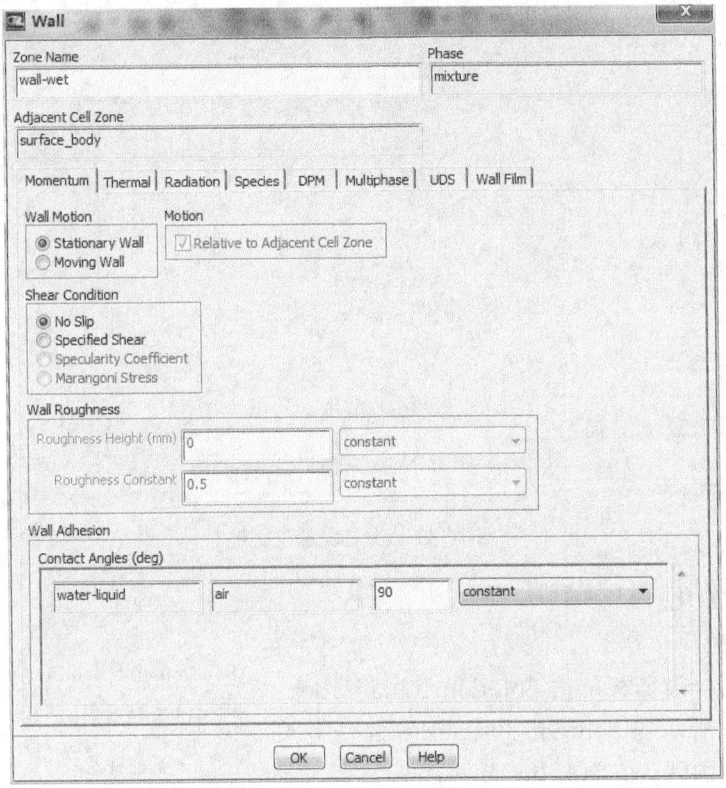

第 10 章 多相流的数值模拟例题

图 10-39 wall-wet 设置对话框

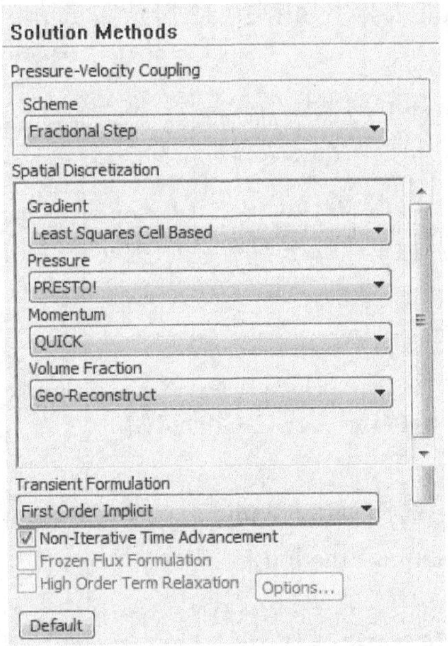

图 10-40 算法设置对话框

12. 设置残差

在左侧分析导航面板单击 Monitors→Residuals→Edit...，弹出如图 10-41 所示的对话框。勾选 Options 下的 Plot，单击 OK 关闭对话框。

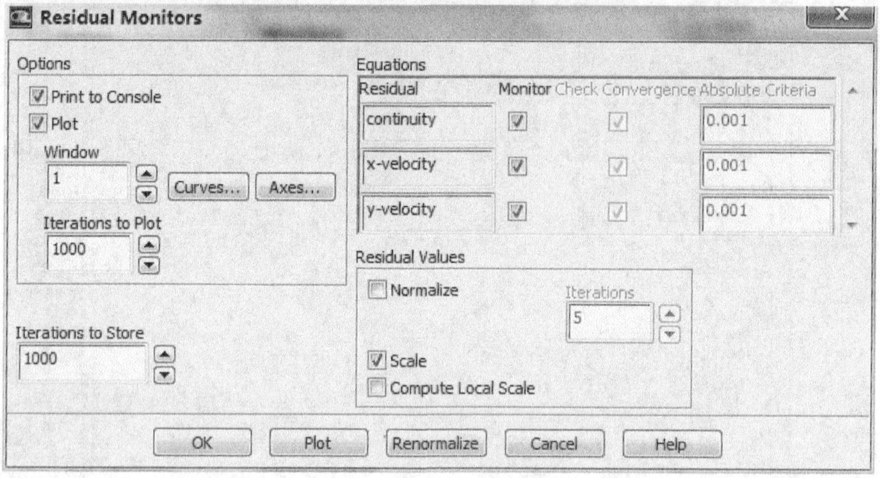

图 10-41 残差设置对话框

13. 流场初始化

(1) 流场初始化

在左侧分析导航面板单击 Solution Initialization，弹出如图 10-42 所示的 Solution Initialization 任务页面。保留初始化的默认值单击 Initialize。

(2) 定义墨水室区域

单击菜单栏 Adapt→Region，弹出如图 10-43 所示的对话框。

① 保留左侧 X Min 和 Y Min 的默认值(0)。

② 分别在右侧 X Max 和 Y Max，处输入 0.1 和 0.03。

③ 单击 Mark(此时在信息反馈窗口会出现如图 10-44 的提示)。

④ 单击 Close 关闭对话框。

(3) 定义第二相的初始分布

在初始化时，通过 Patch 函数，定义第二相的初始分布。如图 10-45 所示。

① 在 Phase 的下拉菜单中选择 water-liquid。

② 在 Variable 下选择 Volume Fraction。

③ 在 Value 下输入 1。

④ 在 Registers to Patch 下选择 hexahedron-r0。

⑤ 单击 Patch。

⑥ 单击 Close，关闭对话框。

14. Autosave 设置

在左侧分析导航面板单击 Calculation Activities

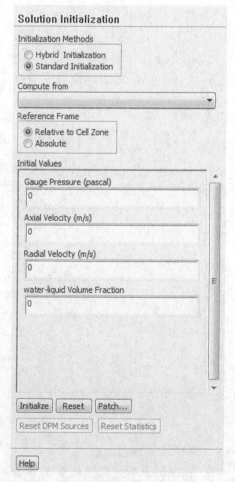

图 10-42 流场初始化设置对话框

→(Autosave Every(Time Steps))→Edit,弹出如图 10-46 所示对话框,按如下步骤设置。

图 10-43 墨水区设置对话框

```
5443 cells marked for refinement, 0 cells marked for coarsening
Additional cells might have been marked because of the requirements of the
adaption algorithms.
```

图 10-44 提示

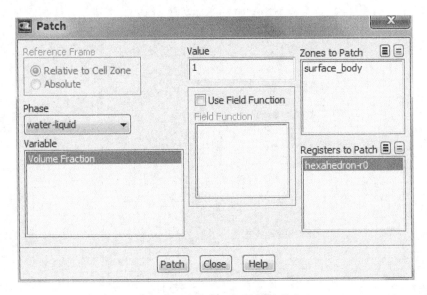

图 10-45 定义第二相的初始分布

(1)Save Data File Every(Time Steps)出输入 200。

(2)在 Append File Name with 下拉菜单中选择 time-step。

(3)点击 OK 并关闭对话框。

图 10-46　自动保存设置对话框

15. 进行迭代计算

在左侧分析导航面板单击 Run Calculation，弹出如图 10-47 所示的 Run Calculation 任务页面。在其中进行如下设置并求解：

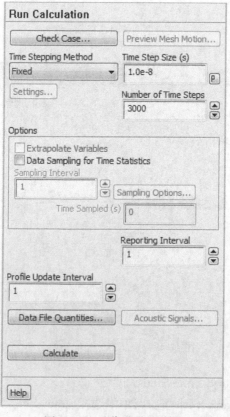

图 10-47　迭代设置对话框

(1)在 Time Step Size(s)后输入 1.0e-8。
(2)在 Number of Time Steps 输入 3000。
(3)保留 Time Stepping Method 下 Fixed 默认值。
(4)单击 Calculate。

10.1.5 结果处理

本案例利用 ANSYS Fluent 自带的后处理器,通过残差曲线判断计算过程是否收敛。通过显示水的体积分数云图,查看墨滴在下落过程中的形状和运动轨迹。

1. 残差曲线图

经过大约 3 000 步的计算,计算结果收敛。残差曲线图如图 10-48 所示。

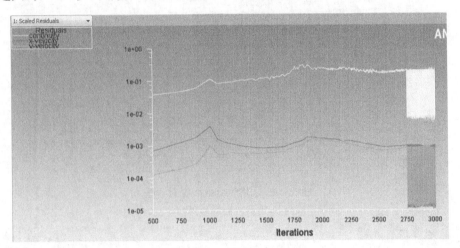

图 10-48　残差曲线

2. 读入计算数据

单击菜单栏 File→Import→Data,在工作目录下 E:\WB Fluent\VOF\vof_files\dp0\FFF\Fluent 读入 FFF-00000.dat.gz。

注意:在单独使用 Fluent 时,通过 File→Read→Data 设置,读入 Data 文件。在 Workbench 平台下,则通过该步骤实现,其中工作目录为读者存放 ANSYS Workbench 的目标文件夹。

3. 显示水的体积分数

在左侧分析导航面板单击 Graphics and Animations→Contours→Set Up,弹出如图 10-49 所示的对话框,在其中进行如下设置:

(1)勾选 Options 下的 Filled。
(2)在 Contours of 下选择 Phases...并从下选择 Volume fraction。
(3)在 Phase 下选择 water-liquid。
(4)点击 Display。右侧图形窗口如图 10-50 所示。

4. 显示 8、12、18、24、30 ms 后水的体积分数

分别找到 8、12、18、24、30 ms 对应的 data 文件,重复第二步骤操作。图 10-51～图 10-54 为各时刻体积分数云图。

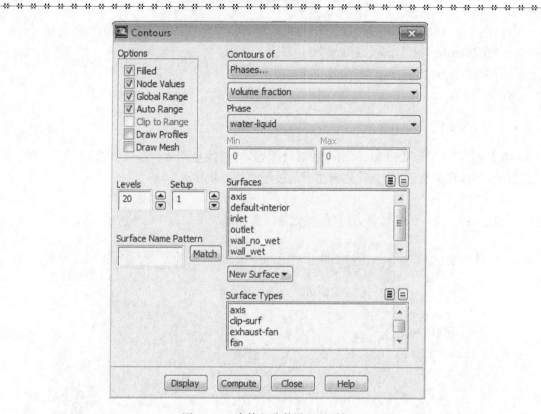

图 10-49　水体积分数设置对话框

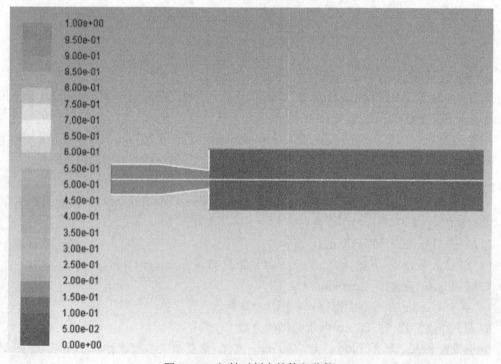

图 10-50　初始时刻水的体积分数

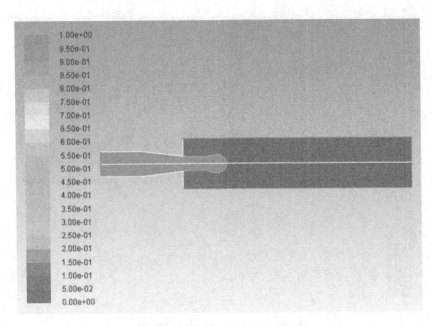

图 10-51　8 ms 时水的体积分数

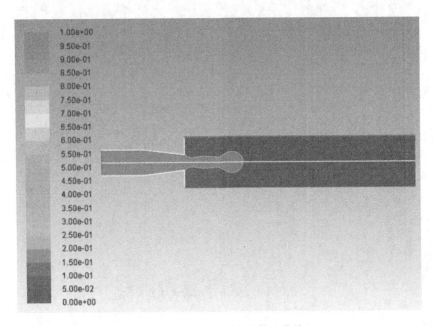

图 10-52　12 ms 时水的体积分数

通过显示水的体积分数云图,观察墨滴在下落过程中的形状和运动轨迹。关闭 ANSYS Fluent,回到 ANSYS Workbench 界面。单击菜单栏中的保存按钮,保存文件。

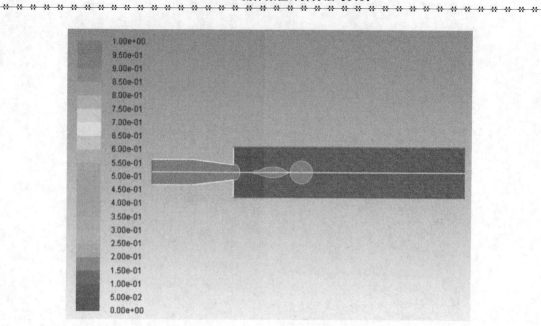

图 10-53　18 ms 时水的体积分数

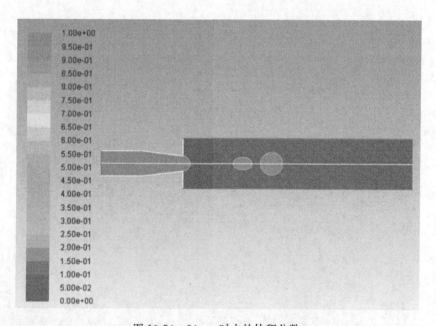

图 10-54　24 ms 时水的体积分数

10.2　Mixture 模型应用案例：气穴现象

10.2.1　问题描述

当液流中某点压力低于液体在此温度下的空气分离压力时，原来溶于液体中的气体会分离出来，产生气泡，这就是所谓的气穴现象。气穴现象会使液压装置产生噪声和振动，使金属表面受到腐蚀。气穴产生时,液流的流动特性变坏,造成流量不稳定,噪声增加。

本案例利用 Mixture 两相流模型中的 Cavitation 模块,模拟水通过喷管时产生的气穴现象。由于喷管可以看成是由计算区域绕 X 轴旋转一周而形成的,故问题可以简化为一个二维的问题,图 10-55 给出了计算区域的几何尺寸。其中 L1＝2 mm,L2＝1.2 mm,L3＝L4＝3 mm。水从左侧边界进入流场,从右侧边界流出。进口压力为 $5.0×10^5$ Pa,出口压力为大气压力。

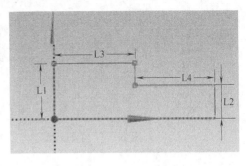

图 10-55　计算区域

在计算完成进行后处理操作时,可以利用 Fluent 的镜面反射功能,得到整个喷管的流动规律。

本节例题涉及到的知识点主要包括:
✓ ANSYS DM 二维建模
✓ ANSYS Mesh 网格划分方法
✓ Fluent 问题物理设置
✓ Fluent 的 Cavitation 模块
✓ Fluent 求解设置及监控技术
✓ Fluent 计算结果后处理

下面给出具体的建模及分析步骤。

10.2.2　创建几何模型

利用 DesignModeler,在 XY 平面下创建草图 Sketch1。在草图 1 上将计算区域内的各条边画出,最后利用 Surfaces Form Sketches 选项,得到整个计算区域。

1. 启动 ANSYS Workbench

通过 Windows 的开始菜单启动 ANSYS Workbench。

2. 建立 Fluent 分析系统

在 Toolbox 下的 Analysis Systems 中找到 Fluid Flow (Fluent),双击或拖曳该图标到右侧项目概图中,如图 10-56 所示。

3. 保存文件

单击 Workbench 工具栏中的 Save,将文件名改为 Mixture,单击 OK 保存文件。

4. 启动 DesignModeler

双击 Geometry 的 A2 单元,进入 DesignModeler。

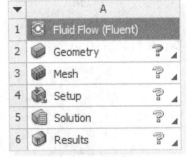

图 10-56　Workbench 流体分析系统

5. 选择单位制

在弹出的单位制选择对话框中,选择毫米作为几何建模单位,单击 OK。

6. 创建草图 Sketch1

在 XY 平面创建草图 Sketch1,切换至 Sketching 模式。利用 Draw 下拉菜单中的 line 功能,将示意图大致画出。在详细窗口列表会对画出的每条边进行命名。详细窗口列表如图

10-57 所示。草图如图 10-58 所示。

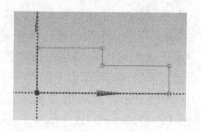

图 10-57　详细列表窗　　　　　　　图 10-58　示意图

7. 进行尺寸标注

利用 Dimensions 下拉菜单中的 Length/Distance 进行尺寸标注，并在详细列表窗口更改尺寸长度。详细列表窗口如图 10-59 所示，示意图如图 10-60 所示。

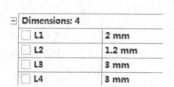
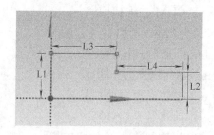

图 10-59　各条边的长度　　　　　　　图 10-60　尺寸标注

8. 生成平面 1

（1）切换至 Modeling 模式，单击菜单栏 concept 下拉菜单中的 Surfaces Form Sketches，从左侧树形窗口单击 Sketch1，在详细列表窗口的 Base Objects 后面单击 Apply。此时在树形窗口会出现 SurfaceSk1。

（2）在树形窗口下的 SurfaceSk1 处单击鼠标右键，在弹出的菜单中选择 Generate。此时图形窗口如图 10-61 所示。

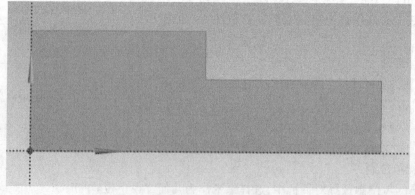

图 10-61　几何模型

通过以上步骤的操作，建立了喷管的几何模型。关闭 ANSYS DM 回到 ANSYS Workbench 工作界面。

10.2.3 划分网格

根据 ANSYS DM 建立的几何模型,利用 ANSYS Meshing 中的 Create Named Selections 对每条边进行命名。通过对平面 1 定义 Element Size,将计算区域划分为规则的四边形网格。

1. 启动 ANSYS Meshing

在 ANSYS Workbench 工作界面的 A2 Geometry 后面有一个绿色的对号,说明模型已经建立。此时双击 A3 mesh,进入 ANSYS Meshing 界面。

2. 选择单位系统

单击菜单栏中的 Unit,在下拉菜单中选择 Metric(mm、kg、N、s、mV、mA)。

3. Create Named Selections

(1)单击 Meshing 工具栏中的 ▭,在右侧图形窗口选择左侧进口边界,单击鼠标右键,在弹出的菜单中选择 Create Named Selections,将名称改为"inlet",单击 OK。如图 10-62 所示。

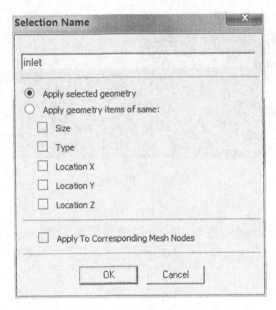

图 10-62 inlet

(2)对计算区域右侧出口边界重复上述操作,将名称改为"outlet"。

(3)利用 Ctrl+鼠标左键连续选择计算区域上侧的三条边界,并重复(1)的操作,将名称改为"wall"。

(4)对计算区域内下侧边界重复(1)的操作,将名称改为"axis"。

4. 对平面 1 定义 Element Size

选择树形窗中的 Mesh,单击右键选择 Insert→Sizing。单击 Meshing 工具栏中的 ▭,在右侧图像窗口选择平面 1,单击详细列表窗口下 Scope→Geometry 后的 Apply。选择详细列表窗 Definition→Type,将其属性改为 Element Size,数值更改为 0.05 mm。如图 10-63 所示。

5. 其他选项设置

详细列表中的其他选项的设置保留默认设置。

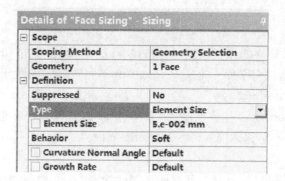

图 10-63　Element Size

6. 划分网格

单击树形窗内的 Mesh，右键选择 Generate Mesh，生成网格。如图 10-64 所示。

图 10-64　网格划分

7. 查看网格质量

选择详细列表窗口 Statistics，将 Mesh Metric 的属性改为 Skewness 或其他选项查看网格质量。如图 10-65 所示。从图中可以看出，总共划分了 4 001 个 Nodes 和 3 840 个 Elements。网格质量较为理想。

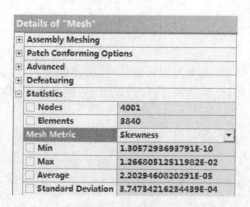

图 10-65　网格质量

通过以上步骤的操作，利用 ANSYS Meshing 对计算区域进行了网格划分。关闭 Meshing，回到 ANSYS Workbench 工作界面。

10.2.4 数值模拟

根据 ANSYS Meshing 划分的网格,利用 Fluent 中的稳态求解器,激活 Fluent 多相流模型中的 Mixture 模型以确定第一相和第二相,选用 k-e 湍流计算模型,定义进出口边界条件,选择算法,初始化流场后进行模拟计算。

1. 启动 Fluent

在 ANSYS Workbench 界面双击 A4 Setup 单元格,弹出如图 10-66 所示的 Fluent 启动设置对话框,保留默认值,单击 OK 启动 Fluent。

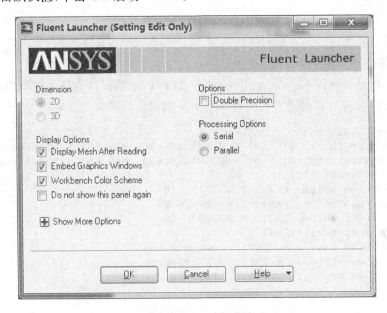

图 10-66　Fluent 启动界面

2. 读入网格文件

在图形窗口显示读入的网格,如图 10-67 所示。同时忽略在控制台出现的如图 10-68 所示的警告,在后续的设置中会解决这个问题。

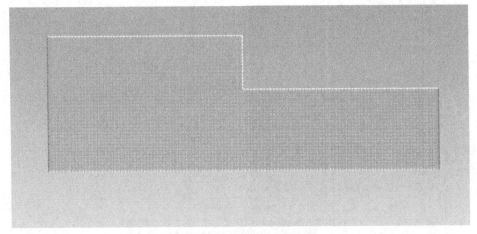

图 10-67　读入的网格

```
Warning: The use of axis boundary conditions is not appropriate for
         a 2D/3D flow problem. Please consider changing the zone
         type to symmetry or wall, or the problem to axisymmetric.

Warning: The use of axis boundary conditions is not appropriate for
         a 2D/3D flow problem. Please consider changing the zone
         type to symmetry or wall, or the problem to axisymmetric.
```

图 10-68　警告

3. General 设置

(1)检查网格

网格检查会报告出有关网格的任何错误,特别是要求确保最小面积(体积)不能是负值,否则 Fluent 无法进行计算。

在左侧分析导航面板单击 General→Check,在信息反馈窗口会显示如图 10-69 所示的信息。网格检查可以看出 X 轴最大长度为 6 mm,Y 轴最大长度为 2 mm。

```
Domain Extents:
   x-coordinate: min (m) = 0.000000e+00, max (m) = 6.000000e-03
   y-coordinate: min (m) = 0.000000e+00, max (m) = 2.000000e-03
Volume statistics:
   minimum volume (m3): 2.482772e-09
   maximum volume (m3): 2.519758e-09
     total volume (m3): 9.600000e-06
Face area statistics:
   minimum face area (m2): 4.949810e-05
   maximum face area (m2): 5.043239e-05
Checking mesh.......................
Done.
```

图 10-69　网格检查

(2)确定划分网格的长度单位

在左侧分析导航面板单击 General→Scale,弹出如图 10-70 所示的对话框。

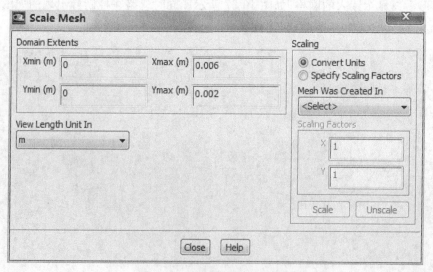

图 10-70　长度单位设置对话框

第 10 章 多相流的数值模拟例题

由第一步网格检查可知,本案例不用进行长度单位的转换。

(3)设置求解器

在 2D Space 下选择 Axisymmetric,其他选项保留默认值。如图 10-71 所示。

4. 激活 Mixture 模型,设置湍流模型

(1)激活 Mixture 模型

在左侧分析导航面板单击 Models,弹出如图 10-72 所示的 Models 任务页面。

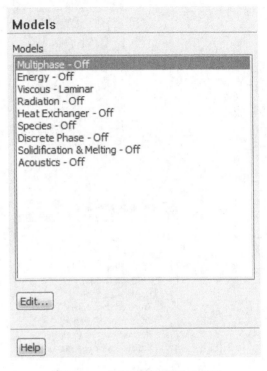

图 10-71　求解器设置对话框　　　　图 10-72　多相流模型设置对话框

单击 Models→Multiphase→Edit...,弹出如图 10-73 所示的 Multiphase Model 对话框,在其中进行如下的选项设置:

①在 Models 下选择 Mixture。
②不勾选 Slip Velocity。
③单击 OK 关闭 Multiphase Model 对话框。

(2)选择湍流模型

单击 Models→Viscous→Edit...,弹出如图 10-74 所示的对话框。

①在 Model 下选择 k-e 模型。
②在 k-epsilon Model 下选择 Realizable k-e Model。
③单击 OK 关闭对话框。

5. 设置流体属性

在左侧分析导航面板单击 Materials,弹出如图 10-75 所示的 Materials 任务页面,通过此页面进行流体材料属性设置,具体的操作步骤如下:

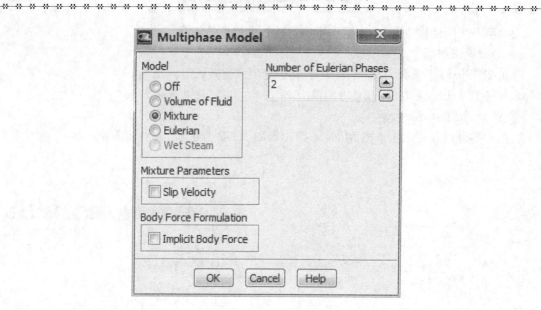

图 10-73 激活 Mixture

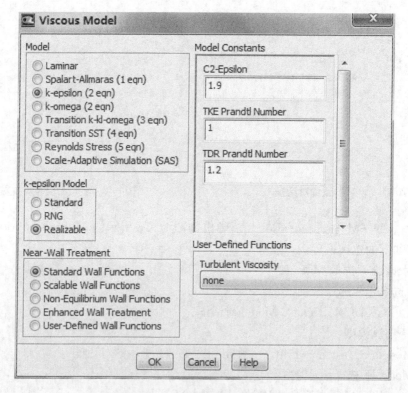

图 10-74 k-e 湍流模型设置对话框

(1)选择 Materials→air→Create/Edit...,弹出如图 10-76 所示的 Create/Edit Materials 对话框。

(2)单击 Fluent Database,打开 Fluent Database Materials 对话框。如图 10-77 所示。

第 10 章 多相流的数值模拟例题

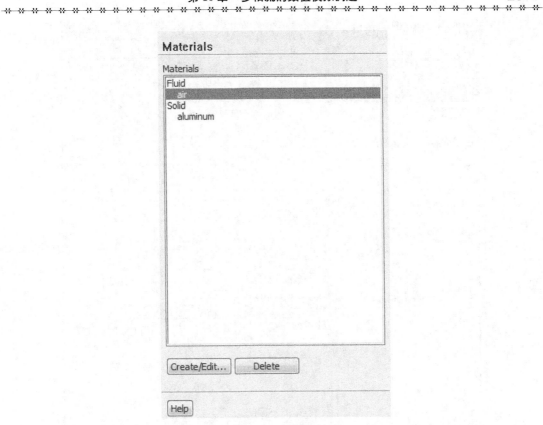

图 10-75 创建材料

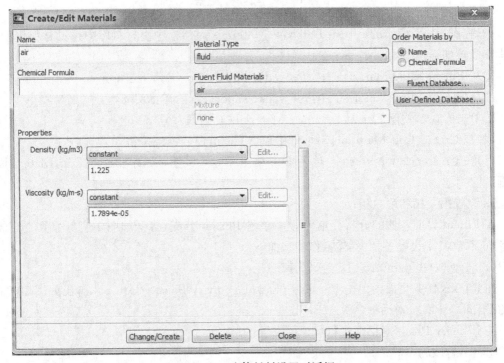

图 10-76 流体材料设置对话框

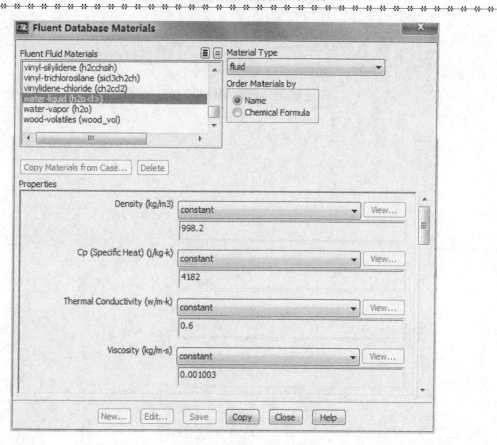

图 10-77　流体材料数据库

(3)在图 10-77 所示的 Fluent Database Materials 对话框中由材料库中拷贝材料模型,具体操作步骤如下:

①从 Fluent Fluid Materials 中选择 water-liquid(h2o ⟨l⟩),单击 Copy。

②从 Fluent Fluid Materials 中选择 water-vapor(h2o),单击 Copy。

③单击 Close,关闭 Fluent Database Materials 对话框。

(4)在 Create/Edit Materials 对话框中单击 Change/Create 按钮。

(5)在 Create/Edit Materials 对话框中单击 Close 按钮,关闭 Create/Edit Materials 对话框。

6. 设置第一相和第二相

在 Fluent 界面左侧的分析导航面板中单击 Phases 分支,打开如图 10-78 所示的 Phases 任务页面,在其中设置各相,具体操作步骤如下:

(1)将 water-liquid(h2o ⟨l⟩)定义为第一相

在 Phases 任务页面中单击 Phases→phase-1-Primary Phase→Edit…,弹出如图 10-79 所示的 Primary Phase 对话框。

在 Primary Phase 对话框进行如下的设置:

①将名称改为 water-1。

②在 Phase Material 下拉菜单中选择 water-liquid。

③单击 OK 关闭对话框。

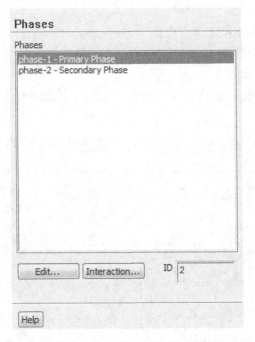

图 10-78　第一相和第二相设置对话框

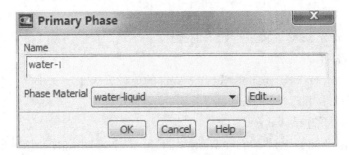

图 10-79　第一相设置对话框

(2)将 water-vapor(h2o)定义为第二相

在 Phases 任务页面中单击 Phases→phase-2-Secondary Phase→Edit...，弹出如图 10-80 所示的 Secondary Phase 对话框。

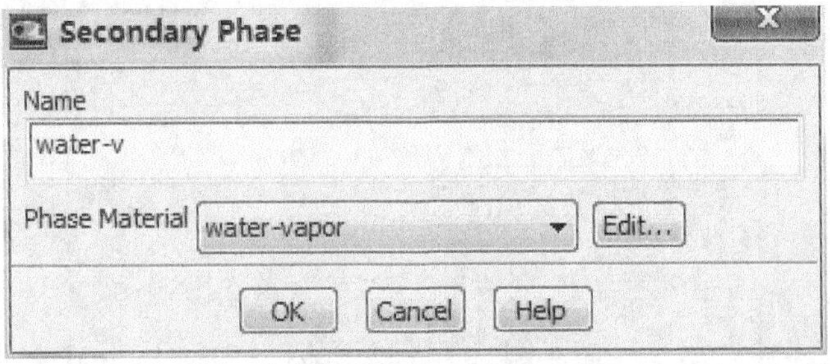

图 10-80　第二相设置对话框

在 Secondary Phase 对话框中进行如下的设置：

①将名称改为 water-v。

②在 Phase Material 下拉菜单中选择 water-vapor。

③单击 OK 关闭对话框。

(3) 定义 Cavitation 模型

在 Phases 任务页面中单击 Phases→Interaction... 按钮，弹出如图 10-81 所示的 Phase Interaction 对话框。

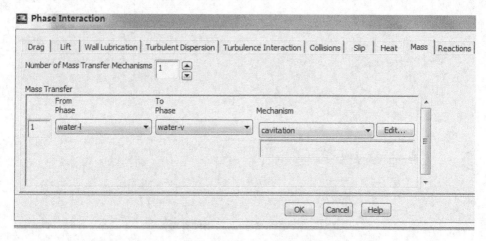

图 10-81　相间相互作用设置对话框

在 Phase Interaction 对话框进行如下的操作：

①选择 Mass 标签。

②将 Number of Mass Transfer Mechanisms 的值设置为 1。

③在 From Phase 下选择 water-l。

④在 To Phase 下选择 water-v。

⑤在 Mechanism 标签下选择 cavitation，点 Edit 按钮，弹出如图 10-82 所示的 Cavitation Model 对话框。

⑥保留 cavitation 的默认设置，单击 OK 关闭 Cavitation Model 对话框。

⑦单击 OK 关闭 Phase Interaction 对话框。

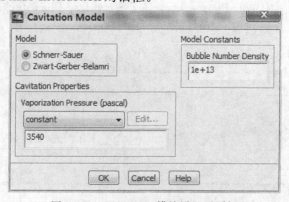

图 10-82　Cavitation 模块设置对话框

第 10 章 多相流的数值模拟例题

7. 设置操作压力

在左侧分析导航面板单击 Boundary Conditions→Operating Conditions，弹出如图 10-83 所示的 Operating Conditions 对话框。

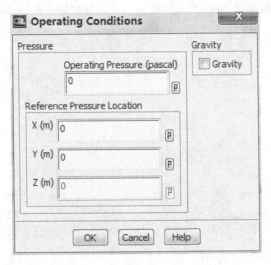

图 10-83 操作压力设置对话框

在 Operating Conditions 对话框中进行如下的操作：
(1) 将 Operating Pressure 的值改为 0。
(2) 其他选项保默认值。
(3) 单击 OK 关闭对话框。

8. 设置边界条件

在 Fluent 界面左侧分析导航面板单击 Boundary Conditions，弹出如图 10-84 所示的 Boundary Conditions 任务页面。

在 Boundary Conditions 任务页面中进行分析边界条件的设置，具体的操作步骤如下：
(1) 设置进口边界类型

在 Zone 列表中选择 inlet，将其 Type 类型更改为 pressure-inlet（即：压力进口），如图 10-85 所示。

(2) 为混合相定义进口边界条件

在 Boundary Conditions 任务页面的 Zone 列表中单击 Boundary Conditions→inlet→Edit...，弹出如图 10-86 所示的 Pressure Inlet 对话框。

在 Pressure Inlet 对话框中进行如下具体的设置：
① 在 Gauge Total Pressure 后输入 500000。
② 保留 Supersonic/Initial Gauge Pressure 的默认值 0。
③ 在 Specification Method 下拉列表中选择 K and Epsilon。
④ 在 Turbulent Kinetic Energy 输入 0.01。
⑤ 在 Turbulent Dissipation Rate 输入 0.01。
⑥ 单击 OK 关闭对话框。

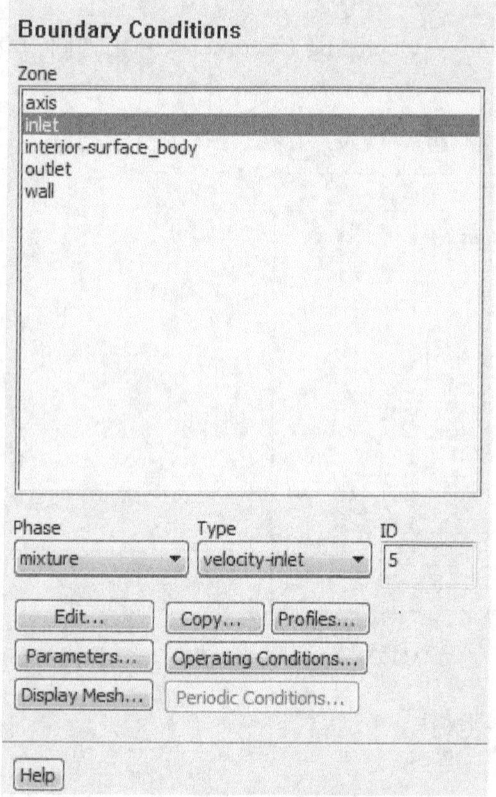

图 10-84　边界条件设置对话框 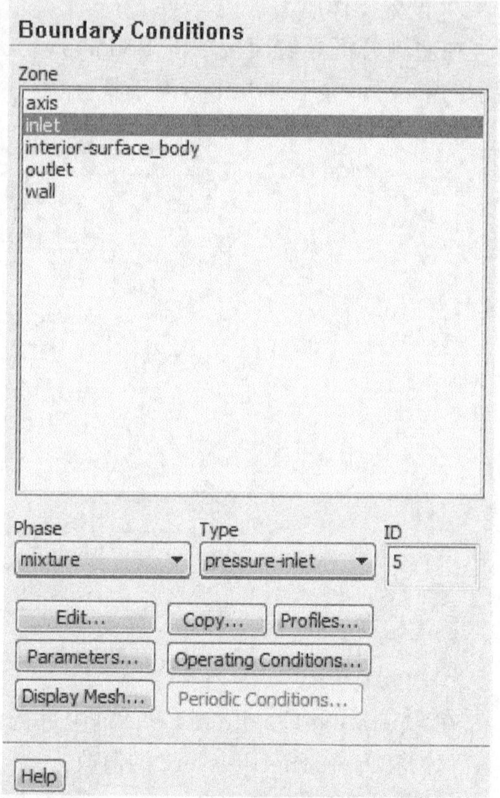　　　　图 10-85　将进口设置为压力进口

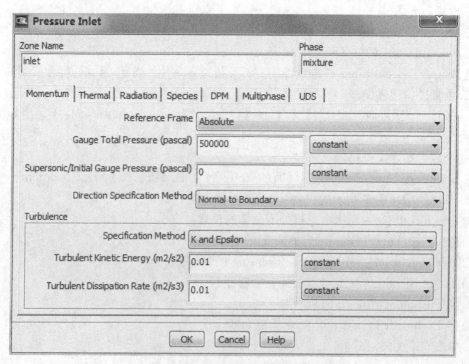

图 10-86　混合相进口边界条件设置对话框

第 10 章　多相流的数值模拟例题

(3) 为第二相定义进口边界条件

在 Boundary Conditions 任务页面下,选择 Zone 中的 Inlet,将 Boundary Conditions 对话框内的 Phase 更改为 water-v,如图 10-87 所示。

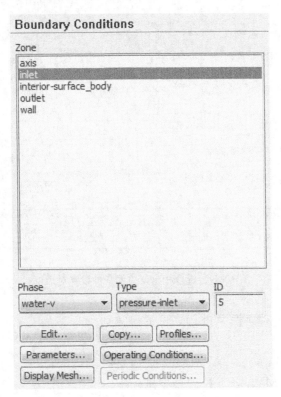

图 10-87　定义第二相进口条件

单击 Edit 按钮,弹出如图 10-88 所示的 Pressure Inlet 对话框。在 Pressure Inlet 对话框中选择 Multiphase,选择默认设置,单击 OK 关闭对话框。

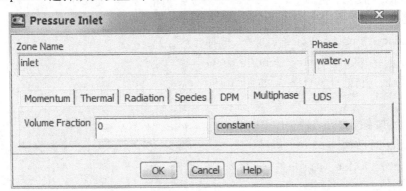

图 10-88　第二相进口边界条件设置对话框

(4) 为混合相定义出口边界条件

在 Boundary Conditions 任务页面下,选择 Zone 中的 Outlet,将 Phase 列表项更改为 mixture,单击 Edit 按钮,弹出如图 10-89 所示的 Pressure Outlet 对话框。

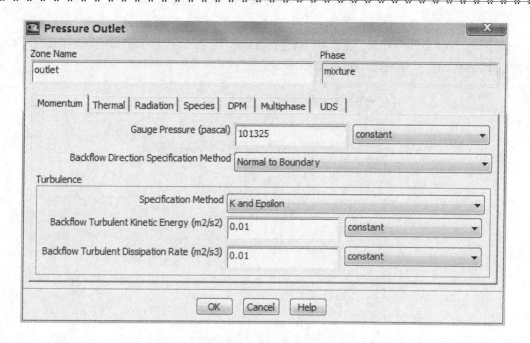

图 10-89　混合相出口边界条件设置对话框

在 Pressure Outlet 对话框中进行如下的具体设置：

①在 Gauge Total Pressure 输入 101325。

②在 Specification Method 下拉列表中选择 K and Epsilon。

③在 Turbulent Kinetic Energy 输入 0.01。

④在 Turbulent Dissipation Rate 输入 0.01。

⑤单击 OK 关闭对话框。

(5) 为第二相定义出口边界条件

在 Boundary Conditions 任务页面下，选择 Zone 中的 Outlet，将 Boundary Conditions 对话框下的 Phase 更改为 water-v，如图 10-90 所示。

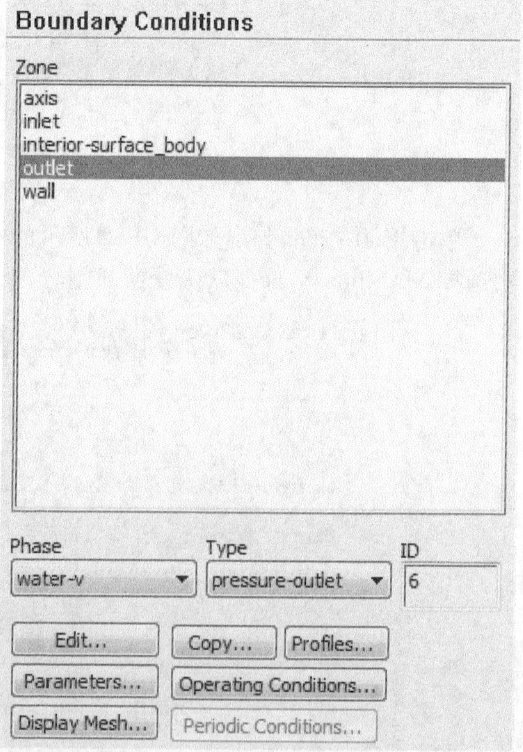

单击 Edit 按钮，弹出如图 10-91 所示的 Pressure Outlet 对话框。

在 Pressure Outlet 对话框中进行如下设置：

①选择 Multiphase，保留默认设置。

②单击 OK 关闭对话框。

③其他边界条件保留默认设置。

图 10-90　定义第二相出口边界

第10章 多相流的数值模拟例题

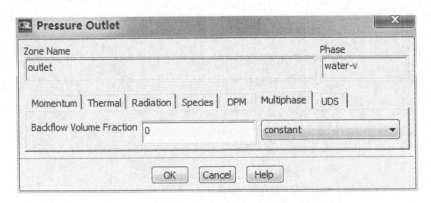

图 10-91　第二相出口边界条件设置对话框

9. 选择算法

在 Fluent 界面左侧分析导航面板单击 Solution Methods 分支，在 Solution Methods 任务页面中保留各个选项的默认值。

10. 设置松弛因子

在 Fluent 界面左侧分析导航面板单击 Solutions Controls 分支，在 Solutions Controls 任务页面中各个选项的松弛因子保留默认值。

11. 设置残差曲线

在 Fluent 界面左侧的分析导航面板单击 Monitors→Residuals→Edit...，弹出如图 10-92 所示的 Residual Monitors 对话框。

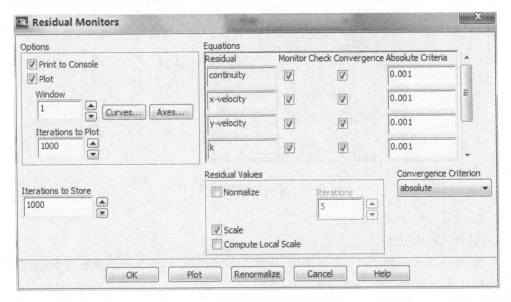

图 10-92　残差设置对话框

在 Residual Monitors 对话框中勾选 Plot，单击 OK 关闭对话框。

12. 流场初始化

在 Fluent 界面左侧的分析导航面板中单击 Solution Initialization，打开如图 10-93 所示的

Solution Initialization 任务页面。

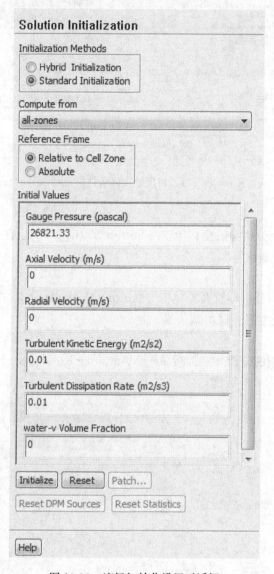

图 10-93　流场初始化设置对话框

在其中进行如下的操作：

(1)选择初始化方法

在 Solution Initialization 任务页面中，Initialization Methods 选项选择标准初始化方法，选项 Standard Initialization。

(2)初始化区域指定

在 Solution Initialization 任务页面中，在 Compute from 下拉列表中选择 all-zones，即对全部的求解域进行初始化。

(3)执行初始化

在 Solution Initialization 任务页面中，单击 Initialize 按钮初始化流场。

第 10 章 多相流的数值模拟例题　　271

特别注意一点,就是 Initial Values 下面的 water-v Volume Fraction 的值为 0,说明初始时刻整个区域中是充满液态水的。

13. 进行计算

在 Fluent 界面左侧的分析导航面板中单击 Run Calculation 分支,打开如图 10-94 所示的 Run Calculation 任务页面。

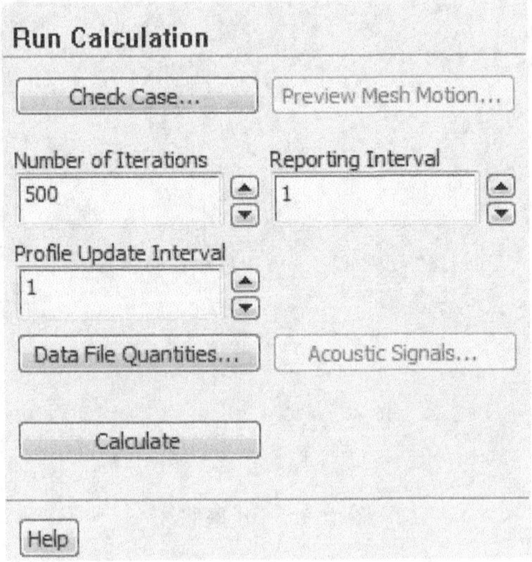

图 10-94　迭代计算设置对话框

在 Run Calculation 任务页面中进行如下的操作：

(1)设置迭代次数

在 Run Calculation 任务页面中,将 Number of Iterations 设为 500。

(2)计算

在 Run Calculation 任务页面中,单击 Calculate 按钮开始进行计算。

至此,已经完成分析设置与求解两相流模型问题。

10.2.5　结果处理

利用 ANSYS Fluent 自带的后处理器,通过残差曲线判断计算过程是否收敛,通过压力云图,判断最有可能发生气穴的位置。通过水的体积分数云图,查看发生气穴的具体位置。具体的后处理操作步骤如下：

1. 观察残差曲线图

经过 400 多步的迭代计算后本问题的求解达到收敛,各变量的残差收敛曲线图如图 10-95 所示。

2. 显示压力云图

在 Fluent 界面左侧的分析导航面板中单击 Graphics and Animations→Contours→Set Up...,弹出如图 10-96 所示的 Contours 对话框。

在 Contours 对话框中进行如下的具体操作：

(1)勾选 Options 选项下的 Filled。

(2)从 Contours of 的下拉列表中依次选择 Pressure... 和 Static Pressure。
(3)单击 Display,右侧图形窗口显示的压力云图如图 10-97 所示。
(4)单击 Close 关闭对话框。

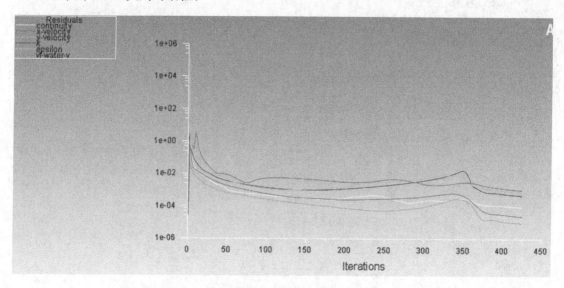

图 10-95　残差曲线

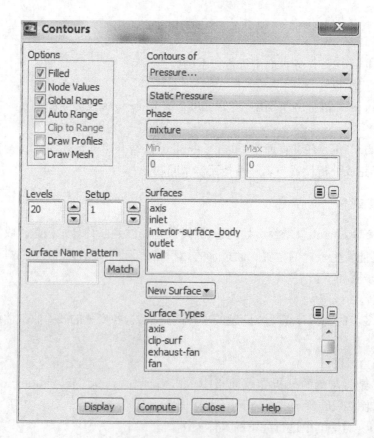

图 10-96　压力云图设置对话框

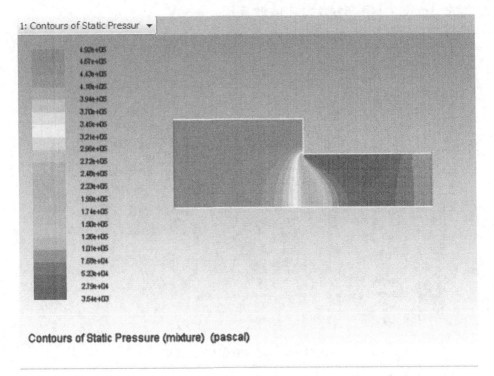

图 10-97　压力云图

下面对以上压力云图进行镜像处理。在 Fluent 界面左侧导航面板选择 Graphics and Animations 分支,打开 Graphics and Animations 任务页面,点 Views...,弹出如图 10-98 所示的 Views 对话框。

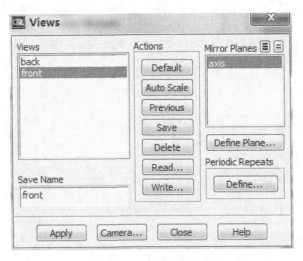

图 10-98　镜面反射设置对话框

在 Views 对话框中进行如下的设置:
(1)在 Views 下选择 front。
(2)在 Mirror Planes 下选择 axis。

(3)单击 Apply,右侧图形窗口如图 10-99 所示。

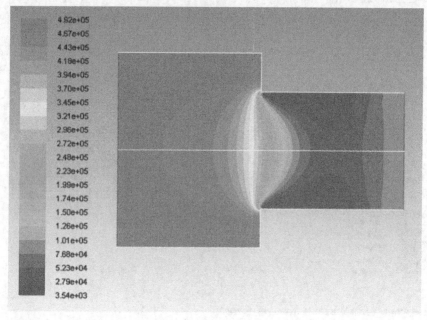

图 10-99 整个喷管的压力云图

3. 查看水的体积分数云图

在 Fluent 界面左侧的导航面板中单击 Graphics and Animations 分支,打开 Graphics and Animations 任务页面,在其中选择 Contours→Set Up...,弹出如图 10-100 所示的对话框。

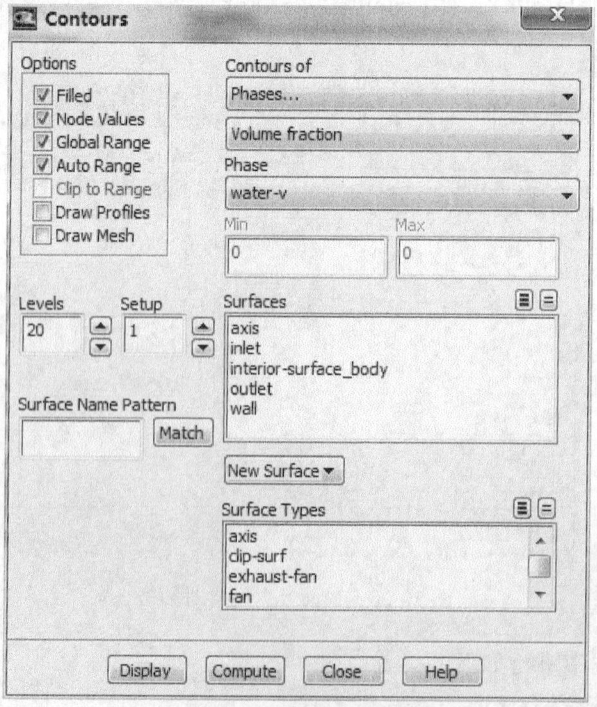

图 10-100 水的体积分数设置对话框

第 10 章 多相流的数值模拟例题

在 Contour 对话框中进行如下操作：

(1)勾选 Options 选项下的 Filled。

(2)从 Contours of 的下拉列表中依次选择 Phases... 和 Volume fraction。

(3)从 Phases 的下拉列表中选择 water-v。

(4)单击 Display 按钮，右侧图形窗口显示对称镜像处理后的气态体积分数分布图如图 10-101 所示。

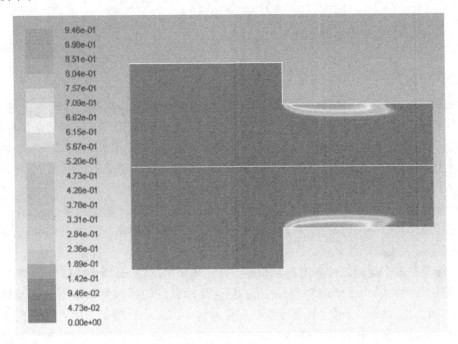

图 10-101　气态水的体积分数云图

从气态水的体积分数云图可以看出，红色区域气态水体积分数很大，说明这一区域存在气泡，结合前面的压力云图可以看出这一区域的压力比较低，原来溶于水的气体体积会增大，从而产生气泡，此即所谓的气穴现象。

第 11 章　MRF 及 SMM 技术应用

11.1　运动域流动问题分析的方法

11.1.1　概　　述

ANSYS Fluent 在求解流体流动或热量传递方程时一般都是在静止参考系下进行的,但是也存在一些问题比较适合于在动参考系下进行求解,这些问题通常涉及到运动部件(比如旋转的叶片、叶轮以及类似的运动面),且这些运动部件周边的流动恰好是我们所关心的。在大多数问题中,运动部件使得静止坐标系中的问题变成非稳态,借助运动参考系,在满足一定的前提条件下,可以将运动部件周边的流动转化成稳态问题进行求解。

使用动参考系的主要原因在于求解静止参考系中的非稳态问题计算量过大,而对于一个稳定的旋转参考系(如旋转速度为常数),将其流动运动方程变换至旋转参考系中,则转化为求解稳态问题,可大大减小计算量。

对于涉及到多个运动部件或者包含非旋转静止表面的问题,必须将模型分成多个流体/固体区域,使用分界面(Interface)将其分隔开。包含运动部件的区域可以采用运动参考系方程进行求解,而静止区域可以通过静止参考系方程求解。Fluent 中提供了两类方法用于此类问题的处理。一种是多旋转参考系(Multiple Moving Reference Frames)方法,包括多重参考系模型(Multiple Reference Frame Model,缩写为 MRF)及混合平面模型(Mixing Plane Model,缩写为 MPM);另一种是滑移网格模型(Sliding Mesh Model,缩写为 SMM)。多重参考系模型及混合平面模型均采用了稳态近似,滑移网格模型是基于网格运动的,因此本质上是瞬态的。下面对 MRF 模型及 SMM 模型进行介绍。

11.1.2　多重参考系模型(MRF)

MRF 模型采用稳态近似,在各个区域上可以假定不同的旋转或移动速度,每个运动区域网格中使用运动参考系方程求解流动。如果区域为静止的($\omega=0$),方程即化为静止参考系的形式。在计算域的分解面上,使用一个局部参考系将一个区域中的流动变量进行通量计算并转换到相邻的区域。

MRF 方法不会使相邻的两个运动区域间产生相对运动(可能是运动或静止),用于计算的网格依然是固定的,这类似于在特定位置固定运动部分的运动去观察该位置的瞬时流场,因此,MRF 方法又常被称为"冰冻转子法"。

尽管 MRF 方法是一个近似方法,但是对于许多应用提供了一个可信的流动模型。大多数时均流动都可以用 MRF 模型进行计算,特别是运动网格区域与静止网格区域间的相互作用比较微弱时可以使用 MRF 模型进行计算,例如搅拌器内流场计算、泵和风机内流场计算等等。MRF 模型的另一个用途是用来为滑动网格模型计算提供初始流场,即先用 MRF 模型粗

第 11 章　MRF 及 SMM 技术应用

略算出初始流场,再用滑动网格模型完成整个计算。

MRF 方法中的公式表达依赖于所应用的速度表达式,由于速度及速度梯度在参考系中发生改变,对分界面的处理主要体现在这两项上。而诸如温度、压力、密度、湍动能等标量则不需要处理,因为这些项在不同参考系间传递时不发生改变。在 MRF 方法中,计算域被分成若干子域,每个子域相对于原始物理坐标的运动状态不同,因此为了方便起见,设定不同的子域参考系,然后在子域参考系上建立每个子域内的控制方程。若使用相对速度,每个子域的速度是相对于子域的运动而计算出的。速度和速度梯度在运动参考系与绝对静止参考系之间相互转化的表达式如式 11-1 所示:

$$\vec{v} = \vec{v}_r + (\vec{\omega} \times \vec{r}) + \vec{v}_t \tag{11-1}$$

这里的速度 $\vec{v}$ 是绝对惯性参考系中的速度,$\vec{v}_r$ 是相对非惯性参考系的速度值,$\vec{v}_t$ 是非惯性参考系的平移速度。根据相对速度的定义,绝对速度向量的梯度则用式 11-2 表达:

$$\nabla \vec{v} = \nabla \vec{v}_r + \nabla (\vec{\omega} \times \vec{r}) \tag{11-2}$$

上两式中的 $\vec{r}$ 在绝对坐标系和相对坐标系之间相互转化的表达式如式 11-3 所示:

$$\vec{r} = \vec{x} - \vec{x}_0 \tag{11-3}$$

这里的 $\vec{x}$ 是笛卡尔绝对坐标系中位置向量,$\vec{x}_0$ 是计算子域旋转轴的原点位置,如图 11-1 所示:

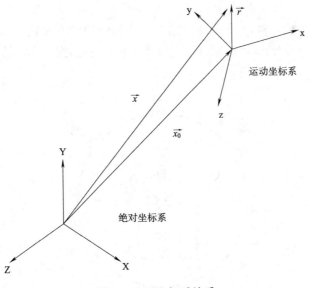

图 11-1　两坐标系关系

11.1.3　滑移网格模型(SMM)

当转子和定子的交互作用应用实时解法(而不是时均解法)时,必须用滑移网格模型计算非稳态流场。滑移网格模型是模拟多移动参考系流场的精确方法,计算成本也较高。

滑移网格模拟的问题大部分是时间周期性的,即:移动区域的速度是周期性复现的。当然,也可以模拟另外一些瞬态问题,包括平移的滑动网格区域,比如通过同一隧道的两辆汽车或火车。

滑移网格技术会用到两个或更多个区域,每个区域至少存在一个边界分界面(Interface)和另一区域相邻,相邻区域的分界面通过形成 Mesh Interface 相互关联。在计算时,一个区域相对于另一个区域沿着网格交界面滑动(旋转或平移),分界面上的网格不需要共节点,采用瞬态分析方法进行计算。

对于旋转问题,滑移网格模型会将计算区域划分为旋转区域和静止区域,旋转区域内通常划分成较密网格,且随着离散的时间步变化沿旋转轴产生转动,静止区域则保持不动,两区域通过网格交界面上的动量传递,实现两区域内的流场耦合。

滑移网格模型可以看成是动网格技术的一种特殊形式,与其他的动网格技术相比较,它的简便之处在于,其运动仅仅是旋转区域相对于静止区域的滑动,节省了生成新网格所需的计算资源。

通过对两种运动区域流动模型的对比可以发现:当静态部分与运动部分间没有相互作用、或相互作用较弱,或只对相互作用的稳态近似解感兴趣时,可使用 MRF 模型,该模型是最简单的,也是更为经济的模型;否则采用滑移网格进行瞬态流场计算,获得真实的瞬态流场。

11.2 二维搅拌器流场的数值模拟

11.2.1 问题描述

如图 11-2 所示的搅拌器,其中间十字形的长方形叶轮基本参数为:叶轮直径 200 mm,宽 20 mm,搅拌槽直径 500 mm,坐标原点位于搅拌叶轮的中心,搅拌器的转动速度为 2 rad/s,工作介质为水。

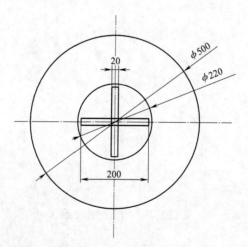

图 11-2 搅拌器尺寸示意图(单位:mm)

搅拌槽中的雷诺数按式 11-4 计算:

$$Re = \rho ND^2/(60\mu)$$
$$= 998.2 \times (30 \times 2/3.1415) \times 0.2^2/(60 \times 0.001\,003) = 12\,671 \quad (11\text{-}4)$$

可见,搅拌槽内流动为湍流。

本题将分别采用多重参考系法(MRF)和滑移网格法(SMM)来模拟搅拌器中的流场。

11.2.2　创建几何模型

几何建模包括桨叶区的创建以及静止区的创建，按照如下步骤在 DM 中进行操作。

1. 启动 DM

(1)创建分析流程

①启动 ANSYS Workbench。

②在 Workbench 左侧的 Toolbox 中双击 Fluid Flow (Fluent)，创建一个新的基于 Fluent 的流体分析项目，如图 11-3 所示。

图 11-3　Fluent 分析项目

(2)设置几何属性

选中分析流程中的 A2：Geometry，点菜单 View> Properties，在窗口右侧打开的 Properties 中，设置 Analysis Type 为 2D，如图 11-4 所示。

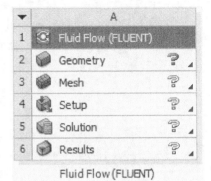

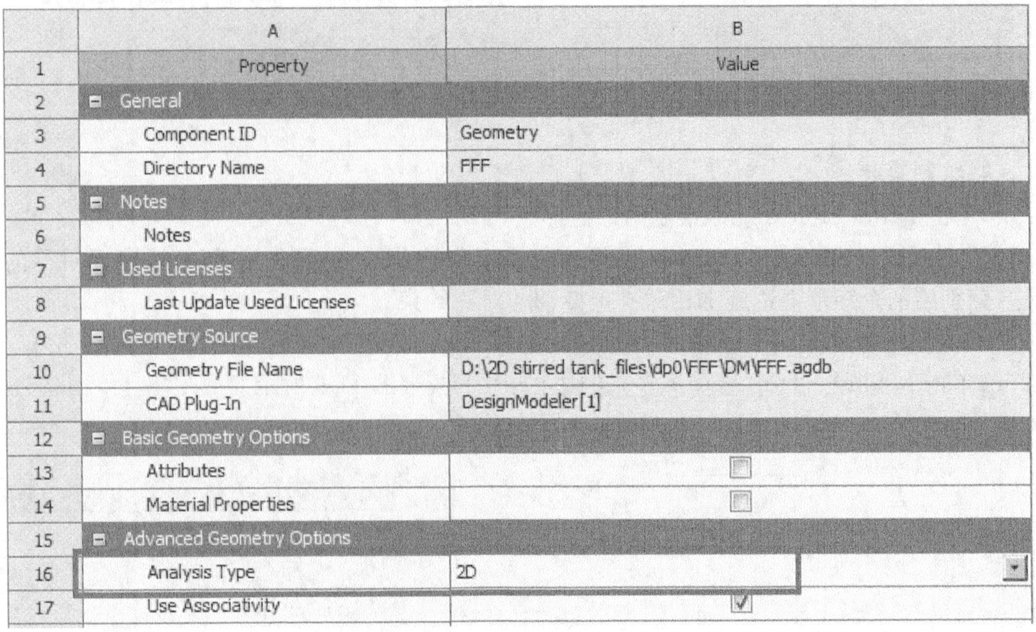

	A	B
1	Property	Value
2	⊟ General	
3	Component ID	Geometry
4	Directory Name	FFF
5	⊟ Notes	
6	Notes	
7	⊟ Used Licenses	
8	Last Update Used Licenses	
9	⊟ Geometry Source	
10	Geometry File Name	D:\2D stirred tank_files\dp0\FFF\DM\FFF.agdb
11	CAD Plug-In	DesignModeler[1]
12	⊟ Basic Geometry Options	
13	Attributes	☐
14	Material Properties	☐
15	⊟ Advanced Geometry Options	
16	Analysis Type	2D
17	Use Associativity	☑

图 11-4　选择 2D 类型

(3)启动 DM

双击分析项目中的 A2：Geometry 单元格启动 DM，在弹出的对话框中选择 Meter 作为建模的单位。

2. 桨叶区的创建

按照如下步骤，创建桨叶区的模型。

(1)选择建模平面

在左侧 Tree Outline 中单击 XYPlane，右键选择 Look at 以直视 XY 平面。

(2)进入草图编辑模式

单击 Tree Outline 下方的 Sketching 标签进入 Sketching 模式，打开 Sketching

Toolboxes。

(3)绘制内圆

①单击 Draw→Circle,将鼠标移动至图形窗口中的原点位置(出现"P"字样),单击左键,绘制一个圆。

②单击 Dimensions→General,在图形窗口中选择圆环,然后在标注 Details 中将圆直径改为 0.22 m,如图 11-5 及图 11-6 所示。

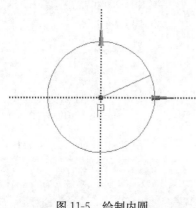

图 11-5　绘制内圆

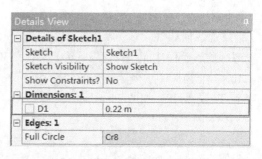

图 11-6　标注明细

(4)绘制桨叶

①单击 Draw→Rectangle,绘制两个矩形。

②单击 Constrains→Symmetry,参照窗口左下角的提示,先后选择对称轴、需要对称的两个边,分别给两个矩形对边施加相对于坐标轴的对称约束。

③单击 Dimensions→General/Horizontal/Vertical,对叶片进行标注,桨叶宽 0.02 m,长 0.2 m;单击 Modify→Trim 修剪掉多余的边,如图 11-7～图 11-9 所示。

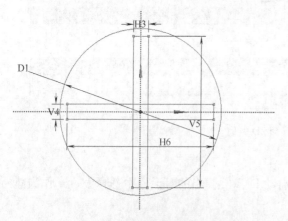

图 11-7　桨叶草图及标注

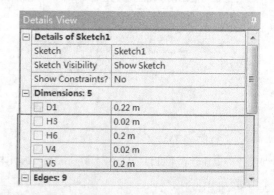

图 11-8　桨叶标注明细

(5)生成桨叶区

在菜单中单击 Concept→Surfaces From Sketches,在 Details 中选择 Sketch1 作为 Base Objects;然后单击 Generate 生成桨叶区,如图 11-10 及图 11-11 所示。

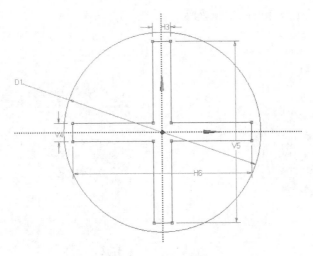

图 11-9 桨叶区草图

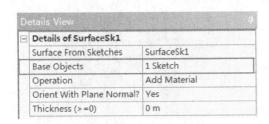

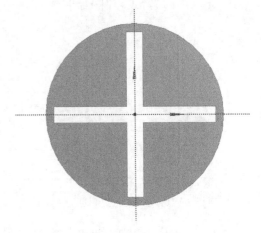

图 11-10 Surfaces From Sketches 明细　　　图 11-11 桨叶区

3. 静止区的创建

(1)新建草图

在 Tree Outline 中,选择 XYPlane,单击 New Sketch 工具条按钮,创建草图 2,如图 11-12 所示;单击 Sketching 标签切换至草绘模式,进入绘制 Sketch2 的工具面板。

(2)静止区草图绘制

单击 Draw→Circle,以原点为圆心绘制两个圆;单击 Dimensions→General,对圆环进行标注,然后在标注 Details 中将内、外圆直径分别改为 0.22 m、0.5 m,如图 11-13 和图 11-14 所示。

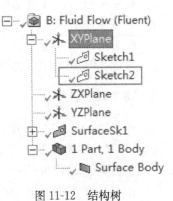

图 11-12 结构树

(3)生成静止区

在菜单中单击 Concept→Surfaces From Sketches,在 Details 中选择 Sketch2 作为 Base Objects,并将 Operation 改为 Add Frozen,单击 Generate 按钮生成桨叶区,最终完成搅拌器几

何模型的创建,如图 11-15 和图 11-16 所示。

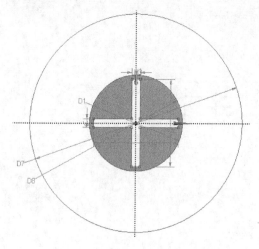

图 11-13　静止区草图及标注　　　　图 11-14　静止区标注明细

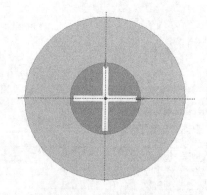

图 11-15　Surfaces From Sketches 明细　　　图 11-16　搅拌器几何模型

4. 区域重命名

在结构树中选择 Surface Body,右键选择 Rename,将桨叶区和静止区重命名为 moving zone 和 station zone,如图 11-17 所示。

5. 退出 DM

至此几何模型已经创建完毕,关闭 DM,返回 Workbench 界面。

11.2.3　网格划分

通过 ANSYS Mesh 组件对搅拌器 2D 几何模型进行网格划分,具体操作步骤如下。

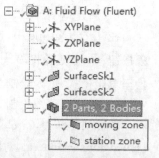

1. 启动 ANSYS Mesh

图 11-17　流体域重命名

在 Project Schematic 中,双击 A3：Mesh 启动 ANSYS Mesh 界面。

2. 创建接触

在 ANSYS Mesh 左侧的模型树中选择 Connections 分支,右键选择 Insert＞Manual Contact Region,接触 Details 中 Contact Bodies 选择桨叶区外圆,Target Bodies 选择静止区内圆。

第 11 章　MRF 及 SMM 技术应用

3. 网格控制

(1)在模型树中单击 Mesh 分支,在图 11-18 形窗口中选择桨叶区,右键选择 Insert＞Sizing,并在 Details 中设定 Element Size 为 2 mm;

(2)按与上述相同的方法设定静止区 Element Size 为 5 mm;

(3)再选择静止区,右键选择 Insert＞Mapped Face Meshing,加入面映射网格控制。

4. 网格生成及质量评估

单击 Mesh,右键选择 Generate Mesh,共计生成 15 205 个 Nodes 和 14 640 个 Elements;网格及其统计信息分别如图 11-18 和图 11-19 所示。在 Mesh 分支的 Details 中将 Mesh Metric 改为 Aspect Ratio 或其他选项以查看网格质量,如图 11-20 所示。

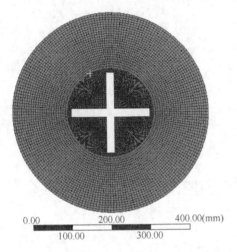

图 11-18　Mesh

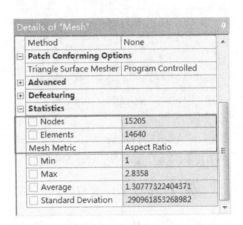

图 11-19　网格统计信息

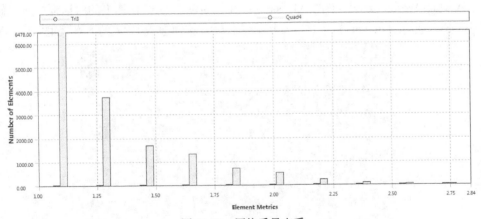

图 11-20　网格质量查看

5. 创建命名选择集

按如下步骤进行操作:

(1)在图形显示窗口中选择桨叶区所在面,右键选择 Create Named Selection,在弹出的对话框中重新命名为 moving zone;

(2)采用相同的方法创建静止区的 Named Selection,其名称为 station zone;

(3)选择桨叶的外边线,创建名为 impeller 的 Named Selection,如图 11-21 和图 11-22 所示。

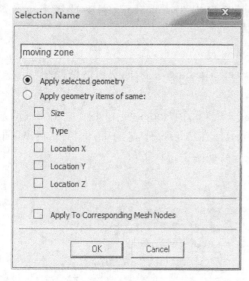

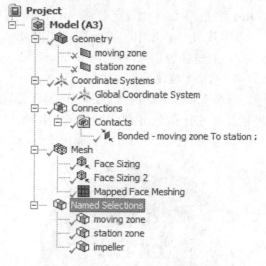

图 11-21　Selection Name 对话框　　　　　　图 11-22　Meshing 结构树

6. 退出 ANSYS Mesh

上述操作完成后,关闭 ANSYS Mesh,返回 Workbench。

11.2.4　采用 MRF 法的计算过程

本节介绍采用 MRF 法的计算过程,按照如下步骤进行操作。

1. 启动 Fluent

在 ANSYS Workbench 中,双击 A4:Setup 单元格启动 Fluent,在弹出的对话框中接受缺省设置,单击 OK 按钮启动 Fluent 界面,在其图形显示窗口中自动绘制出导入的网格,如图 11-23 所示。

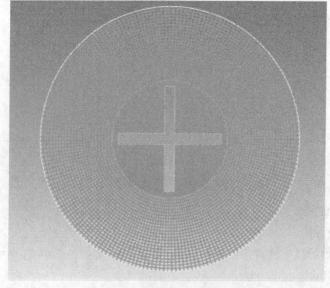

图 11-23　Fluent 中的网格

2. 网格检查

单击 General→Check 检查网格，查看输出窗口中的基本信息，保证无负体积出现，否则返回 ANSYS Meshing 重新进行网格划分，如图 11-24 所示。另由网格检查可知，X 轴、Y 轴最大坐标均为 25 cm。因此无需通过 Scale Mesh 方式进行长度单位的转换。

```
Surface group = interior-station_zone, id = 4, name = interior-station_zone

 Domain Extents:
   x-coordinate: min (m) = -2.499727e-01, max (m) = 2.499999e-01
   y-coordinate: min (m) = -2.499941e-01, max (m) = 2.499902e-01
 Volume statistics:
   minimum volume (m3): 7.833658e-07
   maximum volume (m3): 4.598553e-05
     total volume (m3): 1.887211e-01
 Face area statistics:
   minimum face area (m2): 6.058865e-04
   maximum face area (m2): 7.978109e-03
 Checking mesh.........................
Done.
```

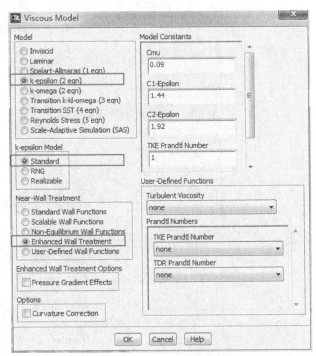

图 11-24　网格检查结果

3. 设定求解器类型

在 General 任务页面下，选择 Pressure-Based 求解器稳态分析，如图 11-25 所示。

4. 选择计算模型

在 Models 任务页面中单击 Models→Viscous→Edit...，打开 Viscous Model 对话框，在 Model 中选择 k-epsilon(2eqn)，Near-Wall Treatment 中选择 Enhanced Wall Treatment，单击 OK 完成设定，如图 11-26 所示。

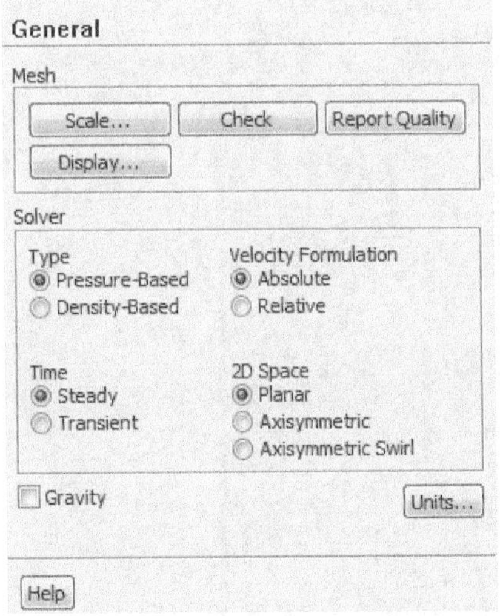

图 11-25　General 基本设置

图 11-26　计算模型设定

5. 创建材料

单击 Material→Create/Edit...，弹出如图 11-27 所示的 Create/Edit Materials 对话框中单击 Fluent Database...，打开 Fluent Database Materials 对话框，如图 11-28 所示。在 Fluent Database Materials 对话框中，选择 Water-liquid(h2o⟨l⟩)，然后点 Copy 和 Close 按钮，将水拷贝到当前材料库中。

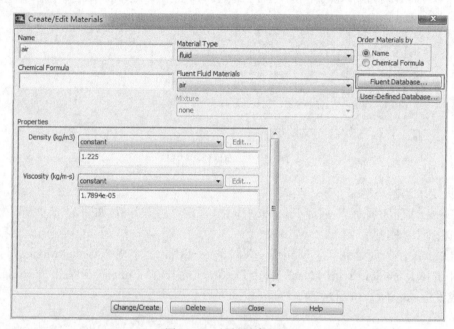

图 11-27 材料创建面板

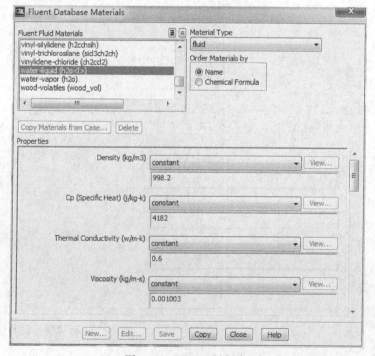

图 11-28 Fluent 材料库

第 11 章　MRF 及 SMM 技术应用

6. 设定流体域条件

按照如下操作分别设置桨叶区和静止区。

(1)桨叶区设定

单击 Cell Zone Conditions→Moving_Zone→Edit...，在弹出对话框中将 Material Name 改成 water-liquid，勾选 Frame Motion，并在 Rotational Velocity Speed 中输入 2，其他采用默认设置，单击 OK 完成设定，如图 11-29 所示。

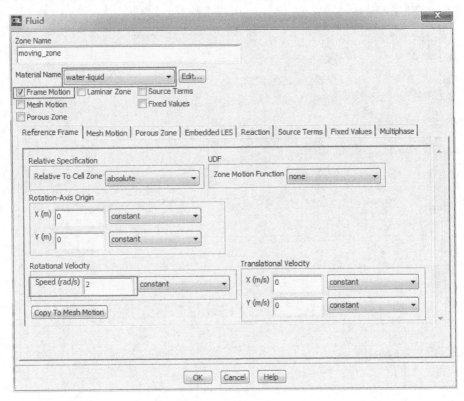

图 11-29　桨叶区设置

(2)静止区设定

单击 Cell Zone Conditions→Station_Zone→Edit...，在弹出对话框中将 Material Name 改成 water-liquid，单击 OK 完成设定，如图 11-30 所示。

7. 边界条件设置

单击 Boundary Conditions→impeller→Edit...，在弹出的 Wall 对话框中勾选 Moving Wall、Rotational，其他采用默认设置，单击 OK 完成设定，如图 11-31 所示。

8. 检查 Interface

在 Fluent 界面左侧的分析导航面板中单击 Mesh Interfaces，打开如图 11-32 所示的 Mesh Interfaces 任务页面。

单击 Mesh Interfaces 任务页面的 Creat/Edit... 按钮，弹出 Create/Edit Mesh Interfaces 对话框，如图 11-33 所示。在其中看到 ANSYS Meshing 中创建的接触对在导入 Fluent 后自动生成了 Mesh Interface。

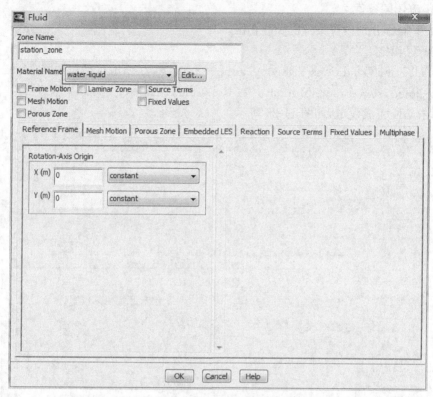

图 11-30　静止区设置

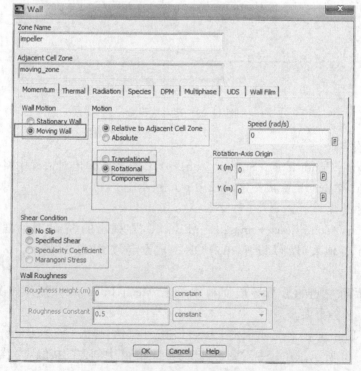

图 11-31　边界条件设置

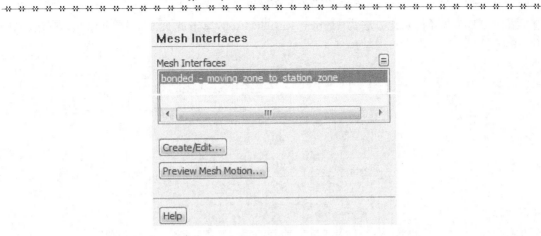

图 11-32　交界面任务页面

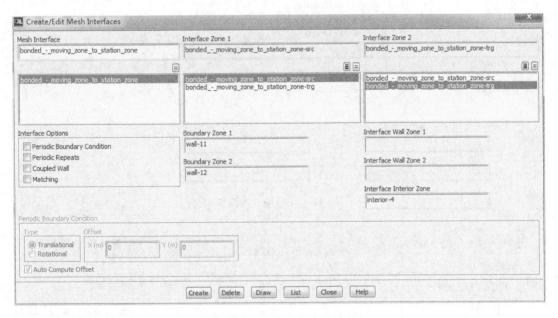

图 11-33　Mesh Interface 面板

9. 设定求解选项

在 Fluent 界面左侧的导航面板中选择 Solution Method 分支,打开 Solution Methods 求解选项设置页面,在此页面下将 Pressure-Velocity Coupling 下拉菜单内容设定为 Coupled;将 Moment 及 Spatial Discretization 中的 Turbulent Kinetic Energy 和 Turbulent Dissipation Rate 的下拉菜单均设定为 First Order Upwind,如图 11-34 所示。

10. 设置收敛残差

在 Fluent 导航面板选择 Monitors 分支,在 Monitors 任务页面中选择 Residuals→Edit...,弹出残差监控设置对话框,将 continuity 值改为 0.00025,勾选 Plot,其他保持默认设置,单击 OK 退出,如图 11-35 所示。

11. 求解初始化流场

在 Fluent 导航面板选择中单击 Solution Initialization 分支,打开 Solution Initialization 任

务页面，在其中选择初始化方法为 Hybrid Initialization，单击此页面下的 Initialize 按钮，如图 11-36 所示。

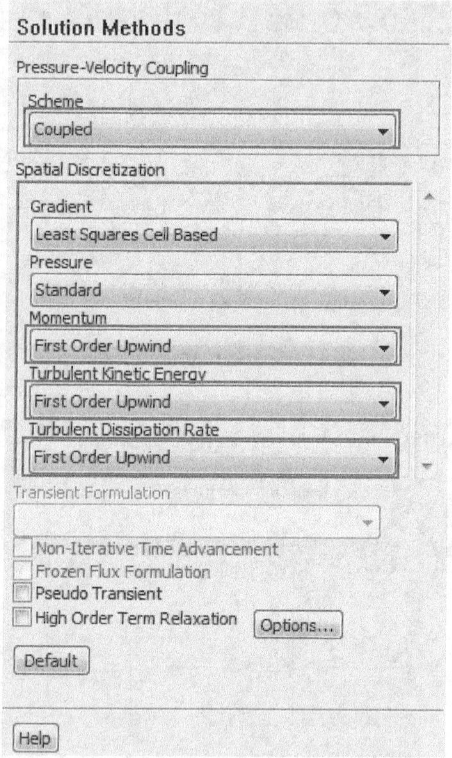

图 11-34　求解选项设置

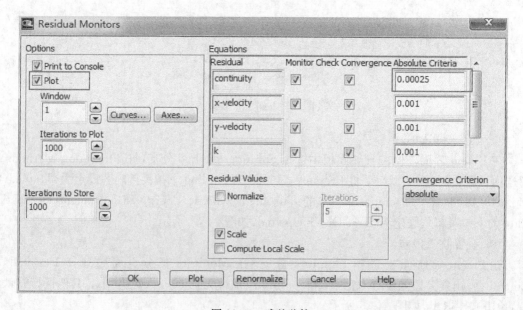

图 11-35　残差监控

第 11 章 MRF 及 SMM 技术应用

图 11-36 流场初始化

12. 求解并关闭 Fluent 界面

按照如下步骤进行操作：

(1) 保存分析项目。

(2) 单击 Run Calculation，在 Number of Iterations 中输入 1000，单击 Calculate，迭代约 1 080 次计算收敛，在弹出的对话框中单击 OK，图形窗口中绘制处残差收敛曲线，如图 11-37 所示。

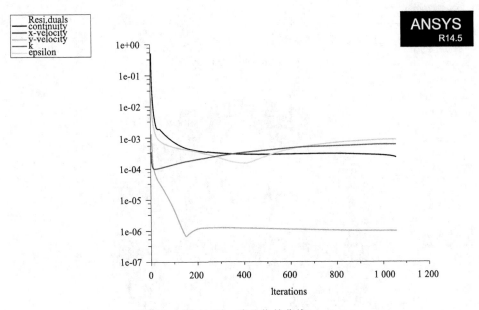

图 11-37 残差收敛曲线

(3) 关闭 Fluent，返回 Workbench 界面。

13. 在 CFD-Post 中进行后处理

按照如下步骤完成后处理操作：

(1)启动 CFD-Post

在 ANSYS Workbench 中双击 A6:Result 启动 CFD-Post 界面。

(2)绘制速度云图

单击 Insert＞Contour,在明细设置 Geometry 标签中,Locations 项选择 Moving_zone symmetry 1 和 station_zone symmetry 1,Variable 选择 Velocity in Stn Frame,♯ of Contours 输入 21,其他选项保持默认设置,如图 11-38 所示。设置完成后单击 Apply,最大转速为 0.241 9 m/s,如图 11-39 所示。

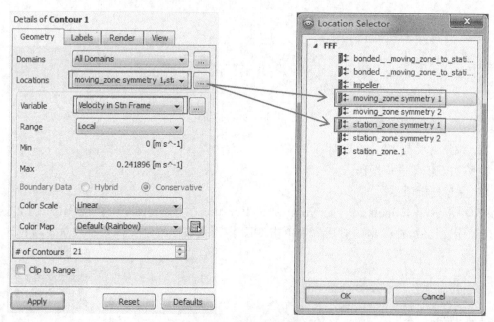

图 11-38　速度云图设置

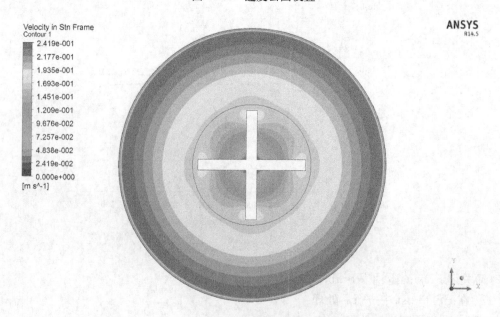

图 11-39　速度云图

(3) 绘制压力云图

单击 Insert>Contour,在明细设置 Geometry 标签中,Locations 项选择 Moving_zone symmetry 1 和 station_zone symmetry 1,Variable 选择 Pressure,♯of Contours 输入 21,其他选项保持默认设置,单击 Apply,最大压力为 54.05 Pa,如图 11-40 所示。

图 11-40　压力云图

(4) 绘制速度矢量图

单击 Insert>Vector,在明细设置 Geometry 标签中,Locations 项选择 Moving_zone symmetry 1 和 station_zone symmetry 1,Sampling 选择 Equally Spaced,♯of Points 一栏输入 1000,Variable 选择 Velocity in Stn Frame,其他选项保持默认设置。切换至 Render 标签,将 Line Wideth 改成 2,如图 11-41 所示。设置完成后单击 Apply,如图 11-42 所示。

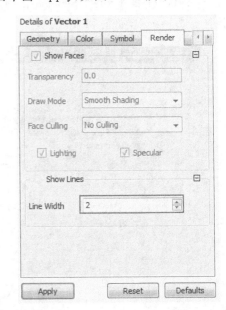

图 11-41　速度矢量设置

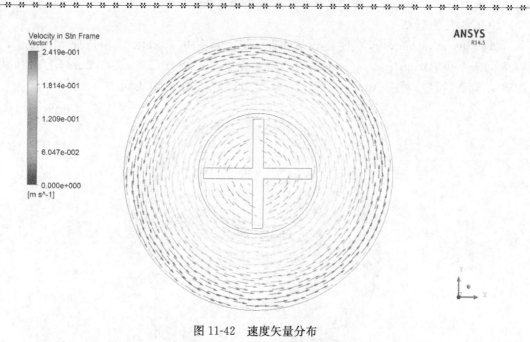

图 11-42 速度矢量分布

(5)退出 CFD-Post

上述操作完后,关闭 CFD-Post,返回 Workbench 的 Project Schematic 界面。

11.2.5 采用 SMM 法的计算过程

本节介绍采用 SMM 方法的分析过程,按照如下的步骤进行操作。

1. 复制分析系统并启动 Fluent

(1)复制分析系统

在 Workbench 的 Project Schematic 中,选择 A1 单元格,右键菜单中选择 Duplicate,复制一个流体分析系统 B,如图 11-43 所示。

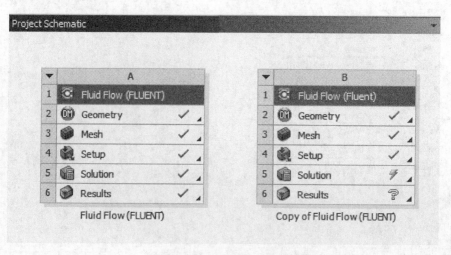

图 11-43 复制分析系统

第 11 章　MRF 及 SMM 技术应用

(2)启动 Fluent

在 Project Schematic 中双击 B4:Setup 单元格，在弹出的对话框中接受缺省设置，单击 OK 按钮启动 Fluent 界面。

2．设定求解器及运行环境

在 Fluent 的 General 任务页面中，将 Time 改为 Transient，如图 11-44 所示。

3．初始化流场

在 Fluent 界面左侧的分析导航面板中选择 Solution Initialization 分支，打开 Solution Initialization 任务页面，在此页面下选择初始化方法为 Hybrid Initialization，单击 Initialize 按钮进行初始化。

4．结果动画设置

按照如下步骤进行结果动画设置。

(1)单击 Calculation Activities → Solution Animations → Create/Edit，将 Animation Sequence 值改为 2，在 name 栏中输入 pressure 和 velocity，将 When 下拉菜单改为 Time Step 如图 11-45 所示。

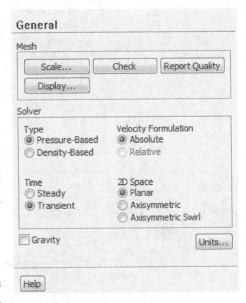

图 11-44　General 基本设置

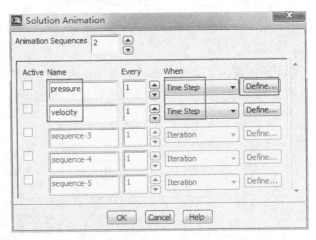

图 11-45　Solution Animation 对话框

(2)单击 pressure 一栏中的 define，在弹出的对话框中将 Display Type 改成 Contours，如图 11-46 所示。再次在弹出的对话框中勾选 Option 下的 Filled，并保证 Contour of 为 Pressure...，单击 Close→OK。

(3)与上步类似，单击 velocity 一栏中的 define，在弹出的对话框中将 Display Type 改成 Contours，再次在弹出的对话框中勾选 Option 下的 Filled，并保证 Contour of 为 Velocity...，单击 Close→OK→OK。

5．求解

在 Fluent 界面左侧的分析导航面板中选择 Run Calculation 分支，打开 Run Calculation

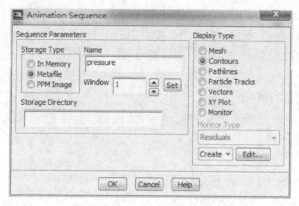

图 11-46 pressure 定义

任务页面。在 Time Step Size 中输入 0.05，在 Number of Time Steps 中输入 200，则计算时间为 10 s，如图 11-47 所示。

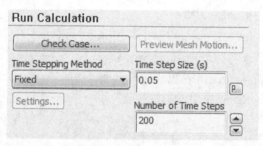

图 11-47 Run Calculation

单击 Run Calculation 任务页面下方的 calculate 按钮，迭代约 2 700 多次后计算达到收敛，在弹出的对话框中单击 OK，图形窗口中绘制处残差收敛曲线，如图 11-48 所示。

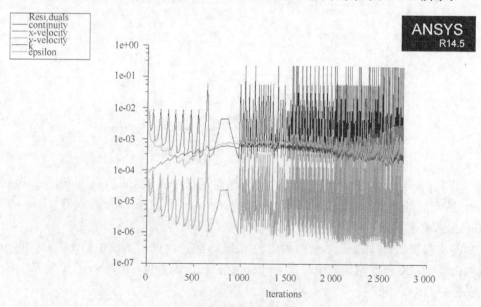

图 11-48 残差收敛曲线

6. 后处理

按照如下操作步骤完成计算结果的后处理。

(1) 动画回放

在 Fluent 界面左侧导航面板中选择 Graphics and Animations 分支,打开 Graphics and Animations 任务页面,在其中选择 Solution Animation Playback→Set Up...,点击播放面板的播放按钮▶,查看在 10 s 时间段内的压力或速度云图变化情况,如图 11-49 所示。

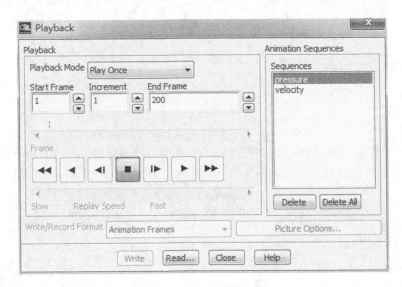

图 11-49 回放控制面板

(2) 绘制各时刻的压力云图

单击回放控制面板中的▶按钮,选中 Sequences 中的 pressure,在图形显示窗口中可绘制出不同时刻的压力云图,各时刻最大压力分别为:108 Pa、53 Pa、45.9 Pa、42.9 Pa,如图 11-50 所示。

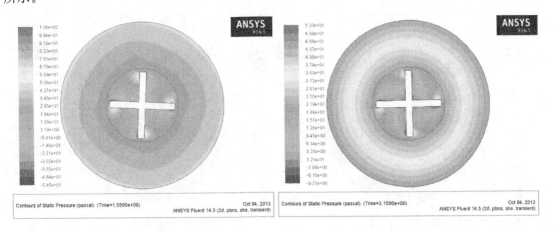

(a) t=1.6 s(约1/2圈)　　　　　　　　(b) t=3.15 s(约1圈)

图 11-50

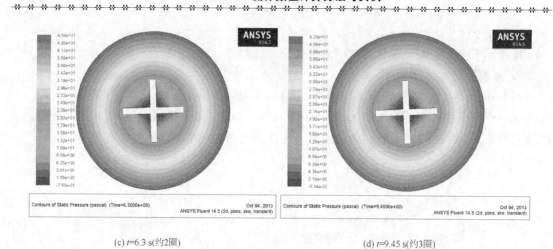

(c) t=6.3 s(约2圈)　　　　　　　　　(d) t=9.45 s(约3圈)

图 11-50　不同时刻的压力分布云图

(3)单击 ▶ 按钮,选中 Sequences 中的 velocity,在图形显示窗口中可绘制出不同时刻的压力云图,各时刻最大转速分别为:0.201 m/s、0.214 m/s、0.21 m/s、0.201 m/s,如图 11-51 所示。

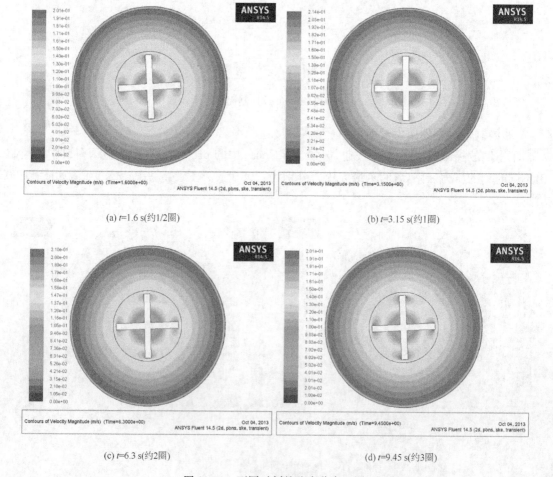

(a) t=1.6 s(约1/2圈)　　　　　　　　(b) t=3.15 s(约1圈)

(c) t=6.3 s(约2圈)　　　　　　　　　(d) t=9.45 s(约3圈)

图 11-51　不同时刻的速度分布云图

对比上述 MRF 方法和 SMM 方法的计算可以看出：MRF 是一种稳态计算方法,该算法求解出来的流场是搅拌桨在某一特定位置处的时均流场,可以看成充分搅动后的流场在某一时刻的快照;而 SM 是一种瞬态计算方法,其计算出来的流场是一个实时的、真实的流场,它包含了搅拌桨从开始搅动流体到槽内流体被完全搅动期间所有时刻的流场信息,但其计算时间较之 MRF 方法则大大增加。

当转子、定子之间相互作用较弱,或只需要求解系统的近似解时,可以采用 MRF 方法;相反,如果转子和定子之间有强烈的相互作用,或要求对系统进行精确的仿真时,则可以采用 SMM 方法进行计算。

11.3 三维双层搅拌设备流场的数值模拟

多层搅拌设备在工业过程中非常常见,它被广泛地应用于气液混合、固液悬浮、热传导以及高粘物料的混合等场合。对搅拌槽来说,流体通过旋转的桨叶来获得动能,在槽内形成适宜的流场,达到加速传热和传质的目的。因此,搅拌槽内的流场结构对混合介质混合效果的好坏是至关重要的,对搅拌槽内流动特性的深入了解是搅拌设备优化设计的基础。

本节以一个双层桨叶搅拌设备为例,介绍应用 ANSYS Fluent 软件进行多层搅拌设备内流场模拟的一般过程。

11.3.1 问题描述

搅拌槽是一个直径为 200 mm、高度为 300 mm 的圆柱形容器,槽内装有两个尺寸相同的六直叶圆盘涡轮搅拌器,底层搅拌器的离底间隙为 80 mm,层间距为 100 mm,中心布置,如图 11-52 所示。

搅拌槽内的工作介质为甘油和水的混合物,其密度为 1 250 kg/m³,黏度为 0.4 kg/(m·s),搅拌转速为 200 r/min。

本例中,雷诺数 $Re=\rho ND^2/(60\mu)=102$,槽内的流动处于层流状态。

本节介绍采用多重参考系法(MRF)来模拟搅拌器流场。

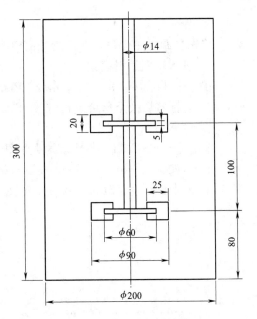

图 11-52 双层桨叶搅拌槽结构示意图(单位:mm)

11.3.2 创建几何模型

本例模型由三部分构成:搅拌槽内除桨叶周边外的静止区流体、底层桨叶区流体和上层桨叶区流体。下面将依次介绍其建模的基本过程。

1. 启动 DM

(1) 启动 ANSYS Workbench

(2) 创建分析流程

在左侧 Toolbox 中双击 Fluid Flow(Fluent)创建一个新的基于 Fluent 的流体分析项目,

如图 11-53 所示。

(3) 启动 DM 并选择建模单位

双击分析项目中的 Geometry 进入 DM，在弹出的对话框中选择 Millimeter 作为基本单位，如图 11-54 所示。

图 11-53　Fluent 分析项目

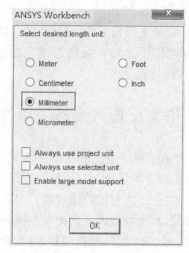

图 11-54　单位设定

2. 创建搅拌槽

首先在 DM 中创建搅拌槽的几何模型，具体步骤如下：

(1) 进入草图编辑模式

在左侧 Tree Outline 中单击 XYPlane，右键选择 Look at 以直视 XY 平面；然后单击 Sketching 标签切换至草绘模式，打开 Sketching Toolboxes。

(2) 绘制圆

单击 Draw→Circle，将鼠标移动至图形窗口中的原点位置（出现"P"字样），单击左键，绘制一个圆，如图 11-55(a) 所示；单击 Dimensions→General，在图形窗口中选择圆环，然后在标注 Details 中将圆直径改为 200 mm，如图 11-55(b) 所示。

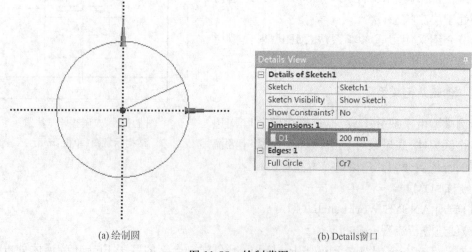

(a) 绘制圆　　　　　　　　　　　　　　(b) Details 窗口

图 11-55　绘制草图

(3)拉伸实体

单击上下文工具条中的 Extrude 按钮,添加一个 Extrude 对象分支,在此分支的 Details 中进行选项设置:Geometry 选择 Sketch1,输入拉伸深度 300 mm,单击 Generate 完成拉伸操作,如图 11-56 所示。

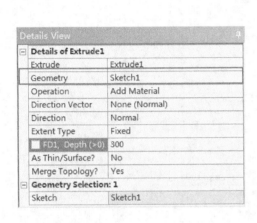
(a) 拉伸Details

(b) 拉伸实体

图 11-56　拉伸形成圆柱

3. 底层桨包围体的创建

下面继续创建底层桨包围体的几何模型,具体步骤如下:

(1)底层桨叶圆盘的创建

①在图形显示窗口中选择搅拌槽,右键选择 Hide Body。

②在 Tree Outline 中,选择 YZPlane,右键 Look At,以正视 YZ 平面,单击 Sketching 标签进入 Sketching Toolboxes。

③单击 Draw→Rectangle,在第一象限绘制一个矩形,其左侧边与 Z 轴重合(出现"C"字样)。

④单击 Dimensions→General,分别对矩形长边和短边进行标注,长 30 mm、宽 5 mm;单击 Dimensions→Vertical,标注矩形底边距 Y 轴距离,其值为 75.5 mm,如图 11-57 所示。

⑤单击上下文工具条中的 Revolve 按钮,在 Details 中 Geometry 选择 Sketch2,Axis 选择 Z 轴,Operation 下拉菜单中选择 Add Frozen,单击 Generate 完成圆盘创建,如图 11-58 所示。

(2)底层桨叶片的创建

①在 Tree Outline 中,选择 YZPLane,单击 New Sketch 工具条按钮,创建 Sketch3。如图 11-59 所示。

②单击 Sketching 标签进入 Sketch3 绘制面板。

③单击 Draw→Rectangle,在第一象限绘制一个矩形。

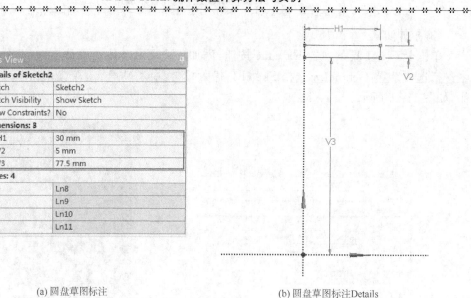

(a) 圆盘草图标注　　　　　　　　　(b) 圆盘草图标注Details

图 11-57　创建圆盘草图

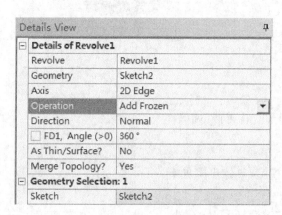
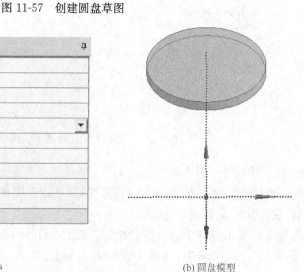

(a) Revolve操作Details　　　　　　　　(b) 圆盘模型

图 11-58　旋转形成圆盘

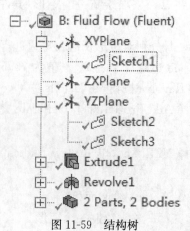

图 11-59　结构树

④单击 Dimensions→General,分别对矩形长边和短边进行标注,长 25 mm、宽 20 mm;单击 Dimensions→Vertical,标注矩形底边距 Y 轴距离,其值为 70 mm;单击 Dimensions→Horizontal,标注矩形右侧边距 Z 轴的距离,其值为 45 mm,如图 11-60 所示。

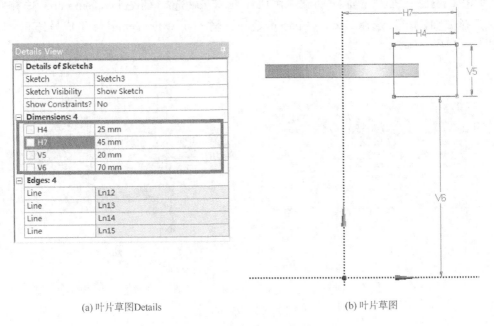

(a) 叶片草图Details　　　　　　　(b) 叶片草图

图 11-60　创建叶片草图

⑤单击上下文工具条中 Extrude 按钮,在 Details 中 Geometry 选择 Sketch3,Operation 下拉菜单选择 Add Frozen,Direction 选择 Both-Symmetric,拉伸深度一栏输入 1 mm,则桨叶厚度 2 mm,单击 Generate 完成圆盘创建,如图 11-61 所示。

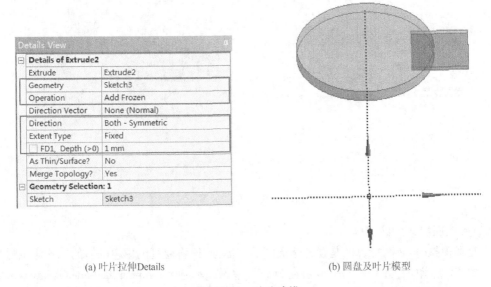

(a) 叶片拉伸Details　　　　　　　(b) 圆盘及叶片模型

图 11-61　叶片建模

(3) 生成底层搅拌桨

通过阵列操作实现建模,按照如下步骤进行操作。

① 创建阵列对象

单击 Create→Pattern,在 Details 中 Pattern Type 选择 Circular,Geometry 选择叶片,Axis 选择 Z 轴,Angle 选择 Evenly Spaced,Copies 输入 5,单击 Generate 生成另外 5 个叶片,如图 11-62 所示。

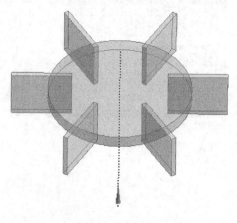

(a) 阵列Details   (b) 阵列后的搅拌桨模型

图 11-62 阵列叶片

② 布尔运算

单击 Create→Boolean,在 Details 中 Operation 选择 Unite,Tool Bodies 选择 1 个圆盘、6 个叶片共计 7 个实体,单击 Generate,完成底层搅拌桨模型创建,如图 11-63 所示。

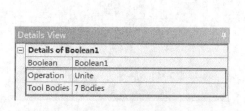
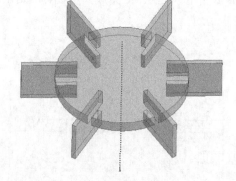

(a) 布尔操作Details   (b) 底层桨模型

图 11-63 布尔运算

(4) 形成底层桨叶区流体

在流场模拟时,参与计算的是搅拌桨周围的流体,此处将通过创建包围体的方式生成底层桨叶周围的流域。单击 Tool→Enclosure,在 Details 中 Shape 选择 Cylinder,Cylinder Alignment 选择 Z-Axis,在 FD1、FD2、FD3 均输入 10 mm,Target Bodies 改为 Selected Bodies,并在 Bodies 中选择搅拌桨,单击 Generate,完成底层桨包围体的创建,如图 11-64 所示。

第 11 章　MRF 及 SMM 技术应用

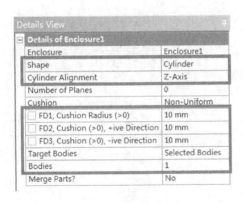
(a) 包围体 Details

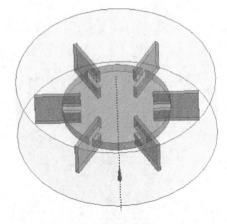
(b) 底层桨包围体

图 11-64　底层桨叶区建模

4. 上层桨包围体的创建

因为该搅拌槽内两层搅拌桨完全相同，所以上层桨包围体可通过复制底层桨包围体的方式快速创建。

单击 Create→Body Operation，在 Details 中 Type 选择 Translate，Bodies 选择底层桨包围体，Preserve Bodies? 改为 Yes，Direction Definition 选择 Coordinates，在 FD5，Z Offset 中输入 100 mm，如图 11-65 所示。单击 Generate 生成上层桨包围体，如图 11-66 所示。

图 11-65　Translate Details

至此，在结构树中可以看到 4 个实体，分别代表搅拌槽、底层桨、底层桨包围体和上层桨包围体，如图 11-67 所示。

5. 搅拌轴的创建

下面创建搅拌轴的几何模型，具体操作步骤如下：

(1) 在图形显示窗口中，右键选择 Show All Bodies，单击 View→Wireframe，线框显示模型。

(2) 在 Tree Outline 中，选择 YZPlane，单击 New Sketch 工具条按钮，创建 Sketch4。

(3) 单击 Sketching 标签进入 Sketch4 绘制面板。

(4) 单击 Draw→Rectangle，在第一象限绘制一个矩形，其左侧边与 Z 轴重合（出现"C"字样）。

(5) 单击 Dimensions→General，对矩形宽度进行标注，其值为 7 mm，高度方向上只需保证矩形上水平线略高于搅拌槽顶，下水平线位于底层桨叶圆盘上、下面之间即可，如图 11-68 所示。

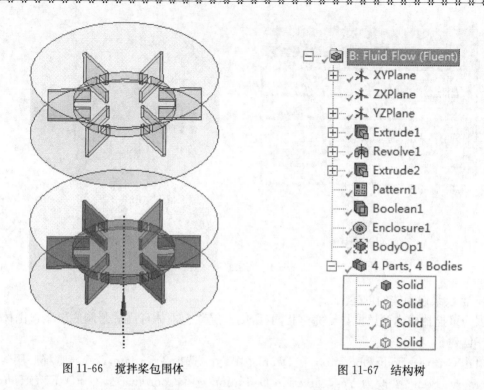

图 11-66 搅拌桨包围体　　　　　图 11-67 结构树

（6）单击上下文工具条中的 Revolve 按钮，在 Details 中 Geometry 选择 Sketch4，Axis 选择 Z 轴，Operation 下拉菜单中选择 Add Frozen，单击 Generate 完成搅拌轴的创建，如图 11-69 所示。

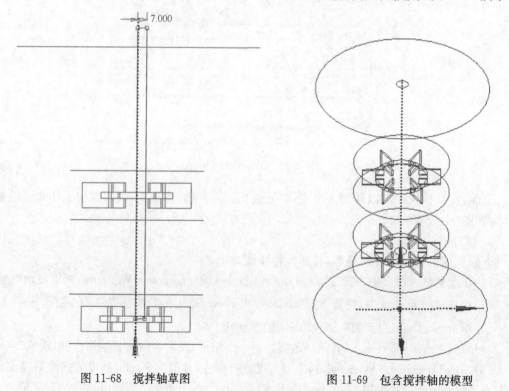

图 11-68 搅拌轴草图　　　　　图 11-69 包含搅拌轴的模型

6. 计算流体域的创建

至此,总共创建了 5 个实体,分别为搅拌槽、底层桨、底层桨包围体、上层桨包围体以及搅拌轴。用于计算的静止区流体=搅拌槽－底层包围体－上层包围体－搅拌轴,底层桨叶区流体=底层桨包围体－搅拌轴,上层桨叶区流体=上层桨包围体－搅拌轴。

按如下步骤创建流体域:

(1)创建静止区流体

单击 Create→Boolean,在 Details 中 Operation 选择 Subtract,Target Bodies 选择搅拌槽,Tool Bodies 选择底层桨包围体、上层桨包围体和搅拌轴,Preserve Tool Bodies? 选择 Yes,单击 Generate,完成静止区流体的创建,如图 11-70 所示。

(2)创建桨叶区流体

单击 Create→Boolean,在 Details 中 Operation 选择 Subtract,Target Bodies 选择底层桨包围体、上层桨包围体,Tool Bodies 选择搅拌轴,单击 Generate,完成上、桨叶区下流体的创建,如图 11-71 所示。

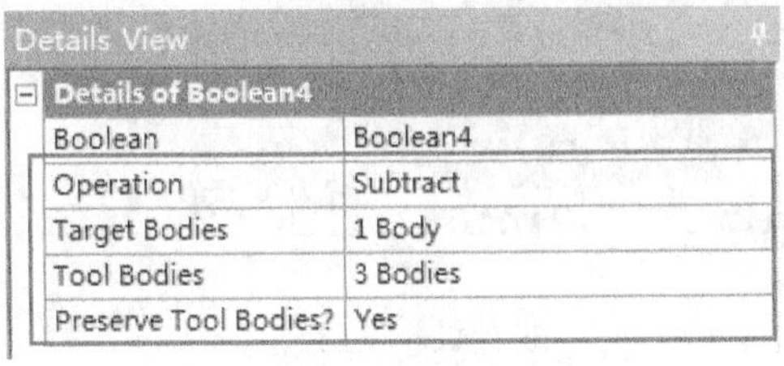

图 11-70　静止区流体创建 Details

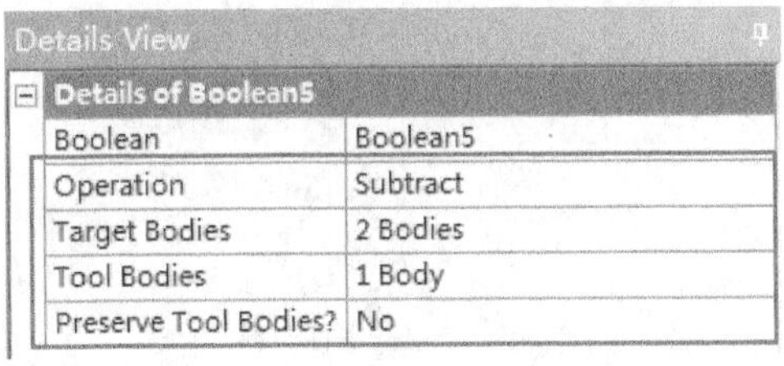

图 11-71　桨叶区流体创建 Details

(3)抑制无关体

在结构树中抑制除静止区流体、底层桨叶区流体和上层桨叶区流体外的无关体,即可获得用于模拟的搅拌设备模型,如图 11-72 和图 11-73 所示。

11.3.3　网格划分

下面进行网格划分,具体操作步骤如下:

1. 启动 ANSYS Meshing

返回 ANSYS Workbench 项目图解窗口,双击 A3 Mesh 启动 ANSYS Meshing。

2. 检查接触对

在进行流体分析时,接触对导入 Fluent 后会自动转换成 Interface,因此必须保证桨叶区流体与静止区流体之间的接触关系正确。

在该分析模型中,共创建了两个接触对,每个接触对包含三个接触面与目标面,分别为两个桨叶区流体的上、下面、圆柱面及与之相对应的静止区流体上的面,如图 11-74 所示。

3. 创建 Named Selection

为了在 Fluent 中正确、方便的定义流域条件、边界条件,需要事先定义 Named Selection,按照如下步骤操作:

(1)选择搅拌槽上表面,右键→Create Named Selection,在弹出的对话框中将其重命名为 free_surface。

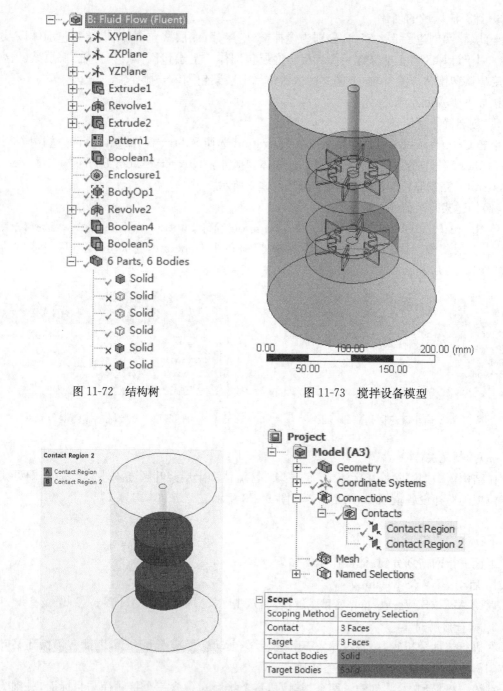

图 11-72 结构树

图 11-73 搅拌设备模型

图 11-74 接触对检查

(2)调整选择模式至框选,同时将选择工具条改为边线选择,参照步骤(1)选择上层桨边线创建命名选择 top_mixer,选择下层桨边线创建命名选择 bottom_mixer。

(3)将选择工具条改为体选择,参照步骤(1)创建如下 Named Selection:静止区流体,zone_station;上层桨叶区流体,zone_top;下层桨叶区流体,zone_bottom,如图 11-75 所示。

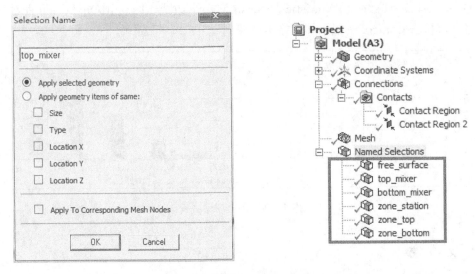

图 11-75 创建 Named Selection

4. 划分网格

因搅拌设备的计算域拓扑比较复杂,划分成六面体网格代价较高,此处采用四面体网格对整个计算域进行离散,具体操作步骤如下:

(1)在结构树中单击 Mesh,然后在其 Details 进行如下设置:Relevance 改为 100,Use Advanced Function 选则 On Curvature,Relevance Center 选择 Fine,其他采用默认设置即可。

(2)单击菜单栏中的 Generate Mesh 生成网格,最终离散的网格节点为 198 893 个,单元 1 085 633 个,如图 11-76 所示。

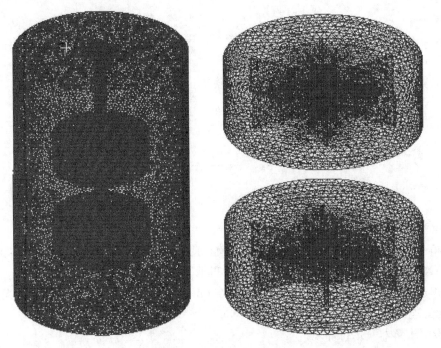

图 11-76 离散后的网格

(3)在 MeshDetails 中,将 Statistics→Mesh Metric 改成 Element Quality,可查看网格质量,读者亦可单击 Control 按钮添加网格生成控制,如图 11-77 所示。

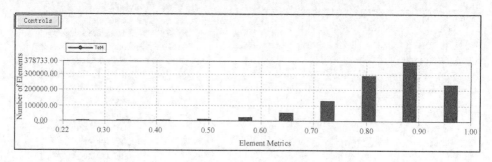

图 11-77　网格质量查看

11.3.4　求　　解

下面进行分析选项设置并进行求解,具体操作步骤如下:

1. 启动 Fluent

返回 ANSYS Workbench 项目图解窗口,双击 A4 Setup 启动 Fluent,弹出 Fluent 启动对话框,如图 11-78 所示。单击 OK 启动 Fluent 界面,图形显示窗口中自动绘制出网格,如图 11-79 所示。

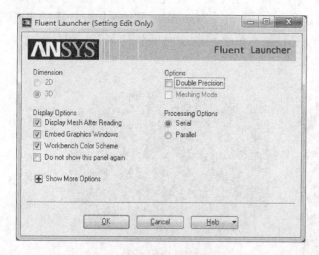

图 11-78　Fluent 启动设置　　　　　　图 11-79　搅拌设备离散模型

2. 检查及改善网格

(1)单击 General→Check 检查网格,查看输出窗口中的基本信息,保证无负体积出现,否则返回 ANSYS Meshing 重新进行网格划分,如图 11-80 所示。

(2)单击 Mesh→Smooth/Swap…,先单击 Smooth,再单击 Swap,对网格进行光滑处理以改善单元的连接性,如图 11-81 所示。

3. 设定求解器及运行环境

在 Fluent 界面左侧的分析导航面板中选择 General 分支,打开 General 任务页面,选择缺省选项,如图 11-82 所示。

```
Domain Extents:
   x-coordinate: min (m) = -9.999999e-02, max (m) = 1.000000e-01
   y-coordinate: min (m) = -9.999999e-02, max (m) = 1.000000e-01
   z-coordinate: min (m) = 0.000000e+00, max (m) = 3.000000e-01
Volume statistics:
   minimum volume (m3): 1.028599e-10
   maximum volume (m3): 7.200071e-08
     total volume (m3): 9.351214e-03
Face area statistics:
   minimum face area (m2): 2.934335e-07
   maximum face area (m2): 3.651610e-05
Checking mesh.........................
Done.
```

图 11-80　网格检查信息

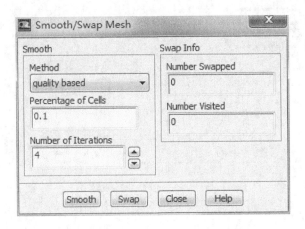

图 11-81　Smooth/Swap Mesh 对话框

4. 选择计算模型

单击 Models→Viscous→Edit,选择 Laminar,然后单击 OK,如图 11-83 所示。

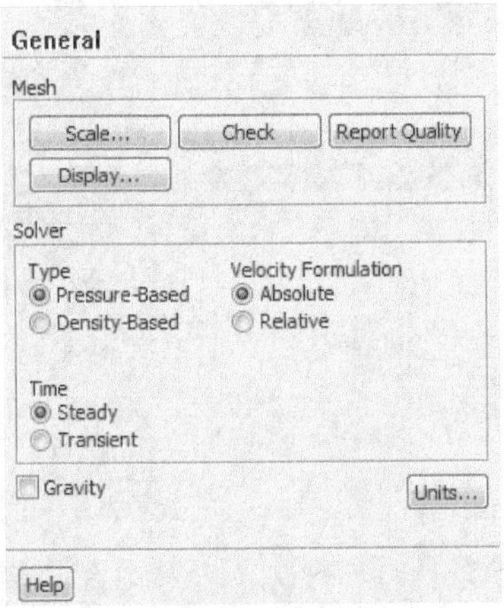

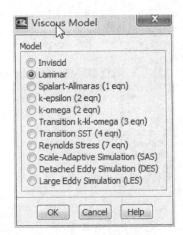

图 11-82　General 基本设置　　　　图 11-83　黏度模型

5. 创建材料

在 Fluent 界面左侧的分析导航面板中选择 Materials 分支,在打开的 Materials 任务页面中单击 Create/Edit...,在弹出的对话框中创建名为 user_fluid"的新材料,其密度为 1 250 kg/m³,黏度为 0.4 kg/(m·s)。单击 Change/Create,在弹出的对话框中单击 NO,不覆盖初始材料,如图 11-84 所示。

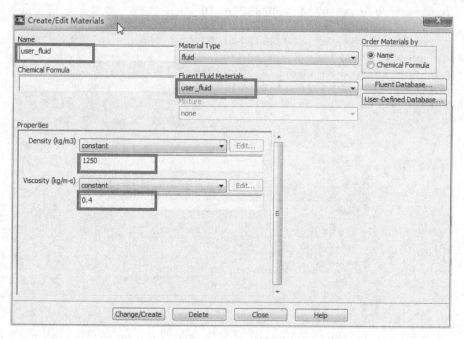

图 11-84 材料创建面板

6. 修改转速单位

在 Fluent 界面左侧的分析导航面板中选择 General 分支,打开 General 任务页面,单击 Units,在弹出的 Set Units 对话框中将 angular-velocity 的单位改成 rpm,然后单击 Close 关闭对话框,如图 11-85 所示。

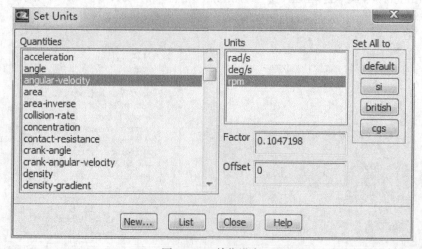

图 11-85 单位设定

第11章 MRF及SMM技术应用

7. 设定流体域条件

(1) 下桨叶区流体的设定

单击Cell Zone Conditions→zone_bottom→Edit，在弹出额定对话框中将Material Name改成user_fluid，勾选Frame Motion，并在Rotational Velocity Speed中输入200，其他采用默认设置，单击OK完成设定，如图11-86所示。

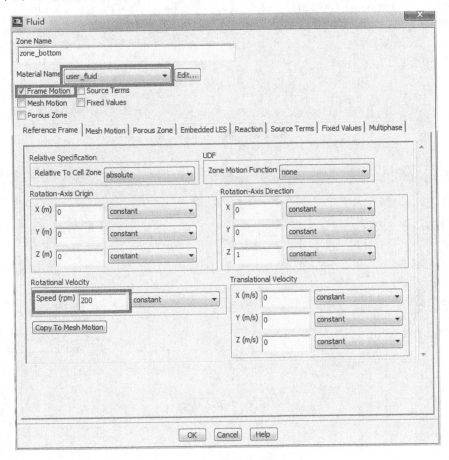

图11-86　上桨叶区流体设置

(2) 上桨叶区流体的设定

单击Cell Zone Conditions→zone_top→Edit，在弹出额定对话框中将Material Name改成user_fluid，勾选Frame Motion，并在Rotational Velocity Speed中输入200，其他采用默认设置，单击OK完成设定。

(3) 静止区流体的设定

单击Cell Zone Conditions→zone_station→Edit，单击Cell Zone Conditions→zone_bottom→Edit，单击OK完成设定，如图11-87所示。

8. 边界条件设置

(1) 底层桨设置

单击Boundary Conditions→bottom_mixer→Edit，在弹出的对话框中勾选Moving Wall、Rotational，其他采用默认设置，单击OK完成设定，如图11-88所示。

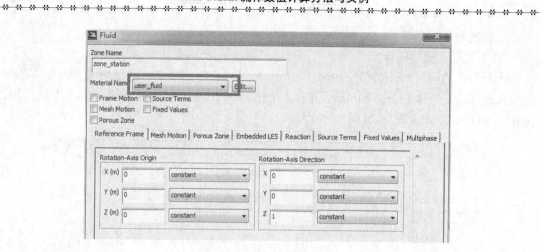

图 11-87 静止区流体设置

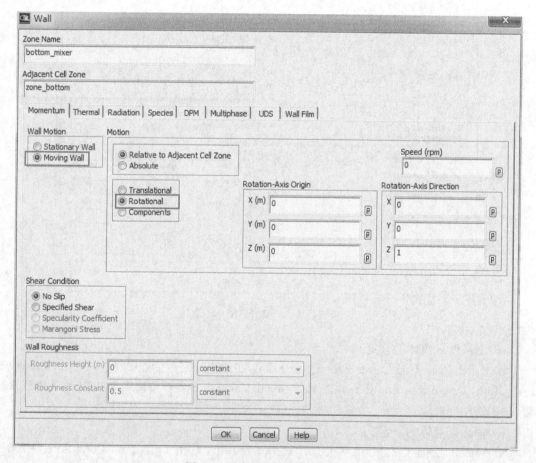

图 11-88 底层桨边界条件设置

(2) 上层桨设置

单击 Boundary Conditions→impeller→Edit,在弹出的对话框中勾选 Moving Wall、Rotational,其他采用默认设置,单击 OK 完成设定。

(3) 自由液面设置

单击 Boundary Conditions→free_surface,将 Type 改成 Symmetry。

9. 检查 Interface

单击 Mesh Interface→Creat/Edit...,ANSYS Meshing 中创建的接触对在导入 Fluent 后自动生成 Mesh Interface,共创建了 2 个 Mesh Interface,如图 11-89 所示。

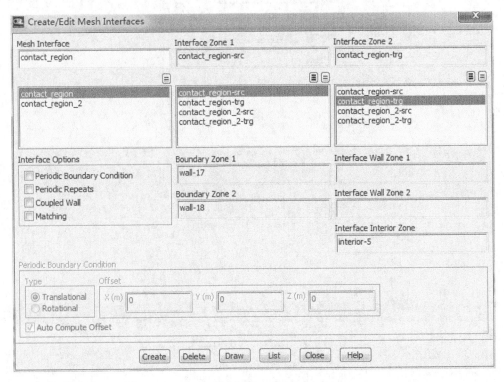

图 11-89 Mesh Interface 面板

10. 设定求解选项

单击 Solution Method,将 Gradient 改成 Green-Gauss Cell Based,Moment 选择 First Order Upwind,其他保持默认设置,如图 11-90 所示。

11. 设定收敛残差

单击 Monitors→Residuals→Edit...,弹出残差监控设置对话框,将 Equations 中各项改为 0.0001,勾选 Plot,单击 OK 退出,如图 11-91 所示。

12. 初始化流场

单击 Solution Initialization,初始化方法选择 Standard Initialization,Compute From 选取 all zones,各项 Initial Values 均设定为 0,然后单击 Initialize,完成流场的初始化。

13. 求解

按照如下步骤完成求解:

(1) 设定自动保存

单击 Calculation Activities,将 Auto Save Every 设定为 200 次。保存整个分析项目,但要求保存路径中不包含中文。

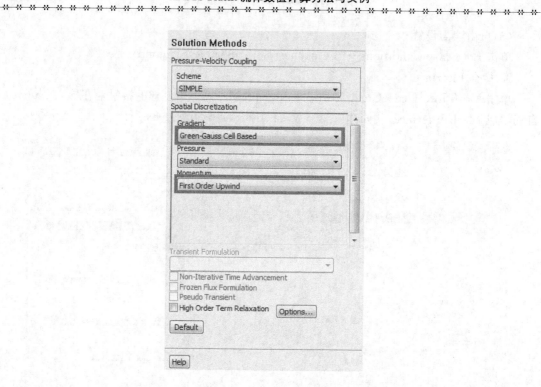

图 11-90　求解选项设置

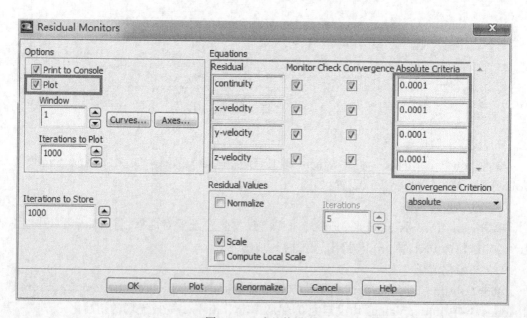

图 11-91　残差值设定

(2) 求解

单击 Run Calculation，将 Number of Iterations 设定为 10000，然后单 Calculate 开始计算，此时图形显示窗口中会绘制出各监控参数的收敛曲线，当迭代 1 195 次时计算收敛，收敛曲线如图 11-92 所示。

第 11 章　MRF 及 SMM 技术应用

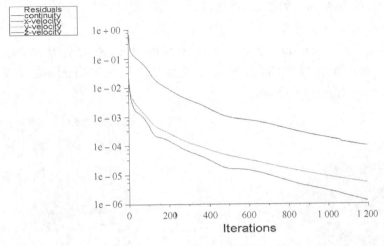

图 11-92　残差收敛曲线图

11.3.5　后处理

1. 启动 CFD-Post

返回 ANSYS Workbench 项目图解窗口，双击 A6 Result 启动 CFD-Post。

2. 显示模型

在结构树中，勾选 bot_mixer、top_mixer、wall_zone_station，以显示相关项，如图 11-93 所示。双击 wall zone_station，将 Render 标签下的 Transparency 值改成 0.7，设定完成后，图形显示窗口可绘制出搅拌设备模型，如图 11-94 所示。

图 11-93　结构树

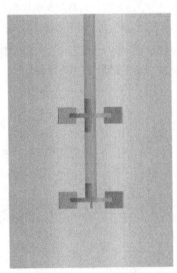

图 11-94　搅拌设备模型

3. 创建过搅拌轴的铅垂面

单击菜单 Insert>Location→Plane。

重命名平面为 XZPlane，在 Geometry 标签中，将 Method 改为 ZX Plane，Y 值取 0，Plane

Type 选择 Slice,单击 Apply,如图 11-95 所示。

4. 绘制 XZ Plane 上的速度云图

选择菜单 Insert＞Contour,建立一个等值线图分支,重命名为 Velocity Contour In XZPlane,在 Geometry 标签中,将 Locations 改为 XZPlane,Variable 改为 Velocity in Stn Frame,单击 Apply,如图 11-96 所示。

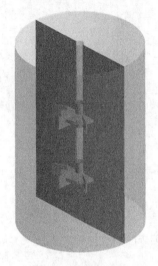 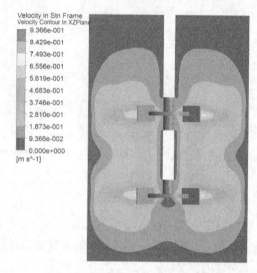

图 11-95 ZX Plane   图 11-96 XZ Plane 上的速度云图

5. 绘制 XZ Plane 上的速度矢量图

(1)单击菜单 Insert＞Vector,加入一个矢量图。

(2)重命名为 Velocity Vector In XZPlane,在 Geometry 标签中,将 Locations 改为 XZPlane,Sampling 改为 Equally Spaced,♯ Of Points 选项输入 3000,Variable 改为 Velocity in Stn Frame,如图 11-97 所示。

图 11-97 矢量图绘制控制

(3)切换至 Symbol 标签,将 Symbol Size 改成 5。

(4)切换至 Render 标签,点击 Show Lines,将 Line Width 改成 2。

(5)单击 Apply,即可绘制出 XZ Plane 上的速度矢量图,如图 11-98 所示。

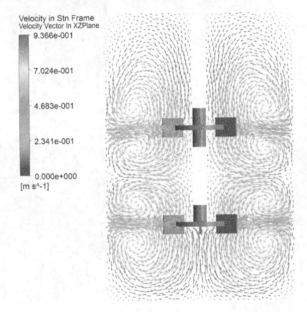

图 11-98　XZ Plane 上的速度矢量分布图

6. 创建 Z=80 mm 和 130 mm 水平面

本题中 Z=80 mm 和 130 mm,分别代表底层桨中心标高及两层桨中心标高。单击菜单 Insert>Location→Plane,加入一个平面分支,重命名平面为 Z80(Z130),在 Geometry 标签中,将 Method 改为 XY Plane,Z 值取 0.08 m(0.13 m),Plane Type 选择 Slice,单击 Apply,如图 11-99 所示。

7. 绘制 Z80、Z130 平面上的速度云图

通过菜单 Insert>Contour 添加云图对象并重命名为 Velocity Contour In Z80(Z130),在 Geometry 标签中,将 Locations 改为 Z80(Z130),Variable 改为 Velocity in Stn Frame,单击 Apply,Z80、Z130 平面上的速度云图如图 11-100 所示。

8. 绘制 Z80、Z130 平面上的速度矢量图

按照如下步骤进行操作:

(1)通过菜单 Insert>Vector 加入矢量图。

(2)重命名为 Velocity Vector In Z80(Z130),在 Geometry 标签中,将 Locations 改为 Z80 (Z130),Sampling 改为 Equally Spaced,♯Of Points 选项输入 2000,Variable 改为 Velocity in Stn Frame。

(3)切换至 Symbol 标签,将 Symbol Size 改成 1.5。

(4)切换至 Render 标签,点击 Show Lines,将 Line Width 改成 2。

(5)单击 Apply,即可绘制出 Z80(Z130)平面上的速度矢量图,如图 11-101 所示。

图 11-99　Z80、Z130 平面

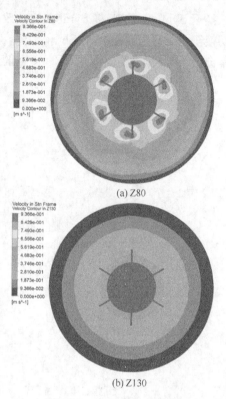

图 11-100　速度云图分布

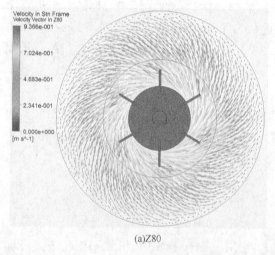

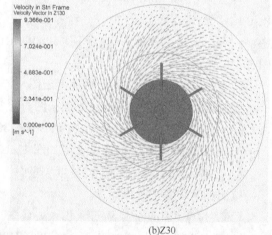

图 11-101　平面速度矢量分布图

9. 创建 Line

为了定量查看搅拌槽内的速度分布，此处创建如下几条直线：Line Z50（底层桨下方）、Line Z130（两层桨中心）、Line Z210（上层桨上方）、Vertical Line（桨叶与槽壁间竖直线），通过速度分布曲线可以查看搅拌槽内不同位置处速度沿径向及轴向的变化情况。单击菜单 Insert＞Location→Line，创建直线对象并重命名为 Line Z50，在 Geometry 标签下，输入 Point1

(−0.1,0,0.05),Point2(0.1,0,0.05),Line Type 选择 Sample,输入 Samples 值 60,单击 Apply,如图 11-102 所示。

参照上述操作方法,创建以下三条直线,其坐标分别为：

Line Z130:Point1(−0.1,0,0.13),Point2(0.1,0,0.13);

Line Z210:Point1(−0.1,0,0.21),Point2(0.1,0,0.21);

Vertical Line:Point1(0.06,0,0),Point2(0.06,0,0.3),最终所得直线如图 11-103 所示。

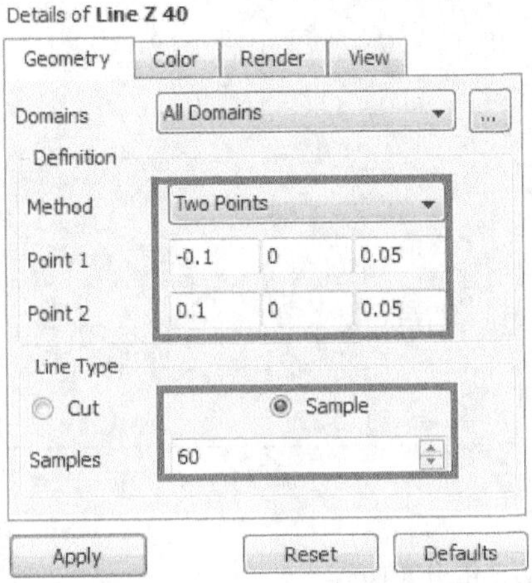

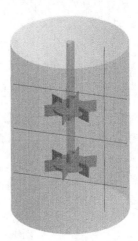

图 11-102　创建 Line Details

图 11-103　创建的 4 条直线

10. 创建 Chart

(1)单击菜单 Insert>Chart,在 Chart 的 Date Series 标签下将 Location 改成 Line Z50;切换至 X 标签,将 Variable 改成 X;切换至 Y 标签,将 Variable 改成 Velocity in Stn Frame,单击 Apply 即可绘制出速度沿 Line Z50 的分布曲线,如图 11-104 所示。

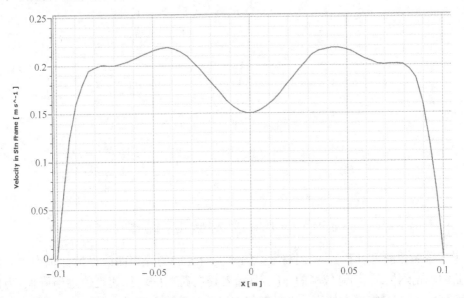

图 11-104　沿 Line Z50 的速度分布曲线

(2) 参照上述步骤操作创建另外三条速度分布曲线,如图 11-105～图 11-107 所示。

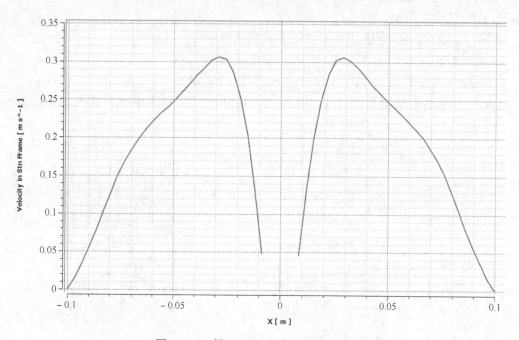

图 11-105　沿 Line Z130 的速度分布曲线

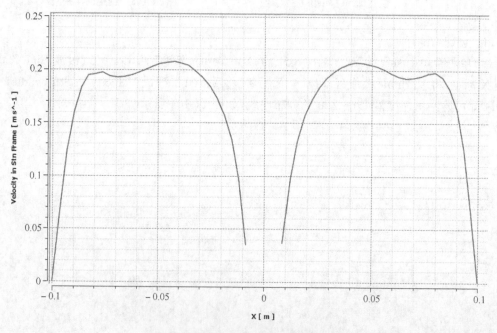

图 11-106　沿 Line Z210 的速度分布曲线

从上述分布曲线可以看出,不同高度上的速度沿径向的分布曲线以搅拌轴为中心呈对称分布,流体均在搅拌桨周围有较高的速度,且随着径向距离的增加速度值逐渐降低,当抵达槽壁时,速度降为 0。搅拌槽内的流体沿径向的速度分布曲线上有两个峰值点,其高度恰好对应于搅拌桨中心。通过这些分析可以知道，搅拌桨周围流体有较高的动能，而槽内其他区域流体受搅拌桨的影响则相对较小。

图 11-107　沿 Vertical Line(轴向)的速度分布曲线

11. 创建上桨叶区 Streamline

单击菜单 Insert>Streamline，在 Geometry 标签中将 Start From 改成 zone_top，Sampling 改成 Vertex，Reduction 选择 Max Number of Points，Max Points 输入 100，Variable 选择 Velocity in Stn Frame，如图 11-108 所示。在 Color 标签中将流线颜色改为绿色，单击 Apply。

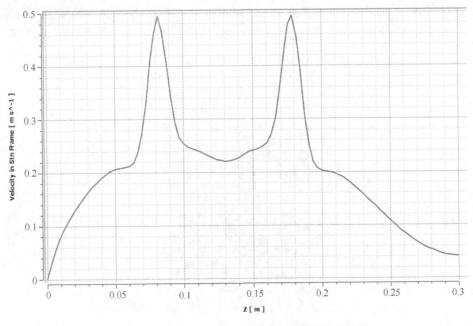

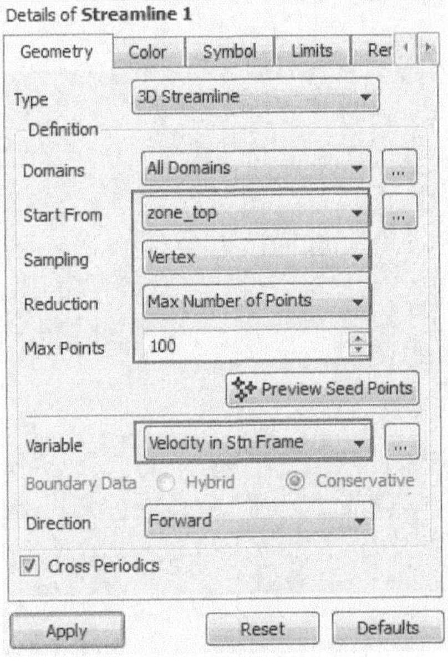

图 11-108　Streamline 明细设置

12. 创建下桨叶区 Streamline

选择菜单 Insert＞Streamline，在 Geometry 标签中将 Start From 改成 zone_bottom，Sampling 改成 Vertex，Reduction 选择 Max Number of Points，Max Points 输入 100，Variable 选择 Velocity in Stn Frame。在 Color 标签中将流线颜色改为红色，单击 Apply，如图 11-109 所示。

图 11-109　搅拌槽内的流线分布

参考文献

[1] 吴德铭. 实用计算流体力学基础[M]. 哈尔滨:哈尔滨工程大学出版社,2006.
[2] 王福军. 计算流体动力学分析:CFD软件原理与应用[M]. 北京:清华大学出版社,2004.
[3] 陈卓如. 工程流体力学[M]. 第2版. 北京:高等教育出版社,2003.